KB093960

Italia Cucina

최신 이탈리아 요리

임성빈 · 강성일 · 김병일 · 박인수 · 배인호
이광일 · 이재상 · 정수근 · 조성호 공저

(주)백산출판사

이탈리아 요리에 대하여

이탈리아는 삼면이 바다이고 장화처럼 생긴 나라이다. 우리나라와 비슷하게 생겼고 이탈리아인들조차 우리와 매우 비슷한 것 같아서 이탈리아 요리를 배우는 것이 정말 행복했고 이탈리아 사람이 정말 행복할 거라 생각했다.

처음 이탈리아 요리를 접하고 배운 것이 호텔신라에 재직할 때였다. 처음 아젤리아에서 근무했고 이어서 프렌치 레스토랑에서 프랑스 요리를 배우며 일했다. 중고등학교를 검정고시로 마친 나는 다행히도 입사하여 회사에서 불어를 2년간 열심히 해서 프랑스 요리를 배우고 만들고 메뉴를 짜는 데는 큰 어려움이 없었다. 참 힘들고 고된 직업이지만 그때처럼 열심히 배우며 일해본 기억이 없다. 프랑스 요리의 콜과 부처 그리고 핫소스, 수프, 다시 콜 디저트를 어느 정도 알아갈 때쯤 난 이탈리아 레스토랑으로 발령을 받았다.

처음 듣는 이탈리아 레스토랑의 불어와 전혀 다른 언어에 처음엔 적응하지 못했고 거의 한두 달이 지나서야 메뉴의 오더소리가 들리기 시작하였다. 그때 외국인 주방장인 Carmine Jola씨의 요리실력을 93년도에 이탈리아 연수를 다녀와서야 알 수 있었다. 그 뒤 이탈리아 연수를 몇 번 더 다녀왔지만 이탈리아 요리는 거의 3년이 지나서야 그 진정한 맛을 알 수 있게 되었다. 회사에서 배운 약간의 이탈리아어와 외국인 셰프에게 배운 것들이 전부였던 나는 이탈리아 단기 연수를 통하여 이탈리아 요리를 조금이나마 정리할 수 있었다. 아직도 이탈리아 요리에 대해 물으면 난 솔직히 잘하는 것 외에는 잘한다고 할 수 없다.

이탈리아 속담에 '이탈리아를 가장 단기간 다녀온 사람이 이탈리아를 가장 많이 아는 것처럼 말한다'는 게 있다. 실제로 호텔 재직 시에 쓰던 식재료와 만들던 요리 그리고 연수할 때 보고 배운 요리를 나름 엮어서 이 책을 썼다. 라폰타나와 비체의 요리 중 일부분이 여기에 있다.

이탈리아 요리를 이론과 실무부분으로 나누어 쉽게 다룰 수 있는 식재료를 선별하고 이탈리아와 한국인의 입맛에 맞추어 메뉴에 적용하였다. 부족한 부분들은 앞으로 많이 수정 보완해 나갈 것을 말씀드리면서 이탈리아 요리가 우리나라에서 자리 잡기까지 벌써 40여 년을 함께해 온 과거의 요리사와 현재의 요리사들의 교두보 역할을 해온 지금의 현실에 자부심과 긍지를 느낀다. 호텔 실무와 연수에서 배운 것들, 그리고 학교에서 가르치는 것에 보람을 느끼며 후배 양성에 심혈을 기울이고 있다.

부족하지만 늘 도움 주시는 백산출판사와 함께해 주신 여러 교수님들 그리고 옆에서 큰 힘이 되어주시는 산업계의 선후배님과 제자들에게 깊이 감사드립니다.

임성빈 · 강성일 · 김병일 · 박인수 · 배인호

이광일 · 이재상 · 정수근 · 조성호

Contents

Chapter 1 이탈리아 요리

Chapter 2 이탈리아 요리 만들기

2-10 Secondi piatti: Le carni

2-11 Dessert: Dolci

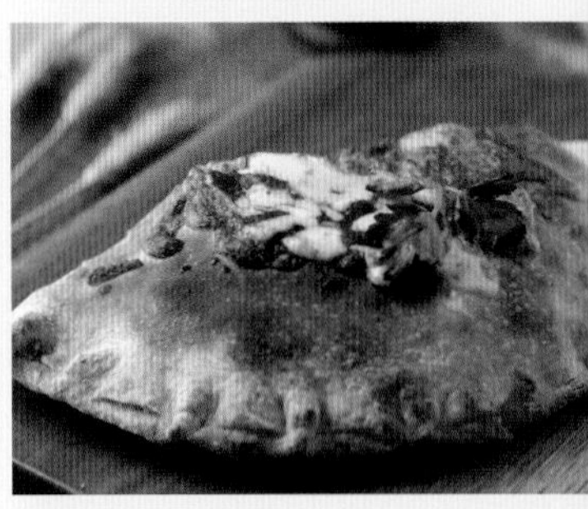

Chapter 1

이탈리아 요리

01 이탈리아 요리의 역사

1. 이탈리아 요리의 기원

이탈리아 요리의 역사는 그리스 식민지 문화와 예술을 대중화시킨 고대 마그나 그레차(Magna Grecia)와 에스투리아인에서 시작된다. 일상적인 음식은 돼지고기, 절인 생선, 병아리콩, 렌즈콩, 루피너스, 올리브, 피클 그리고 말린 무화과와 같이 간단하고 수수하였으나, 파티에서의 음식은 수프, 식초와 꿀이 있는 소스, 그리고 아몬드와 호두를 곁들인 과자류와 같이 풍부하고 다양하였으며, 이러한 음식에는 의식적(儀式的)·상징적인 의미가 있었다. 또한 에스투리아인들은 현재 토스카나 지방의 기름진 지역에 적합한 곡물에 기반을 둔 간단한 식사를 하였다. 융성했던 에스투리아인들은 특히 고대 로마인들이 '사치스런 파티'라고 일컬었던 식사의 즐거움과 풍성함을 좋아하였다.

2. 공화정시대의 로마음식

공화정시대의 로마인들은 평소에 프란디움(Prandium, 지금의 'pranzo' 점심식사를 말함)이라 불리는 점심과 저녁, 두 끼만 먹는 검소한 규정식을 습관으로 하였다. 그러다가 곡물류, 꿀, 말린 과일 그리고 치즈 등으로 된 아침식사의 관습이 서서히 도입되었다. 오랫동안 가장 광범위하게 즐긴 음식은 죽과 같은 밥, 누에콩, 병아리콩과 같은 콩류, 루피너스, 다양한 종류의 채소, 빵이었다. 또한 일상적인 식사에는 생선과 우유, 치즈, 과일 그리고 사냥에서 잡은 것들이 포함되었는데, 사냥에서 잡은 것은 축제 때만 먹었으며, 가축은 포함되지 않았다.

3. 제정시대의 로마음식

로마인들은 하루에 2번 식사를 했으나, 후에 포도, 올리브, 우유, 달걀 그리고 와인에 적신 빵이 곁들여진 아침식사가 추가되었다. 점심식사는 가볍게 먹을 수 있는 찬 요리였고, 저녁식사는 정찬이었다. 저녁식사는 돼지고기, 송아지고기, 염소고기, 가금류 그리고 특별히 생선과 수렵에서 잡은 혼합해산물 전채요리(hors d'oeuvres)가 있는 성찬이었고, 마지막으로 꿀을 바른 과자류와 신선한 과일 그리고 말린 과일 등이 곁들여졌다. 이러한 식사순서에는 과자류, 향기 좋은 와인이 곁들여졌으며, 종종 공연의 막간에 먹기도 하였다. 이러한 식사문화는 점차 세련되어졌고, 몇몇에게는 루클루스(Luclus, 기원전 106~57: 로마의 장군, 식도락가로 잘 알려짐)의 유명한 파티처럼 부(富)와 기품의 상징이 되었다.

4. 중세의 음식

AD 5세기 이탈리아에 침입한 이민족의 음식은 풍성하게 구운 고기, 오븐에 구운 파이, 그리고 소를 채운 과자류가 기본이었던 로마인의 음식과는 상당히 차이가 있었다. 그러나 이탈리아인들의 부(富)와 노예가 감소하였기 때문에 음식은 더욱 빈약해졌고, 곡물과 우유, 치즈 그리고 채소가 주식이 되었다. 그러나 굶주림과 공포에 사로잡힌 사람들이 위안을 받던 수도원 근방의 주요 농업생산지를 중심으로 특히 1000년 이후에 요리기술이 부활되기 시작했다. 이 시기 요리의 일반적인 경향은 몸에 좋고, 입맛을 돋우고, 소화가 잘 되게 만드는 음식이 주가 되었으며 수고스러운 준비를 없애고 신선한 과일과 채소를 사용하는 것이었다.

5. 봉건 궁정에서의 식도락의 부활

약 1200년경 봉건 영주들의 생활은 어렵지 않았고, 상업과 사회적인 활동이 재개되었으므로, 봉건 영주들은 연회와 파티 그리고 마상(馬上)시합을 자주 열었다. 파티와 마상시합은 많이 열렸으나, 기사들은 볼품없고 일률적인 요리를 제공받았다. 그 예로 마늘소스로 맛을 낸 구운 고기의 종류가 수도 없이 많았으나, 로마인들의 요리와 별 차이가 없었다. 그러나 그 후 동양의 향료가 다량으로 들어오기 시작하였고, 이러한 외국의 향료가 음식에 맛을 내기 시작하였다. 그러나 이러한 것들은 세련되게 변해 가는 음식문화의 전주곡에 불과하였다.

6. 향료무역

중세 초기 이미 향료의 거래가 있었으나, 십자군 원정과 의약품, 요리에 대한 수요가 많아지면서 이러한 무역이 더욱 활발해졌다. 진기한 매력과 함께 높은 가격의 향료는 육류와 생선류의 장기 보존문제를 해결함과 더불어 음식의 맛을 낸다는 실용적이고 중요한 특성을 지녔다. 향료는 또한 다른 상품과 마찬가지로 관세와 세금에 의해 가격이 결정되는 필수적인 과정을 거쳐야 했다. 이러한 향료무역은 오랜 기간 동안 베네치아 상인과 은행가들이 독점했다.

7. 지리상의 발견으로 인한 요리법의 발견

많은 상품들이 모험가들에 의해 유럽과 이탈리아로 들어오는 가운데, 그 당시에만 중요하게 인식되었던 몇 가지 음식들이 있었다. 북부 이탈리아에 널리 퍼진 옥수수(maize)가 대표적으로, 그것은 17세기에 몰아닥친 기근(饑饉) 때 가장 일반적인 음식이었던 죽 종류의 폴렌타(polenta)의 기초가 되었다. 그 당시 또한 감자와 토마토, 콩이 있었으며, 아시아 쌀은 수입 즉시 성공을 거두었고, 파스타(pasta)는 이탈리아 음식의 원조(元祖) 격으로 부상하였다. 베네치아 상인들은 동양에서 설탕을 수입하였는데, 초기에는 매우 비쌌으며 약품으로 사용되었다가, 얼마 후 요리에 사용되었다. 나중에는 터키가 원산지인 커피가 수입되었는데, 커피 또한 처음에는 약품으로 사용되었다.

8. 르네상스 시대의 음식

15, 16세기는 이탈리아 음식에 있어 특히 풍요로운 시기였다. 이전 시대 요리에 대한 동경으로 매우 다양한 종류가 사용되었고 음식 준비도 풍성해졌다. 이 시기의 음식으로는 수프, 굽고 튀기고 삶은 육류와 고기를 다져 넣은 만두류, 생선, 채소, 맛좋은 샐러드, 아몬드가 들어간 과자류, 설탕에 절인 과일류가 있었다. 당시엔 여전히 비쌌던 사탕수수설탕이 꿀을 대신하였다. 르네상스 시기 궁정의 연회는 규모가 크고 세련된 것으로 유명했던 반면, 일반대중들의 음식은 콩, 병아리콩(Ceci), 렌즈콩(Lenticchie), 수프와 죽을 만들 때 사용하는 메밀과 달걀, 치즈, 양고기 등으로 여전히 소박하였다.

9. 르네상스 시대의 요리법과 에티켓

중세 말부터 17세기까지 이탈리아의 요리는 최고의 위치를 차지하고 있었고, 외국에 현저한 영향을 주었다. 특히 카트린 드 메디치(Catherine de Medicis)는 장차 왕이 될 헨리(Henry) 2세와 결혼하여 과자류와 아이스크림 등 이탈리아의 요리법을 프랑스에 대중화시켰다. 이 시기에 처음으로 메뉴와 식사하는 규칙이 인쇄되었고, 식탁에서의 예절도 서서히 발전하였다. 이 시기에 이탈리아 사람들은 유럽인들의 요리문화에 대한 교육자 역할을 하였으며, 가히 혁명적이라 할 수 있는 것은 개인 식도(食刀)의 사용이었다.

10. 17~19세기의 음식

17~19세기의 상류층들은 세련된 요리를 즐겼다. 모든 공적인 행사는 풍부한 음식과 무수히 많은 음식을 제공하는 사치스런 연회를 위한 핑곗거리에 불과하였다. 식전음식(Aperitivo), 전채요리(Antipasto)와 프랑스풍의 수프가 많은 고기와 생선요리, 채소 퓌레, 과자 및 과일 범벅과 함께 잇달아 나왔고, 특히 급속히 증가하는 레스토랑에서 이런 음식들은 최고의 정성을 기울여 제공되었다. 그러나 일반인들의 요리는 빵과 채소수프, 콩, 감자, 양배추 등을 기본으로 하는 검소하고 단조로운 형태였다. 치즈와 달걀의 사용은 밀가루와 달걀로 만든 파스타와 폴렌타로 인해 널리 퍼지게 되었다.

11. 외국의 영향과 새로운 음식의 보급

17세기부터 19세기까지 맑은 수프(Consomme)와 디저트용 과자(crepes), 퓌레(purees), 젤리, 그리고 마요네즈와 베샤멜 소스같이 맛좋은 소스가 프랑스로부터 들어왔다. 새로운 요리의 소재는 매우 중요하게 여겨졌고, 세련되게 요리되었다. 심지어 영국의 전통음식인 구운 소고기, 푸딩은 물론이고, 미국산 커피나 초콜릿, 차(茶)도 널리 퍼지게 되었다. 이 중 커피는 아주 우아한 장소에서 없으면 안 되었고, 사실상 커피숍이나 카페에서 가장 많이 소비하는 음료가 될 정도로 커피는 인기를 끌게 되었다.

12. 20세기의 음식

지난 몇십 년간 생활방식이 급격하게 그리고 뿌리부터 바뀌는 변화의 결과로 이탈리아의 음식은 많이 바뀌었다. 이어서 조미료의 발달과 보관방법의 개선, 도매상의 발전 등은 구제도를 개선하게 하였다. 요리에 있어 융통성을 가진 이탈리아 요리는 20세기 사람들의 생활상과 더불어 발전하고 있으며, 앞에서 보았듯이, 이탈리아는 귀족적인 음식문화의 전통을 지켜 나가면서도 외국의 음식문화를 받아들여 한 단계 더 발전시키고 있다.

02 이탈리아 요리의 특징

이탈리아는 1861년까지 통일된 국가가 아니었기 때문에 지역성이 강하다. 따라서 이탈리아 요리의 전반적인 이해를 위해서는 지역별 요리를 이해하는 선행작업이 필요하다. 이태리 요리는 크게 나누어 공업이 발달한 밀라노 중심의 북부지방 요리와 해산물이 풍부한 남부요리로 대별된다. 이태리는 지형적으로 장화 모양의 우리나라처럼 삼면이 바다로 둘러싸인 반도이다. 이런 점에서 우리나라 요리와 비슷한 점이 많다.
이태리는 요리에 사용할 각 식재료의 특성에 대하여 잘 알고 적합하게 사용해서 요리하기 때문에 발전한 것이며 오늘날에도 이러한 전통은 여전하다. 다른 나라의 조리사들은 재료들을 서로 혼합하거나 변형시키는 데 중점을 두지만 이태리인들은 식재료 각각의 개별적인 맛을 강화시키는 것을 고려하여 재료의 특성과 성질을 이용한 요리를 한다.
즉 날것과 익은 것, 덜 자란 식재료와 다 자란 식재료, 하나의 식재료 또는 혼합된 것, 그리고 끓임, 지짐, 굽는 것, 또는 튀김 중 어느 것이 나은지 세심하게 고려하고 구별하여 음식을 만든다.

1. 북서부의 요리

알프스산맥에서 보이는 북서부지방의 요리는 풍족하고 맛이 좋다. 또한 이 지방에서는 버터가 기름만큼이나 많이 사용되는 것이 특징이며 이탈리아에서 쌀 재배의 중심지이다. 그래서 이 지방의 요리에는 Risotto가 거의 모든 메뉴에 포함되어 있다. 특산물로는 트러플(알바 지방), 치즈(고르곤졸라, 파르마, 그라나 빠다노), 견과류 등이 있다.

피에몬테(PIEMONTE)

피에몬테란 산기슭을 의미한다. 프랑스와의 경계에는 알프스산맥의 험준한 산들이 이어지고, 그 아래로는 이탈리아 굴지의 벼농사지대인 광대한 평야가 펼쳐진다. 이곳의 요리에는 자연식품이 많다. 특산물인 쌀을 비롯하여 산토끼, 꿩 등과 버섯 그리고 맑은 물에서 잡은 민물고기 등이 식탁에 오른다. 그리고 이곳에서 빼놓을 수 없는 것이 식탁의 다이아몬드라고 불리는 알바(Alba)의 송로버섯(tartufo)이다. 향기가 진하고 산출량이 많지 않아서 귀하며 가을부터 겨울에 걸친 기간이 특미라 할 수 있어 알바에 있는 레스토랑에서는 모든 요리를 트러플로 만든 특별식으로 제공한다. 음식의 재료나 조리방법은 프랑스 요리에 가깝지만 전반적으로 마늘의 향기가 강한 것이 특징이다. 피에몬테 지방 요리법의 훌륭한 두 가지 중요한 재료는 버터와 와인이다. 유제품(우유, 크림, 치즈)들은 향이 강한 음식들을 부드럽게 해주고 와인은 마실 때뿐만 아니라 고기나 쌀요리(리조또)에서 소스에 다양한 풍미를 내준다. 또한 냄비도 중요한 역할을 한다.

우선 전채(Antipasto)로는 생고기 샐러드나 바냐 까우다(bagna cauda), 혹은 왕에게 적합한 송로버섯(Tartufo)과 버섯 샐러드가 나오며, 수프는 보통 국물의 형태로 나온다. 파스타 요리로는 아뇰로띠(agnolotti: 만두형태의 요리)가 있는데, 이것들은 고기, 소시지와 양배추로 속을 채운 라비올리(ravioli: 저민 고기를 밀가루 반죽으로 싸서 조리한 이탈리아 요리)이다. 주문의 순서상 그다음으로 녹인 치즈가 포함된 뇨끼(gnocchi)인 'alla bava'가 나온다.

피에몬테에서는 쌀 요리도 매우 중요해서 바롤로(Barolo) 와인이 곁들여진 리조또(risotto)와 빠니시아(paniscia)가 유명한데 후자는 라드, 소시지, 양배추와 강낭콩으로 된 쌀수프이며 노바라 지역(Novara)과 베르첼리(Vercelli)에서 유명한 음식이다.

고기 코스 중 가장 훌륭한 것은 와인(Barolo)에 요리한 끓인 소고기(brasato)로 이것은 적어도 8일 동안 와인에 절인 것이다. 또한 송로버섯을 곁들인 자고 및 꿩과 토끼, alla vignaiola(포도주 만드는 사람)를 빠뜨릴 수 없는데, 이것은 피에몬테 요리에서 가장 중요한 것 중 하나이다. 생선코스의 경우 구운 송어 'bagnet'의 달콤한 가재와 개구리 구아제또(guazzetto)를 선택할 수 있다. 치즈의 경우, 사람들은 토메(tome), 고르곤졸라(gorgonzola), 포르마젤레(formaggelle), 매운맛이 뛰어난 카스텔마뇨(castelmagno) 등 그 풍부함과 다양함에 놀랄 것이다. 그리시니(grissini) 막대빵도 유명한데 이것은 루바타(rubata)로 알려져 있으며 대부분의 제과점에서 쉽게 구할 수 있다. 피에몬테의 요리법은 전채에서 디저트에 이르기까지 모든 분야의 요리법에서 축복받았다고 할 수 있다.

리구리아(LIGURIA)

프랑스 제일의 휴양지 코트다쥐르에 이어지는 리비에라 해안에 위치한 리구리아주는 따뜻한 기후로 올리브유 최대산지로도 유명한데, 예전에 이 부근을 오가던 배들은 항구에서 풍겨오는 올리브유 향기로 육지에 가까워졌음을 알았다고 할 정도이다. 이곳의 요리는 올리브유와 향초를 듬뿍 사용하기 때문에 남부 이탈리아에서 보이는 소박한 채소요리가 많다.

리구리아의 포카차(focaccia)는 오일과 소금 또는 치즈로 속을 채운 아주 간단한 빵인데 이탈리아의 다른 어느 지역에서도 이 같은 조리법과 향을 지닌 포카차를 찾아볼 수 없다. 이것은 가난한 사람들이 먹는 음식이지만 매우 맛이 있고, 많은 정성이 들어가지만 값은 별로 비싸지 않다. 맛은 담백하여 사람들은 모두 이를 '품위 있는 빈곤'이라 부른다.

페스토(pesto)와 빠스콸리나(pasqualina: 부활절에 먹는 케이크로 치즈와 삶은 달걀이 들어가는 파이종류)는 가장 전형적인 제노바의 특제품으로 간단한 재료나 내용물을 가지고 창조적이고, 계량적으로 최선의 결과를 얻어내는 요리의 상징으로 일컬어진다. 우선 파스타 요리로 트레네테 알 페스토가 있다. 이것은 눌러 찌그러뜨린 형태의 바질리코(바질), 올리브유, 페코리노 치즈로 만든 소스로 버무린 것인데 독특한 바질리코향이 식욕을 돋운다. 리구리아의 영양이 풍부한 식단에는 슬프게도 그 지역에서 귀해지는 생선이 있는데, 생선이 희귀한 것과 달리 요리법은 매우 다양하다. 그 예로, 모든 종류의 생선이 수프 또는 바삭바삭한 튀김의 향기로운 전채요리에 사용되는 것이다. 또한 채소를 곁들인 생선도 리구리아 요리의 특징적인 자랑거리로 여겨진다. 또한 리구리아의 토질이 좋지 않아 소를 기를 수 없기 때문에 고기는 이 지역의 요리에서 중요한 역할을 하지 않지만 트리페(tripe: 소의 창자 따위의 식용부분)는 인기있는 요리로 감자와 함께 종종 식탁에 오른다. 올리브, 감자, 잣과 함께 소금에 절이지 않은 건어는 이 지역 음식의 기본적인 특징이다.

리구리아 요리는 내용물을 채우는 것(stuffing)이 그 특징인데 이것은 아마도 땅에서 나는 재료가 적은 지역 특성이 원인일 것이다. 이런 방법의 요리 중 하나인 라비올리는 비록 나중에 에밀리아(Emilia)에서 완성되기도 했지만, 리구리아에서 처음 만들어졌다. 튀김은 리구리아 요리 중 또 하나의 자랑거리이다.

튀김 재료로는 채소, 버섯, 생선이 있으며 생선은 상급기름으로 튀기는 것이 가장 좋다. 후식으로는 풍부한 과자가 있고 크리스마스같이 특별한 때에는 건포도, 설탕에 조린 과일, 잣이 들어간 달콤한 빵(pandolce)을 만든다.

제노바의 명물요리

제노바란 이름이 붙은 요리로는 페스토 제모베제가 있는데 이 요리는 대량의 바질리코(바질)에 소나무 열매를 넣어 으깬 뒤 페코리노 치즈나 올리브유로 반죽한 소스를 말한다. 이 소스를 뜨거운 스파게티와 함께 돌돌 말아 먹으면 무척 맛이 있다. 제노바에서는 이 지방의 명물인 파스타, 트레네테에 뿌려 먹는데 이것은 정통식으로 제노바에서 꼭 맛보기를 권하는 최고의 요리이다. 이외에 라비올리라고 하는 다진 고기를 넣은 파스타가 있는데 대개 미트소스에 버무려서 먹는다.

롬바르디아주(LOMBARDIA)

북알프스산들을 끼고 스위스와 접해 있는 롬바르디아는 이탈리아에서도 손꼽히는 축산, 농업지이다. 북이탈리아가 그렇듯이 이곳도 건조한 파스타보다 손으로 친 파스타나 폴렌타, 쌀 요리를 좋아한다.

롬바르디아는 요리의 구분이 가장 상세한 지역이지만 미식학적으로 봤을 때 9개의 롬바르디아 지방을 묶는 공통분모가 있는데 그것은 요리에 버터를 사용한다는 것이다. 그 예로 버터로 요리한 아스파라거스는 세계적으로 유명한 음식이다. 이 지역은 이탈리아 치즈의 약 42%를 생산하고 있으며 그라나 파다노(grana padano), 고르곤졸라(gorgonzola), 스따끼노(stacchino) 그리고 가장 맛있는 마스카르포네(mascarpone) 등이 유명한 산지이다. 가장 유명한 롬바르디아 요리는 밀라노에서 비롯되었으며 이것들 중 리조또(risotto), 커틀릿(costoletto), 빠네또네(panettone) 케이크처럼 세계적으로 알려진 것들도 있다. 오소부코(ossobuco: 송아지 정강이 고기 스튜)도 유명하다.

밀라노는 이탈리아 요리의 수도이며 이 나라에서 가장 좋은 레스토랑들이 밀집되어 있는 곳으로 토스카나의 영향이 매우 컸는데, 가장 성공적인 토스카나-밀라노 요리 중 하나가 'taglina(저민 고기)'이며 이 요리는 유명한 플로렌스식 비프스테이크로 고기를 수직으로 저민 다음 몇 분 동안 오븐에서 구워낸 것이다. 그 밖에 롬바르디아의 다른 8개 지방을 살펴보면 파비아(Pavia)는 쌀이 가장 좋은 음식이며 보나르다(Bonarda), 부따푸오꼬(Buttafuoco) 및 바르바까를로(Barbacarlo)와 함께 와인으로 유명하다. 끄레모나(Cremona)는 활기차고 기분 좋은 지역으로 고기 품질이 매우 뛰어나다. 로스티치아레(rostisciare), 부세께(busecche)가 가장 잘 알려진 요리이고 그라나 파다노와 유사한 품질인 로디자노(lodigiano) 치즈의 생산지이기도 하지만 점점 구하기 어려워지고 있다. 겨자는 이 도시의 가장 유명한 요리인 또로네(torrone: 누가의 형태)와 함께 크레모나(Cremona) 지역의 특산품이다. 만투아(Mantua)는 기쁨을 주는 도시로 대중적인 음식이 많으며 곤자가스(gonzagas: 리조또 요리의 이름)는 궁정 때의 르네상스 시대의 특별함을 더욱 세련되게 한 곳이다. 강한 식욕과 세련된 미각을 가지고 있다면 몬투아 지방은 지상천국이다. 브레샤(Brescia) 지방 또한 훌륭한 요리가 있는데 마리꼰데(mariconde: 작은 파스타를 넣어 국물이 있는 요리) 같은 것이다. 베르가모(Bergamo)는 폴렌타(polenta: 옥수수, 보리 가루 따위로 만든 죽)가 절정에 이르며 여기에 소고기찜이나 고기와 버섯을 섞어 만든 스튜를 함께 내면 완벽하다. 꼬모(Como)와 바레제(Varese) 지방의 특제품은 수없이 많으며 sgruguela(다임과 유사한 허브), 달팽이(alla comacina), 버섯과 절인 생선은 추천할 만하다. 발텔리나(Valtelina)에는 풍부한 양의 치즈, 돼지고기 제품, 사냥감과 폴렌타 등이 있다.

발레 다오스타주(VAllE D'AOSTA)

발레 다오스타주는 3,200m밖에 안 되는 알프스산 속의 작은 성이지만 몬테비앙코, 체르비노, 몬테로사 등의 이름 있는 봉우리와 고산 식물군 그리고 진귀한 야생동물이 생식하는 아오스타 계곡이 자리하고 있다. 계곡에는 북방민족의 침입을 막기 위해 건축한 요새가 많이 남아 있는데 관광을 주요 산업으로 하는 이 주에서는 중요한 위치를 차지한다. 주도(主都) 아오스타는 고대 로마 병사들이 사용하던 캠프에서 그 유래를 찾을 수 있으며 인구 약 4만 명의 오래된 도시이다.

피에몬테 지방의 서북쪽에 위치한 아오스타 계곡은 발레 다오스타주의 주류를 이룬다. 체르비노와 몬테비앙코를 끼고 대자연 속에서 살아가는 이 지방 사람들은 자연 식품을 즐겨 먹는데 영양이 풍부하다. 특히 영양과 산양의 건조육 모세타와 돼지 피와 기름, 감자로 만든 검은 푸딩은 진귀한 음식으로 잘 알려져 있다. 모세타에는 부드러우면서 가벼운 적포도주 enfer' Arver가 어울리고 푸딩에는 적포도주 peti Rouge가 권할 만하다.

이 지방에서는 파스타를 즐겨 먹지 않고 폴렌타라고 하는 옥수수 가루를 반죽해서 만드는 요리를 주식 대용으로 먹는다. 치즈, 햄, 각종 채소, 빵 등을 넣은 미네스트레, Zuppa valpellinente도 식탁에 자주 오른다. 대표적인 폴렌타 요리는 버터, 치즈가 듬뿍 들어 있어 영양이 풍부한 폴렌타 요리이며 얇게 저민 송아지 커틀릿 위에 부드럽고 맛이 좋은 퐁티나 치즈를 얹은 코톨레나 알라 발도스타나 송어도 즐겨 먹는다. 코톨레타에 붉은 기가 있을 때는 아몬드 향기가 나는 Donnaz를, 송어에는 백포도주 Vin Conseil이나 Bland de Morgex 등이 잘 어울린다. 이곳의 와인은 프랑스로부터 들어온 묘목에서 만들어진 것이어서 프랑스 이름이 붙어 있는 것이 특징이다.

겨울에는 눈으로 완전히 덮이는 이곳 지방에서 빼놓을 수 없는 것이 아오스타풍 커피, 그롤라로 나무 속을 파고 사람 수만큼의 주둥이가 달린 용기에 뜨거운 커피, 레몬 껍질, 설탕, 그라파를 붓고 불을 붙여 알코올 성분을 날려보내는 작업을 하는 것이다. 그리고 무엇보다도 추울 때 몸을 따뜻하게 해주는 그윽한 커피 향과 맛이 일품이다.

2. 북동부의 요리

베네치아가 대표적인 도시로서 향료가 유명하고 생선, 조개, 해산물 등으로 음식을 주로 만들어 파스타를 주식으로 하는데 맛이 달고 시며, 폴렌타, 리조또 형태로 즐기면서 먹는다.(대표적인 스파게티: 봉골레 스파게티)

트렌티노 알토 아디제주(TRENTINO ALTO ADIGE)

'이탈리아로 통하는 관문'이라 불렸던 트렌티노 방문기를 쓴 18세기 어느 방문객은 국경지방보다 더 관문의 역할을 하는 지역으로서의 트렌티노를 정확하게 묘사했다. 이곳의 약 100km 정도에는 Hapsburg 귀족들이 겨우내 지냈던 둑이 있는 가르다(Garda) 호수의 온화한 기후에도 불구하고 만년설이 존재하며, 시대는 변했지만 저녁식탁에 어울리는 멋진 음식과 음료는 햇빛을 좋아하는 오스트리아인들과 독일인들에게 이탈리아인의 생활양식을 소개하는 역할을 계속하고 있다.

트렌티노의 요리법은 북부지방의 방문자들로 하여금 거부감 없이 지중해 요리를 처음 맛볼 수 있게 해주는데, 이는 손님들이 지나치게 강렬하고 특이한 향에 압도당하지 않기 때문이다. 고도를 따라 남쪽으로 여행하면 점점 버터로 요리하는 것에서 올리브유로 요리하는 것으로 요리법의 변화를 느낄 수 있으며 높은 계곡의 정상은 아직도 고산성의 기후여서 긴 겨울에 필요한 담백하고 단순한 고열량 요리법을 접할 수 있다. 그 내용물은 야생에서 자라는 것(버섯, 사냥감)이나 밀(밀가루), 옥수수, 감자, 소시지(특히 맛있는 Trentino 'luganege'), 치즈와 같이 쉽게 경작 및 보관되는 것, 또는 고기(돼지고기, 소고기, 거위고기, 닭고기, 말고기, 당나귀고기)와 같이 거의 늘 훈제되는 것들이다. 이곳은 까르보네라(carbonera) 폴렌타를 발견할 수 있는 곳이기도 하다.

아디제(Adige)강과 가르다(Garda) 호수를 통하는 지역에 베네치아(Venezia) 요리가 영향을 주었지만 그것들은 약간씩 수정되었다. 예를 들면 말린 대구요리인 'alla cappuccina'는 원래의 베네치아 요리보다 더 맛있는 음식이 되었다. 말린 대구 외에 바다와 관련된 요리는 그다지 많지 않지만 약 300여 개의 호수가 있기 때문에 생선 요리들이 존재한다. 그중 최고는 송어요리로 송어를 튀긴 다음 양파, 식초, 파슬리, 박하, 소량의 오렌지, 레몬향, 영국산 포도의 한 품종인 sultanas에 넣고 절인 전통요리법이다. 치즈는 너무 다양하고 훌륭해서 따로 이야기할 필요가 없다. 또한 와인 역시 전 지역이 포도밭으로 둘러싸여 있어 발포성의 스푸만테를 포함한 온갖 종류의 다양한 와인의 생산품이 있는 트렌티노 와인을 그냥 지나쳐서는 안 된다.

트렌티노(TRENTINO)

산악지대 주민들의 편의에 따라 트렌티노는 11개의 구역으로 나뉘어 있다. 이것은 지리적인 분지들과도 일치하며 지역 이름도 분지들의 이름을 딴 것들이다. 모든 구역들은 아름다운 경치와 훌륭한 생산품을 가지고 있다. 피엠메(Fiemme)와 파사(Fassa) 지역에는 그곳의 계곡으로부터 나오는 꿀이, 프리미에로(Primiero) 지역에서는 전 지역에 걸쳐 잘 알려진 그 지역산 치즈인 토셀라(Tosella)만큼 유명한 버섯이 있다. 발수가나(Valsugana)의 저지에서는 낚시꾼들과 음식 애호가들을 매혹시키는 송어를 즐길 수 있는 반면 고지에는 과일과 여러 종류의 사냥감이 있다. 과일 재배지로 새로 알려진 발수가나에는 이탈리아에서 가장 인기있는 발포성 와인(Spumante Classico)이 있다. 사르까(Sarca)의 저지는 호수들로 둘러싸여 있어 항해하기 좋다. 음식으로 보면, 올리브와 자두에서 많은 오일을 생산한다. 마지막으로 중요한 점을 말하자면 발라가리나(Vallagarina: 계곡이나 골짜기 등)는 포도밭으로 덮여 있다.

베네토(VENETO)

베네치아(Venezia) 요리는 대중적인 식사와 보다 세련된 요리 등 모든 면에서 무한하고 주목할 만한 매력을 가지고 있다. 생산력과 질적인 기준 양쪽 모두에서, 전체적으로 이 지방의 요리는 베네토(Veneto)가 이탈리아의 미식을 주도하고 있다고 평가받을 만큼 풍부하고 다채롭다. 그들은 재빨리 옥수수를 받아들여 그 지방에서 가장 비옥한 땅을 경작하기 시작했으며 그들은 이를 가리켜 '외국의 것'이라는 뜻으로 '투르코(turco)'라 불렀는데 오늘날까지도 그라노투르코(granoturco)는 베네토(Veneto)에서 주요리의 대명사로 일컬어진다. 베니스(Venice) 사람들에게 폴렌타는 옥수수를 사용하는 것이 자연스러운 방법이며 이 밖에 또 다른 생산품은 쌀이다. 쌀을 주재료로 하는 전통요리는 매우 많은데 튀긴 채소와 함께 국물에 완두를 넣은 쌀요리로 베니스의 가장 고전적인 요리(risi e bisi), 시금치 쌀요리(risi espinaci), 양배추 쌀요리(risi e verze), 그 밖에 채소나 버섯, 생선, 조개, 살라미나 고기를 넣은 다른 쌀요리가 있다. 베니스에는 파스타는 거의 없고 대신 희거나 짙은 밀가루를 사용하여 정어리(sardele) 소스를 얹은 베로나(Verona) 시골풍의 스파게티인 '비골리(bigoli: 베네토 지역의 전통적인 방법으로 만든 스파게티 이름)'가 있다. 하지만 파스타는 베니스 요리의 또 다른 유명한 재료인 콩과 함께 널리 보급된 다른 요리들에 등장한다.

메인코스는 대개 생선이나 가금류를 기본으로 하며 보통 소고기나 송아지고기(어느 지역에서는 돼지고기)가 주류를 이루는데, 인기는 별로 없다. 그러나 고기의 내장, 특히 튀긴 양파에 요리하는 간 요리인 알라 베네치아나(alla veneziana)는 일반적인 요리로서 이탈리아 요리의 고전이 되었다. 또 다른 중요한 메인코스는 이 지방에서 완전의 극치에 달하는 말린 대구 바깔라(baccala)이다. 베니스에서 바깔라를 말린 대구라고 하며 절인 대구는 만테까또(baccala mantecato)이다. 베네토의 매력 중 하나는 연한 갑각게와 거미게, 오징어 등을 포함하여 신선한 생선이 들어간 아드리아의 생선수프인 브로데또(brodeto)이다. 내륙으로 여행함에 따라 생선은 희귀해지지만 다른 음식으로 대치되기 때문에 아무런 문제가 없다. 왜냐하면 이것들에 상당하는 다른 요리가 있기 때문이다. 예를 들면 빵가루와 우유로 인해 매운맛이 좋은 아기돼지 '알라 비첸티나(alla vicentina)'가 있다.

닭고기로 말하자면 베네토 지방이 훨씬 뛰어나서, 닭고기, 오리고기, 비둘기고기, 거위고기, 칠면조, 꿩 등이 많은 특제품에서 나타난다. 어디에서나 닭고기와 칠면조는 속을 채운 채로 요리되는데, 트레비소(Treviso)에서는 셀러리를 넣은 샐러드에 구운 거위고기를 넣은 것이 가장 유명하다. 베로나에서는 쇠골을, 트레비소에서는 거위나 산토끼의 간을 넣은 유명한 소스인 peverada(닭간, 앤초비, 피망 등을 넣어 구운 쌀요리)로 양념한 오리나 꿩고기도 맛볼 만하다. 특히 강 어귀에서 사냥감으로 잡은 청둥오리, 고방오리, 물오리, 마도요, 왜가리 등은 로비고(Rovigo) 지역 근처에서 흰 송로버섯(Tartufo: 따두포, 유럽의 특산물인 트리플버섯의 이름)과 함께 요리되는 경우가 많은데 이 요리는 고급스러우며 호화롭기까지 하다. 또한 햄, 살라미를 포함하여 광범위한 고기 저장방식이 있으며 치즈에는 산기슭에 있는 도시 이름을 딴 아시아고치즈(Asiago)가 있는데 이것은 요리하거나 먹는 데 있어 엄격한 등급을 붙여 지중해로 수출한다. 또한 이 지역의 페이스트리 상점들에서는 부솔라(busola), 마네기(maneghi), 스끼소띠(schisoti), 파르타이아(fartaia), 프레골로따(fregolotta)처럼 유쾌한 이름을 가진 포카차(focaccia), 참벨레(ciambelle: 도넛류)를 볼 수 있는데 이들은 거의 모두 비슷하지만 베네치아의 개인주의적인 욕구를 충족시키기에 충분할 만큼 다양한 특성이 있다.

프리울리 베네치아 줄리아(FRIULI VENEZIA GULIA)

프리울리(Friuli)는 이탈리아 와인산업의 르네상스 역할을 했으며 이탈리아의 가장 작은 지역 중 하나이면서도 우수한 와인을 찾는 열광자들이 가장 흥미를 가지는 지역 중 하나로 인식되고 있다.

폐쇄적이고 가난한 지역이며 자급자족하는 프리울리는 고집스럽게 전통을 보존하였다. 요리에 쓰이는 원재료는 감자, 보리, 옥수수, 돼지고기같이 그 지역의 토양에서 나는 것이며, 이들은 이러한 재료로 소박하면서도 특별한 맛을 내는 그들만의 요리비법을 만들어냈다.

전형적인 프리울리의 식사는 수프 한 그릇으로 시작하는데 기본적인 재료는 콩, 소금에 절인 양배추(sauerkraut: 사우어크라우트), 지방이 많은 베이컨, 양파, 세이지, 파슬리, 마늘 등으로 대부분의 이탈리아 수프에는 쌀과 파스타를 넣지만 이곳에서는 베이컨 지방, 허브와 스파이스만을 넣는다. 또 다른 고유 요리는 폴렌타로 베이컨 지방과 양파를 묻혀 절인 배추(sauerkraut), 콩과 함께 제공한다. 그 외에도 카르니아(Carnia) 지역에서 발견되는 찰존스(cialzons)라고 하는 아뇰로띠(agnolotti)와 유사한 전통적인 라비올리가 있는데 고기 대신에 건포도로 조리한 시금치, 설탕을 뿌린 레몬껍질 또는 허브와 스파이스를 넣은 코코아로 속을 채운다. 이 지역에서 가장 특이한 뇨끼는 공 크기의 것들인데 이것들은 달콤한 자두로 속을 채우며 버터, 설탕, 계피로 색깔을 낸 빵가루와 함께 제공된다. 해안가에서는 생선이 가장 훌륭한 리조또를 만들기 위해 종종 쌀과 함께 요리된다. 이 지역은 가난한 지역이라 요리에 주로 돼지고기를 사용한다.

고유의 바이올린 모양이며 세계적으로 유명한 프로슈토 산 다니엘(Prosciutto di san daniel)을 빼놓을 수 없는데, 산 다니엘(san daniel)은 마을 주위의 언덕같이 핑크색이며 연한 것은 지방이 거의 없고 섬세하면서 훌륭한 맛을 가진다. 이것은 이 지역의 기후조건과 건조과정의 산물이다. 바다 가까이로 가면 판매를 위해 진열해 놓은 생선과 조개를 많이 볼 수 있다. Trieste에서 놓치지 말아야 할 또 다른 즐거움은 그란세올라(granseola: 큰 게 종류)로 컵 모양으로 잘라진 '껍질' 위에 얹어서 제공된다.

3. 중부의 요리

피렌체와 로마가 대표적인 도시로 이곳의 음식은 진한 맛과 강한 소스를 사용하며 로마의 대표적인 파스타로는 까르보나라가 유명하다. 이곳은 어느 지방을 가든지 골고루 맛을 볼 수 있고 피렌체(토스카나)는 올리브, 포도를 재배하며, 이탈리아의 대표적인 와인을 생산하는 것이 특징이다.

에밀리아 로마냐(EMILIA-ROMAGNA)

이탈리아에서도 미식의 도시로 이름 높은 에밀리아 로마냐 지방은 이탈리아에서 가장 좋은 것을 먹을 수 있는 지역이다. 특히 음식을 사랑하는 나라에서 가장 음식을 사랑하는 사람들이 사는 지역으로 세계적으로 유명한 파르미자노(parmigiano) 치즈와 파르마(Parma)의 생햄을 비롯해 맛있는 음식이 가득하다.

에밀리아 로마냐(Emilia-Romagna) 지역 8개의 주요 도시들은 각각 요리를 해서 먹는데 우선 파르마(Parma)는 사랑과 세련미를 유지하며 피아첸차(Piacenza) 지방은 먹음직스럽지만 허세가 없는 음식을, 모데나(Modena)는 애정어린 요리를 제공하지만 레지오 에밀리아(Reggio Emilia)에 와서 보면 그 분위기는 훨씬 더 세심하다. 볼로냐(Bologna)는 승리를 축배하고 유쾌한 요리의 도시인 반면에 페라라(Ferrara) 지방은 세련되고 변덕스럽다. 끝으로 포를리(Forli)와 라벤나(Ravenna)의 요리는 맛이 그윽하고 즙이 많다.

이 지역의 특수성을 좀 더 살펴보면 첫째, 속을 채운 것이든 단순한 것이든 간에 달걀로 만든 파스타가 있는데, 이것은 항상 가정에서 만든다. 이 요리법을 준비하는 데 예전엔 3일이 걸렸지만 지금은 그렇지 않으며 다른 파스타와의 차이점은 그 모양에 있다. 링(agnolini)에서부터 방망이(cappelletti), 설탕을 입힌 것(caramelle: 까라멜레)까지 다양하다. 차이점은 속을 채울 때 사용하는 재료들로 까펠레티(cappelletti)의 범위는 로마냐(Romagna)에서는 라비올리에서 구운 고기를 채워 먹는다. 또한 볼로냐에서는 또르뗄리니가 비너스의 배꼽모양으로 된 형태가 최고로 평가받는다. 파스타를 먹는 또 다른 방법은 오븐에 굽는 것으로 가장 잘 알려진 것으로는 진하고 부드러운 라자냐가 있다.

소스의 첫 번째 선택은 라구(ragu)인데 이것은 이탈리아 각처에서 발견되지만 이곳이 원산지이다. 즙이 많은 고기와 허브의 혼합물인 라구는 요리하는 데 오랜 시간이 걸리지만 기다릴 만한 가치가 있으며 로마냐(Romagna)의 특제품은 빠싸뗄리(passatelli)라 불리는 파스타인데 이것은 달걀, 빵가루, 치즈로 만들며 특수한 도구로 자란다. 이 요리의 맛은 약간의 육두구로 인해 더 좋아진다.

에밀리아 지역의 사람들은 돼지고기를 매우 좋아해서 자신만의 돼지고기 특별요리법을 가지고 있는데 피아첸차(Piacenza)에는 목살(coppa)과 삼겹살(pancetta)이 있고 파르마에는 프로슈토(prosciutto)가 있다. 또한 에밀리아는 주꼬(zucco)로 유명한데 이것은 요리에 사용할 때 많은 향기가 나는 살라미(salamis)다. 페라라가 살라마다 수고(salama da sugo)를 자랑하는 반면, 모데나에도 잠포네(zampone)가 있다. 가장 흥미있는 에밀리아의 소시지 중 하나인 살라마 다 수고(salama da sugo)는 페라라의 공작인 에스테(Este) 가문에서 최음제로 사용했으며 오늘날까지 결혼 피로연에 쓰인다. 이것은 창자 안에 돼지고기로 속을 채운 것이며 와인과 스파이스를 넣어 재 속에서 1년 동안 익힌 다음 끓이는데 그렇게 하면 향기로운 요리가 된다.

페라라와 레지오 에밀리아엔 커다란 이스라엘 공동체가 있어 훈제거위인 부리꼬(buricco), 고기로 속을 넣은 큰 라비올리 종류 같은 이스라엘 요리가 많다. 또한 하민(hamin)도 있는데 이것은 거위 지방, 건포도, 잣 등과 함께 오븐에 구워 좋은 달걀로 만든 딸리올리니(tagliolini) 파스타이다.

다음으로는 그라나(grana)로 불리는 치즈이며 가장 유명한 과자는 주빼 잉글레제(zuppa inglese)로 장미 향수(zlkernes)와 꼬끼넬(cochineal: 연지벌레의 암컷을 말려서 만든 진홍색 염료)에 적신 스펀지 핑거(sponge finger: 손가락 모양의 카스텔라 과자) 비스킷인 스펀지 케이크(pan di spanga: 잼과 크림을 넣어 만든 케이크, 크리스마스 빵)로 만들어진 일종의 Truffe(트루페, Truffle)로 초콜릿과 크레메 파티시에(creme patissier)로 덮여 있다. 또 하나의 요리는 도넛 형태(ciambella)로 만든 아몬드, 호두, 소나무 과실의 씨로 속을 채운 링 모양의 케이크이다.

로마냐의 요리는 에밀리아와 다소 비슷하지만 자체의 특제품을 가지고 있는데 주로 리미니(Rimini)의 항구에서 나오는 생선요리로 모든 종류의 물고기를 이용한 브로데티(brodetti)와 수프들이다. 또 다른 것으로 꼬챙이에 낀 물고기를 들 수 있는데 이것은 허브와 생선으로 케밥(kebabas)의 변형이다. 페라라 코마키오(Comacchio) 지역은 뱀장어(znguilla)가 유명하다. 마지막으로 로마냐에서 가장 보편적인 것은 평평한 삐아다(piada)라는 빵인데 이것은 밀가루, 소금, 라드로 만들고 붉게 뜨거워진 그릴에서 요리되며 평범한 빵 대신 식사 때마다 먹는다.

토스카나(TOSCANA)

토스카나의 요리는 프랑스 요리의 원조인 이탈리아 요리를 전파한 피렌체의 메디치가(家)를 생각하게 하는 지역으로 웅장한 아펜니노산맥과 아름다운 티레니아해로부터 나오는 자연산물이 풍부해서 아직도 미식의 전통이 남아 있다. 옛날 해양 도시로서 번영했던 피사를 비롯한 해변도시에서는 향기가 좋은 포르치니 버섯과 올리브유가 생산된다. 또한 키아나 협곡에서 방목되는 키아나 소고기는 피렌체풍의 비프스테이크로 인해 세계적으로 유명하며 지금은 미국에도 수출된다. 그리고 전 세계적으로 가장 유명한 이탈리아 와인 끼안띠도 이곳 생산품이다.

사실 토스카나의 요리는 단순해서 즉석요리를 기본으로 하지만, 단순하다는 것이 조리가 간편하다는 뜻은 아니다. 예를 들어 스테이크는 쟁기를 끌던 소를 이용 거대한 밤나무로 가열하고 올바른 순서로 적정량의 소금, 후추와 올리브유를 첨가해야 플로렌스 스테이크가 되며 장소와 계절마다 같지 않은데 그 단순성이 단순한 재료를 빛나게 하기 때문이다.

밤파이(castagnaccio)와 같은 소박한 음식은 여전히 가장 좋아하는 토스카나 과자 중 하나로 평범한 가정에서 부유한 가정까지 두루 제공되며 고열량 식품이므로 건설공사장 인부, 나무꾼과 동물 사육사에게는 중요한 역할을 했다. 또한 주머니가 두둑하지 않은 사람들에게는 빠또나(pattona)로 불리는 물과 밤으로 만든 달콤한 폴렌타로 바뀌어 사람의 배를 채워주었다. 이것은 밤이 희귀하고 비싸지기 시작한 몇십 년 전까지 애용되었으며 이 요리 외에도 신선한 올리브유를 발라 석쇠에 구운 빵조각인 페툰타(fettunta)가 있다.

이곳의 주요 원료는 고기로, 모든 것은 흔히 오븐의 꼬치에 굽거나 로즈메리 잔가지와 몇 개의 마늘을 부드럽게 반죽한 아리스따(arista)와 구워 식탁에 제공되며 삶은 고기처럼 스튜 또한 일반적이다. 토스카나에서 진정으로 애착을 갖는 것은 돼지고기와 닭의 간으로 전자는 그물모양으로 묶어 월계수잎과 둥근 빵을 쇠꼬챙이에 끼워 케밥(kebab)같이 굽는 반면, 후자는 국물에 사용된다. 이것은 송아지 비장과 함께 토스카나의 전통음식인 크로스티니(crostini)의 기본재료이다.

가장 인기 있는 소시지는 펜넬(fennel) 씨가 들어간 큰 살라미인 피노끼오나(finocchiona)이고, 그다음으로는 혀, 스파이스, 피스타치오(pistachio)로 구성된 소프레싸따(soppressata)와 야생 멧돼지로 만든 햄인 프로슈토(prosciutto)와 소시지들이다. 파스타는 토끼 소스를 얹은 빠빠르델레(pappardelle)가 유명하며 수프는 가벼운 zuppa con pomodoro(토마토), 혹은 빵과 검은 양배추로 만든 리볼리타(ribolita) 수프는 소박하고 보잘것없으나 매우 특이하다. 그리고 생선은 요리에서 중요한 역할을 하는데 레호른(Leghorn)의 생선수프인 까추코(caciucco)처럼 매운 고추가 첨가된 이것은 이탈리아에서 가장 맵다.

치즈는 너무 자극적이지 않고 향기가 있는 페코리노(pecorino)로 치즈 중 pantheon(신전)에 속할 만하다. 가장 유명한 것은 크레타(crete)라 불리는 것으로 염소들이 쓴 쑥꽃의 향을 먹고 자라는 시에나(Siena)와 아레조(Arezzo)에서 만든 것이다. 전통적으로 그 수가 적은 과자 중에는 말린 과일과 스파이스로 가득한 유명한 과일 케이크인 판포르테(panforte)와 와퍼 위에 아몬드를 으깨어 설탕과 버무려 만든 과자 마지팬(marzipan)의 직사각형 모양이 얹혀진 리치아렐리(ricciarelli)가 있는데, 모두 시에나에서 비롯된 것이다. 가장 유명한 과자는 칸투치(cantucci)로, 빈산토(vinsanto) 와인에 잠깐 담그고 아니스(anise)와 아몬드로 향을 낸 프라토(Prato)산 비스킷이다. 이와 같이 크고 작은 모든 도시에는 그곳만의 특제품이 있다. 이 중 토스카나 요리의 비결은 섬세하게 결합시킨 몇 안 되는 재료와 각각의 자연 향을 중요시하는 데 있다. 이것은 평범한 맛을 의미하는 것이 아니고 오히려 각 음식 최고의 특성을 강조하는 것이다.

사르데냐(SARDEGNA)

사르데냐섬은 수세기 동안 고대의 우수한 문명, 노동과 권위가 남아 있는 땅으로 농업과 목축업이 사르데냐 경제의 기초였고 1960년대와 1970년대 섬의 멋진 바다와 관광업에 대한 무한한 가능성이 발견되어 관광붐이 일었던 곳이다. 또한 대부분의 해안지역과 마찬가지로 오래된 것에서 새로운 것으로의 급속한 변화의 충격으로부터 회복하지 못하고 섬 전체에 영향을 미치고 있으나 약간의 전통도 남아 있으며 민속이 아직 이탈리아에서 가장 풍부하고 중요하며 고유의 농업 및 목축업의 유산은 거의 원형 그대로 남아 있다.

남부요리에서 그러하듯이 일반요리는 아직 가정에 전적으로 남아 있고, 희귀한 몇 가지 요리만 관광객에게 제공된다. 보다 오래된 사르데냐의 특성을 지닌 요리는 섬의 내륙에서 온 '내륙적'인 것이다. 그것의 기초는 구운 고기(엽조류, 야생 가금 및 어린 돼지 porceddi), 빵, 낙농제품, 살라미(salami)와 채소이다. 최근에 등장한 사르데냐 요리 중 현재까지 수세기 동안 남아 있으면서 다른 종류 중 하나가 바다요리로 사실 사르데냐인들은 결코 바다 사람이 아니었으나 항해가와 선원이 섬에 도착하여 그곳의 지배자가 되면서부터 주민들에게 알려졌다.

전통적인 사르데냐 음식의 기초는 가장 자연스럽고 검소한 빵으로 또한 오랫동안 집을 떠난 목동들과 함께했으며 다양한 장소와 환경에서 다른 모양과 다른 이름을 가졌다. 조각나 있으며 바르바자(Barbagia)의 pizzuda에서 비롯된 pani tunni라고 불리는 썰어진 커다란 둥근 빵, 삼각형 핏짜모양의 빵이 있다. 섬 밖에서 가장 유명한 것은 유쾌하게 명명된 '음악 악보'인 carasau(얇은 밀가루 반죽처럼 아주 얇은 빵)로 이것은 목동들이 목초지에서 가지고 다니기 위해 고안한 빵인데 바삭바삭하고 여러 층으로 되어 있고, 오랫동안 보관할 수 있으며 둥근 조각으로 만든다. 이것은 물에 넣어 부드럽게 만들어서 먹는다. 치즈를 발라서 먹으면 I suppas라고 불리며, 달걀이나 토마토와 함께 먹으면 pane frattau라고 불린다. 또한 특별한 경우에 먹는 빵도 있다. 결혼식 빵은 신랑 신부에 대한 선물로 구입되고 다산과 행복의 상징인 다채로운 종이밀집과 빙카(협죽도과의 식물)로 장식된다. 세례용 빵은 새로운 생활의 기쁨을 표현하듯이 레이스처럼 보이도록 만들며 장례식 빵은 곡식가루만으로 만들어지며 인생의 종말을 강조하는 어두운 색으로 만든다.

가장 전형적인 파스타는 작은 손가락 정도의 둥근 모양이라는 뜻의 라틴어인 malleolus에서 연유된 malloreddus이고 그것은 ciuliru라고 불리는 일종의 체를 통과한 밀가루 반죽을 눌러 만든다. 또한 culingiones 같이 속을 채운 파스타와 리코타 치즈 혹은 감자를 채우지만 고기는 거의 없는 angiulottus라고 불리는 라비올리가 있다.

사냥꾼의 천국인 사르데냐는 사냥감을 위한 풍부한 요리법을 가지고 있으며 사르데냐에서 가장 많이 수

출되는 음식제품에는 양목업의 주요 산물인 양유치즈(caio fiore: 카이오 피오레)가 있다. 또한 과자 중 가장 특징적인 것은 치즈와 꿀로 만드는 것으로 이름은 세바다스(sebadas)이다. 이것은 원래 Barnagia에서 유래되었지만 Gallura에서도 발견할 수 있다. 다른 일반적인 과자들은 아몬드로 만들며 가끔 오렌지 꽃으로 향기를 낸 페이스트리도 있다.

라찌오(LAZIO)

이곳의 명물요리를 지금은 로마풍이라 부르지만 실은 주변의 주민이 대도시 로마에 유입되면서 생겨난 것이다. 로마는 조리법이 많지는 않지만 풍부한 특성을 가지고 있고 2000년 동안 근본적으로 변하지 않은 채 남아 있다. 가장 전형적인 로마 요리들은 소꼬리(alla vaccinara), 그리고 식용부분, 채소, 파스타로 만드는 pajata이다. 진정으로 모라에서 인기 있는 요리에 사용되는 주요한 요리용 지방은 라드이고 그다음은 턱부분의 지방, 베이컨 지방, 올리브유이다. 로마의 요리법에서 제공하는 요리 목록을 살펴보면 실제로 로마의 기원이 아닌 다양한 이름을 발견할 수 있다. 예를 들면 그 이름이 나타내듯이 스파게티 아마트리치아나(alla amatriciana)는 얼마전까지 아브루쪼(Abruzzo)의 일부인 아퀼라(Aquila) 지방에 속했으나 지금은 리에티(Rieti) 지방에 속하는 작은 마을 아마트리체(Amatrice)에서 온 것이다. 유태 요리에서 온 아티초크 alla giudia도 마찬가지이다. 또한 핏짜는 비록 로마인들이 자기네 지방의 것이라고 주장할지라도 나폴리(Napoli)에서 그 기원을 찾을 수 있다.

파스타 요리를 살펴보면 페투치네 알라 로마나(fettuccine alla romana)로 시작할 수 있는데 이것들은 대개 가정에서 요리되고 토마토 ragu(neat, sauce), 햄, 버섯과 닭내장으로 맛을 낸다. 대량생산된 파스타 요리 중 베이컨과 후추를 곁들인 구멍난 스파게티(bucatini) alla amatriciana, 참치, 버섯, 토마토를 곁들인 alla carrettiera, 줄무늬 베이컨, 양유치즈(pecorino)와 달걀 노른자를 곁들인 까르보나라(carbonara) 등을 들 수 있다. 약간 간단한 것을 원하면 맛있는 스트라치아뗄라(stracciatella)가 추천되는데 이것은 국물에 달걀을 넣은 수프이다. 다음 코스로 넘어가 소꼬리 요리(coda alla vaccinara)를 다시 살펴보면 소꼬리에 소 볼살을 결합해서 건포도, 소나무씨, 쓴 초콜릿 및 다진 샐러드로 구성한 맛있는 요리를 라구에서 만든다. 또 하나의 맛있고 좋아하는 것은 어린 송아지의 내장으로 만든 pajata로 이것은 양파와 천천히 볶아 rigatoni(마카로니보다 두껍고 바깥쪽에 큰 줄기가 들어 있는 파스타)에 섞는다. 내장요리 중 coratella d'abbacchil(봄양의 찌꺼기 고기) 또한 매우 흥미로우며 구운 봄양 alla cacciatora는 대개 메뉴의 첫 번째에 있다.

북부 혹은 남부의 그것과 다른 소스는 마늘, 로즈메리, 백포도주, 아티초크 및 후추로 구성되는데 이 자극적인 결합이 최고의 양고기 맛을 나게 한다. 다음에는 소고기 garofolato요리로 고기를 잘게 썰어 라드와 클로브로 채워 천천히 끓이는 것으로 아주 맛있다. 살팀보카(saltimbocca) 또한 인기가 있는데 이것은 세이지와 햄이 곁들여진 송아지고기를 꼬치에 끼운 것이다. 로마 요리의 또 다른 주요한 특징은 튀긴 작은 조각(pezzetti)이다. 이것은 보통 송아지의 목살, 간, 아티초크, 호박, 사과, 배 및 얇게 자른 빵으로 구성된다. 모든 튀김(fritto misto)은 고깃조각, 봄양의 커틀릿과 반죽된 채소로 구성된다. 그리고 라찌오 해안에 있는 수많은 식당들은 생선요리가 주요리다. 로마 자체의 요리로 가장 유명한 생선요리는 뱀장어 새끼요리(ciriolo)로 티베르(Tiber)강의 작은 장어와 바칼라(baccala) 즉 수입된 말린 대구로 만든다.

로마분지는 몇 가지의 품질이 우수한 채소를 생산하고 이것은 많은 요리의 기초가 된다. 예를 들면 알라 로마나(alla romana)는 향기 있는 허브, 완두콩을 채워 오일에 제공하는 것이다. 또한 다른 채소요리에는 이탈리아 지방에서는 먹지 않는 브로콜리, 완두콩과 누에콩이 있다. 로마인들은 또한 핀지모니오(pinzimonio)의 고안자이기도 한데 이것은 식탁에 다양한 채소를 내놓고 그것을 오일, 소금, 후추로 맛을 내는 관습이다. 또 다른 채소요리는 샐러드의 속, 즉 ciccio이다. Misticanza(작은 이탈리아, 채소 이름) 샐러드는 씁쓸한 루콜라(rucola)를 포함한 다양한 허브로 구성되며 뿐타렐레(puntarelle: 치커리과의 한 품종)는 마늘즙, 오일과 아티초크를 섞은 쓴 치커리로 대단히 맛있다. 그 밖에 오믈렛, 양유치즈(pecorino), 리코타(ricotta)와 다른 뛰어난 라찌오의 낙농제품이 있다.

4. 남부의 요리

남부지방은 포도주를 가장 많이 생산하고 나폴리라는 도시는 이탈리아 핏짜의 고향이라고 하며 섬지역에 있는 시칠리아섬은 파스타의 고향이라고 한다. 시칠리아섬은 소박하며 올리브, 가지, 포도 등 해산물이 풍부하다.

풀리아(PUGLIA)

수세기 동안의 힘든 노동을 통해 농업을 중요한 부의 원천으로 만드는 방법을 익힌 풀리아 지역의 요리는 육지에서 나오는 오일, 곡식, 채소와 바다에서 나오는 생선을 기본으로 발달했다. 올리브숲으로 덮인 아드리아해안 지역은 이탈리아 올리브유 생산량의 약 1/3을 차지하며 무한한 종류의 파스타와 유명한 풀리아 빵의 주재료인 색이 짙은 마카로니 밀은 아볼리에르(Avolier)평원에서 재배되고 과일과 채소 농업 또한 매우 번성하였으며, 아드리아해 혹은 이오니아해에서 산출되는 풍부한 생선은 다양하고 맛있는 요리의 원재료를 공급한다. 또한 풀리아는 이탈리아 와인의 저장소로 알려져 있다.

포자(Foggia)에서부터 바리(Bari), 라체(Lacce), 브린디시(Brindishi), 타란토(Taranto)에 이르기까지 모든 지역이 그 자신의 매혹적인 요리들을 가지고 있다. 그러나 결국, 그것들은 실제로 거의 비슷하여 그 외형 또한 동일하다. 남부로 이동함에 따라 Tavoliere에서 많은 양이 사용되는 마늘은 줄어들고 갈리폴리(Gallipoli)의 특제품인 생선수프에서 가장 많이 눈에 띄는 양파로 교체된다. 특히 포자(Foggia) 지역의 독특한 특성은 그 지역이 수 킬로미터에 걸쳐 바다로 둘러싸여 있음에도 불구하고 전통적인 요리의 그 어느 것에서도 생선이 들어간 것을 찾을 수 없다는 것이다.

손으로 만든 파스타는 천 가지의 변형물을 제공하는데 오레끼에테(orecchiette: 귀 모양으로 생긴 파스타 종류), 라가네(lagane), 푸실리(fusilli), 스트라시나티(strascinati), 트로콜리(troccoli), 키안키아렐레(chianchiarelle) 등이 그것이다. 상점에서 상업용으로 만든 파스타를 풀리아 가정에서 산다는 것은 거의 생각할 수 없는 반면 점차 파스타는 특별한 경우에만 집에서 만들게 되었다. 소스는 고기 혹은 생선으로 만든 라구가 전통적이지만 많은 다양한 재료들이 있다. 가장 인기있는 생선 소스는 다양한 생선이 결합된 참보또(ciambotto)이다. 그리고 남부의 모든 지방에서처럼 고기는 드물다. 엽조류, 새, 돼지고기, 야생토끼, 그리고 무엇보다 양고기가 널리 사용되는데 풀리아는 사르데냐와 라찌오 다음으로 세 번째 양 사육지이다.

낙농제품 또한 풀리아 식탁에서 중요한 기여를 한다. 경이로운 리코타(ricotta), 짜릿한 양유치즈, 카치오카발로(caciocavallo), 스까모르자(scamorza), 프로볼로네(provolone) 그리고 무엇보다도 동일한 농도의 속을 빛나는 외부 껍질이 덮고 있지만 크림에 넣었을 때 작은 조각으로 분리된다는 사실 때문에 놀라운 치즈로 통하는 부라테(burrate)가 있다.

과자를 살펴보면 콘페띠(confetti: 결혼식용으로 사용되는 설탕을 입힌 아몬드)처럼, 누가는 13세기 뿌리에서 탄생되었다. 아몬드는 전통적 과자의 기초로 오늘날까지도 이곳에서 생산되는 아몬드가 높은 평가를 받고 있다. 과자 다음으로 과일로 식사를 마치는 습관은 없는 대신 생채소가 제공된다. 회향풀, 무, 셀러리 및 양념된 다른 채소들이 제공되는데 과일로 즐기는 유일한 것은 미각을 신선하게 하는 달콤한 수박이다.

시칠리아(SICILIA)

시칠리아의 요리는 이탈리아에서 가장 오래된 것이고 특제품이 가장 풍부하며 시각적인 구경거리가 가장 많다. 시칠리아의 어려운 과거와 다양한 지배시기를 살펴본다면 마냐 크레차(Magna Crecia)에서는 올리브와 소금에 절인 리코타 치즈, 야생꿀, 생선, 구운 양고기와 와인이 들어왔고 로마시대로부터는 속을 채운 오징어, 구운 양파, 오일, 그리고 빵 또는 파스타와 곁들여 먹는 허브와 물로 요리한 콩퓌레인 마꾸(maccu) 같은 요리가 들어왔다. 또한 아랍 지배 시에는 트레판토(Trepanto)의 유명한 생선수프인 쿠스쿠스(couscous), 디저트 중 가장 고전적인 까싸타(cassata)굴, 깨씨와 아몬드를 곁들인 누가인 꾸바이타(cubaita), 과일 혹은 감귤향을 더하여 만드는 시아르바트(sciarbat)라고 불리는 차가운 음료를 포함한 동양요리가 들어왔다. 이것은 세계적으로 명성을 얻도록 한 셔벗(sorbeto)을 만들게 하기도 하였다. 앙주(Anjou) 지배 때는 프랑스의 Roule에서 비롯된 롤로(rollo)로 알려진 파르수마그루(farsumagru: 모든 것을 채워 둘둘 말아 구운 송아지고기)라는 인기 있는 요리를 낳게 하였고 후추, 생강, 계피, 정향, 사프란과 함께 와인을 넣어 요리한 장어(ancidda brudacchiata)가 있다. 스페인 정복자가 미국에서 돌아온 후 토마토가 유럽에 전파되어 시칠리아의 완벽한 조건에 번성했으며 그 직후 또 다른 남아메리카 채소인 가지가 도입되었다. 시칠리아 요리의 가장 기념비적인 시기는 Baronial 시대로 17세기와 18세기 지배계급의 호화로운 주택 내에서 시칠리아 요리는 풍부함의 극치에 도달할 수 있었다.

시칠리아섬은 우선 참치(Tonno)와 황새치(Pesce spade)의 산지이기도 해서 막 잡은 신선한 것을 굽거나, 와인으로 끓이기도 하여 향신료를 풍부하게 쓰는 등 색다른 생선요리법으로 독특한 맛을 느낄 수 있다. 고기 요리로는 소고기 커틀릿(Cotoletta alla sicilliana)이 있다. 미트볼 Polpetrine도 즐겨 먹는다. 대표적인 아랍요리인 쿠스쿠스는 트라파니 지방에서 이제는 완전히 고향의 맛으로 정착했다. 이 요리는 생선수프를 거친 세몰리나 가루에 개어 뭉실뭉실하게 잘 찐 후 이 위에 생선과 생선수프를 끼얹어 먹는다.

참치와 상어를 재료로 한 시칠리아의 요리로는 '양파참치요리(tonno alla cipollate: 잘게 썬 양파와 참치를 기름에 튀긴 요리)'와 '메시나 상어요리(pescespada alla messinese: 기름, 토마토, 참치, 미나리과의 셀러리, 올리브, 감자, 카페리를 재료로 한 요리)'가 있다. 그 외에도 이 섬에서 잡히는 어류에는 정어리가 있는데 생선은 주로 튀김요리나 빵, 치즈가루, 달걀, 솔방울로 속을 채운 '베카피쿠 정어리(sardine a beccaficu) 요리'를 만들며, 말린 대구는 5분간 끓는 물에 넣어 냄새를 제거하는 것이 중요한 '메시나 대구요리(stocco alla messinese)'의 주재료이다. 특히 이 섬에서는 생선수프가 유명한데 그 주인공이 바로 트라파니의 대표적인 음식인 쿠스쿠스(couscous)이다. 아랍인들에게서 유래된 이 수프는 밀가루 찌꺼기(밀가루를 체로 거른 후에 남은 것으로서 마카로니 또는 푸딩의 원료가 된다)를 기름과 함께 섞어 증기로 찐 후에 생선을 넣어 만드는데 그 향과 맛이 일품이다.

건조 파스타는 아라비아 상인들이 사막을 횡단하기 위해 부패하기 쉬운 밀가루 대신 밀가루 반죽을 얇게 밀어 아주 가는 원통의 막대 모양으로 말아 건조시켜 실에 꿰어 가지고 다닌 것이 그 유래이다. 그러던 중 11세기경에 아랍인들이 남부 이탈리아와 시칠리아섬을 점령하면서 건조 파스타가 시칠리아섬에 전해졌는데, 시칠리아는 파스타를 건조시키는 데 유리한 기후 덕분으로 그 생산이 쉬웠다. 이탈리아 시칠리아섬의 팔레르모는 건조 파스타 생산에 관한 최초의 기록이 있는 역사적인 도시이다. 즉 1150년에 아랍의 한 지리학자가 "팔레르모에서는 실모양의 파스타를 대량으로 생산하고 있으며, 이를 칼라브리아 지방과 회교 국가 및 기독교 국가들에 수출하고 있다."라고 언급하여 이미 그 당시부터 이탈리아는 파스타를 수출하였음을 알 수 있다. 시칠리아의 파스타 요리법은 상당히 다양하다. 그러나 대부분의 경우 공통된 재료는 생선, 올리브 기름 그리고 토마토 소스이다. 이 섬의 가장 특징적인 파스타는 오징어와 그 먹물로 만든 소스로 유명한 '오징어 스파게티(spaghetti alae seppie)'로 이탈리아 짜장면이라고 불린다.

쌀은 아랍인들에 의해 시칠리아에 소개된 후 이탈리아 반도에 확산되어 가장 보편적인 식품재료가 되었지만, 정작 이곳의 음식에는 거의 활용되지 않았다. 얼마 전까지만 해도 쌀은 일반 식품점이 아닌 약국에서 판매되었기에 약으로 간주되어 병자들의 식단에 오르는 것이 고작이었으며 쌀을 재료로 하는 유일한 요리는 불에 끓인 쌀에 치즈를 섞고 라구로 향을 낸 아란치니(arancini) 밥 요리로서 후에 시칠리아 주민들의 전통적인 간식으로도 활용되었다.

시칠리아의 양념방식을 결정한 가장 주된 원인은, 다른 식재료들의 경우와 마찬가지로, 소의 사육이 보편적이지 않았던 관계로 버터가 거의 생산되지 않았다는 사실이다. 우유는 거의 전량이 신선한 상태로 소비되며 극히 일부만이 치즈로 재생되어 파스타의 양념으로 활용될 뿐이다. 그러나 이곳에서 생산되는 치즈에는 명칭이 두 개씩 연결된 거대한 지팡이 모양에서 유래된 '카치오카발로(caciocavallo)' 이외에도 짠맛이면서도 깊은 향과 부드러운 뒷맛으로 유명한 '카네스트라토(canestrato)'와 짠맛 이외에도 후추가 첨가되어 그 향이 더욱 강한 '피아첸티노(piacentino)'가 대표적이다. 또한 육류가 차지하는 역할은 크지 않으며 대상도 대부분 토끼와 돼지로 제한된다.

캄파니아(CAMPANIA)

가장 유명한 나폴리의 창조물인 핏짜에는 거의 토마토가 들어가는데 캄파니아의 가장 중요한 농작물 중 하나가 된 18세기 말과 19세기 초에 많은 요리법에 일반화되었으며 널리 재배되었다. 그래서 나폴리에서는 껍질을 벗긴 토마토와 토마토 페이스트를 공급하는 통조림 산업이 발달했다. 또한 유리항아리에 조각내거나 금방 사용할 수 있게 체에 내린 상태로 넣은 것에서부터, 짙고 부드러운 크림이 될 때까지 긴 시간 요리되는 유명한 토마토 페이스트에 이르기까지 많은 보존기술이 있다.

또 나폴리에는 특히 다양한 파스타가 있다. 이곳에서 창안되지는 않았으나 이탈리아의 가장 유명한 음식을 산업적으로 생산할 수 있도록 건조, 저장하는 방법들이 고안되었다. 유제품들로는 프로볼로네(provolone), 스카모르짜(scamorza), 카치오까발로(caciocavallo), 리코타(ricotta) 치즈가 종종 식탁에 등장하며 많은 요리의 준비에 사용된다. 특히 물소의 우유로 만든 치즈의 여왕 모짜렐라 치즈가 이곳의 특산물로 나폴리가 낳은 핏짜의 필수 재료로 사용된다.

나폴리의 과자는 그들이 늘 먹곤 하는 것으로 아이스크림, 바바(baba : 럼주로 맛낸 건포도 과자), 스푸모니(spumoni), 스폴리아뗄레(sfogliatelle), 따랄리(taralli) · 계피 · 설탕에 절인 과일과 더불어 신선한 리코타 카즈와 오렌지 꽃으로 만들어 예수공현축일과 부활절에 항상 제공되는 맛있는 과자인 파스티에라(pastiera)가 그것으로 향은 많이 변했지만 아직도 많은 것이 남아 있다.

절반은 육지요리(파스타, 채소, 유제품)이고 절반은 해산물(생선, 갑각류, 조개)인 나폴리 요리는 지역에서 요리되는 음식점의 제품들에서부터 판매대에서 제공되는 다양한 오락과 하루 중 어느 때라도 먹는 상품에 이르기까지 나폴리는 언제나처럼 태곳적부터 전설이 된 그 환상적 광경을 보고 싶어하는 누구에게나 그것들을 보여준다.

5. 이탈리아 정찬코스

① 식전음식 Aperitivo: 아뻬리띠보

결혼식과 같은 큰 행사 때 주로 먹는 요리이며, 전채요리 전에 나온다.

스탠딩 형식으로 서서 와인(식전주)과 함께 먹는다.

음식에는 브루스케타(bruschetta), 올리베 알 아스콜라나(Olive al ascolana), 포카차(Focaccia) 등이 있다. 와인은 스파클링 와인이나 스푸만테(Spumante) 등을 마신다.

② 전채요리 Antipasto: 안티빠스토

프레도(antipasto freddo; 냉전채)로는 연어요리나 지중해식 참치요리, 아스티식 고기회를 즐겨 먹는다.

칼도(antipasto caldo; 온전채)는 더운 전채요리를 말한다.

③ 첫 번째 요리 Primo-piatto: 쁘리모 피아또

쁘리모 피아또(Primo-piatto)는 첫 번째 접시라는 의미로, 첫 번째 요리를 말한다.

전채요리 다음에 먹는 요리로 곡류를 이용한 요리를 주로 먹는다.

예를 들어 스파게티나 핏짜를 먹으며, 저녁식사에는 주로 주뻬(수프)를 먹는다.

a. 파스타류(Paste)

건면(Paste secche: 마른 파스타 종류), 생면(Pasta fresche: 젖은 파스타 종류)이 있는데 지역에 따라 낮에는 착색 파스타나 소가 든 파스타를 먹으며, 저녁에는 수프 종류를 먹는다.

b. 뇨끼(Gnocchi)

'떡'이라는 의미로, 감자나 치즈를 이용해 반죽을 떼어, 삶아 먹는 한국의 수제비 형태 요리로, 각종 채소, 빵조각, 향초 등으로 만들 수 있다. 하지만 한국처럼 끓여 먹지는 않는다.

독일이 원조이다.

c. 리조또(Risotto)

쌀을 이용한 음식으로, 채소 및 버섯, 고기, 생선을 이용해 끓여 먹는 요리이다.
반드시 육수를 이용해서 볶아야 깊은 맛을 즐길 수 있다.

d. 핏짜(Pizza)와 칼조네(Calzone)

핏짜는 밀가루 반죽 위에 토마토 소스와 채소, 해산물, 치즈 등을 얹어 구워내는 요리이고, 칼조네는 반달형태의 만두형으로 구워내는 요리이다.

핏짜는 로마와 나폴리가 기원이라는 설이 있다.

e. 미네스트레(Minestre: 맑은 것; Minestrone: 찌개처럼 국물이 적은 것; Zuppa: 국물이 거의 없는 상태)

서양식 수프로 우리에게 잘 알려진 미네스토로네 수프이다.

걸쭉한 것과 맑은 것 2종류가 있는데, 걸쭉한 것은 주로 파스타를 많이 넣어 끓인 수프이며, 맑은 것은 채소나 곡류, 콩류를 넣어 끓인다. 주뻬는 생선을 많이 사용한다.

4 두 번째 요리 Secondo-Piatto: 쎄콘도 피아또

생선이나 고기(송아지), 양고기, 야생고기(멧돼지, 꿩, 산비둘기, 토끼 등), 조류 등을 두 번째 요리로 먹는다. 돼지고기와 닭 요리는 주로 집에서 해 먹으며 익힌 채소나 생채소를 곁들여서 먹는다.

5 치즈 Formaggio: 포르마조

여러 가지 치즈를 다양하게 먹는 이탈리아인들은 각자의 기호나 취향에 맞게 치즈를 즐긴다. 경질치즈에 속하는 파마산 치즈나 그라나 파다노에 밀가루 반죽을 입혀 튀겨 먹기도 한다.

6 디저트 Dolce: 돌체

아이스크림이나 과일 등 다양한 종류가 있는데, 가장 유명한 디저트는 '티라미수'로 알려져 있으며 현지에서도 티라미수가 가장 많다.

귀족들은 주로 아이스크림(젤라또) 위에 생과일을 얹어 먹기도 한다.

무스 형태의 '판나코따(Pana Cotta)'와 바바레제 등을 주로 먹는다.

7 단과자 Pasticceria: 파스티체리아

주로 만들어서 먹거나, 구입하여 입맛에 맞게 요리해서 먹는 종류의 단과자이다. 이탈리아의 제과판매점에서 만든 다양한 상품들이 입맛을 충족시켜 주기 때문에 지금은 대부분 구입해서 먹는다.

8 식후주 Liquore: 리쿠오레

식사 후 독하게 먹는 식후주로 그라빠(Grappa)나 아모로(Amoro), 레몬맛이 강한 독한 술 리몬첼로(Limoncello) 등을 주로 먹는다.

도수는 25~80도에 이른다.

9 카페 Caffe, Espresso: 카페, 에스프레소

이탈리아인들은 식후주뿐만 아니라 커피도 진하게 먹는 편이다. 아주 강한 향과 맛을 즐기기 위한 커피가 바로 에스프레소(espresso)이다. 소주잔 정도 크기의 잔에 1/2 정도만 뽑아 먹는데 맛과 향이 매우 강하고 진하다.

6. 이탈리아의 기본이 되는 식재료

(1) 기본양념

① 올리브유(Olio di oliva/Olive oil)

올리브나무는 평화를 상징하기도 하며 천주교에서 성교를 받을 때도 올리브유를 사용한다. 올리브유는 로마제국 때 많이 생산되었으나 로마제국 멸망 후 중세 때에는 생산이 저조했다. 중세 이후 풀리아(Puglia) 지방에서 올리브유를 다시 사용하기 시작해서 르네상스 시대에 비로소 성행하기 시작했다고 한다.

오늘날 올리브유는 음식의 저장(양념), 드레싱, 볶음, 튀김 등에 다양하게 이용되고 있다. 올리브유는 풀리아(Puglia) 지방에서 가장 많이 생산되며 발레 다오스타(Valle d'Aosta)와 피에몬테(Piemonte) 지방은 유일하게 올리브유를 생산하지 않는다. 즉 올리브나무가 없다는 이야기이다. 오래전에는 피에몬테(Piemonte) 지방에서 올리브유를 생산했지만 이 지방의 토양이나 기후조건이 포도를 생산하기에 매우 적합해서 언젠가

부터 올리브나무는 사라지고, 포도주로 유명한 지방이 되었다.

올리브유는 주로 염장처리를 거쳐 식탁에 오르게 되는데 밤색과 검은색, 푸른색이 있다. 밤색은 주로 11월에 나오기 시작하며, 검은색은 3월에 나오기 시작하는데 주로 리구리아산이 많고 이 지방에서 생산되는 오일에 기름기가 많아 소스(Salsa)용으로 많이 쓰인다. 푸른색의 올리브유는 마르케주에서 주로 생산되며, 튀김용으로 많이 쓰인다.

이러한 올리브유는 계절에 따라 많은 차이가 있어 같은 양이라도 기름의 양이나 맛도 다르다. 또한 올리브를 수확하는 방법에 따라서도 품질이 달라질 수 있다. 손으로 수확하는 올리브는 익은 정도나 품질을 확인하면서 딸 수 있기 때문에 좋은 올리브유를 얻을 수 있지만, 기계로 수확하는 것은 익은 정도나 품질을 확인하지 못하며, 열매에 상처가 나기 때문에 좋은 올리브유를 얻을 수 없다. 하지만 손으로 수확하는 데는 시간과 비용이 많이 소요되므로 현재는 거의 기계에 의존하고 있다. 올리브유는 스페인 등에서도 생산되는데, 이탈리아에서 구입하여 판매하기도 한다.

올리브유의 등급

최상급 올리브유는 불포화지방산 함량에 따라 등급이 정해진다.

- **최상급 올리브유(Olio extra vergine di oliva)**
  - 100g당 1% 미만의 지방산을 함유한 것
  - 첫 번째 압착한 아주 좋은 품질의 오일로 인위적인 조작이 없는 순수한 올리브유이다.
  - 주로 생으로 이용되는 오일로 참기름처럼 뿌려 먹거나 약간 첨가해서 맛을 내는 데 이용한다.
  - 가급적 가열하지 않고 사용한다.
- **상급 올리브유(Olio vergine di oliva)**
  - 100g당 2% 미만의 지방산을 함유한 것
  - 요리에 일반적으로 가장 많이 사용하는 오일이다.
- **일반 올리브유(Oilo di oliva)**
  - 100g당 1.5%의 지방산을 함유한 것
  - Olio vergine di oliva와 Olio di sansa di oliva를 섞어 만든 오일로 요리와 튀김용으로 많이 사용한다.
- **튀김용 올리브유(Olio di sansa di oliva)**
  - 100g당 1.5%의 지방산을 함유한 것

– 찌꺼기에서 한번 더 압착하여 짜낸 오일로 감자튀김용으로 많이 사용한다.

생산지역별 올리브유의 특징

■ 리구리아(Liguria)

리구리아 지방의 올리브는 동쪽 지역의 해안지대에서 많이 재배되는데 단맛이 나고 모양은 중간 크기이며 표면이 매끄럽다. 품종은 타지아스카(Taggiasca)가 거의 주를 이룬다.

■ 롬바르디아(Lombardia)

롬바르디아에서 재배되는 올리브는 향이 강하고 단맛이 있지만 약간 매운맛이 나는 것이 특징이다. 호수 지역에서 많이 재배되고 달걀 모양이 많으며 색깔이 붉은 것도 있다. 품종은 주로 카살리라(Casalira), 프란토이오(Frantoio) 등이다.

■ 트렌티노 알토 아디제(Trentino–alto Adige)

트렌티노 알토 아디제 지방은 지역적으로 특유의 기후 때문에 다른 지역보다 특별 품종의 올리브유가 많이 생산된다.

■ 에밀리아 로마냐(Emilia Romagna)

에밀리아 로마냐 지방의 올리브 모양은 작고 둥글며 검은색, 녹색, 약간의 보라색을 띤 품종도 있으며 맛과 향이 강하다.

■ 토스카나(Toscana)

토스카나 지역에서 재배되는 올리브의 색깔은 녹색이 조화롭고 크기는 중간 정도이다. 향이 강하고 약간의 쓴맛, 그리고 매운맛이 있다.

■ 마르케(Marche)

마르케 지역의 올리브는 품질이 좋고, 과육이 풍부하며 맛이 좋다.

■ 움브리아(Umbria)

움브리아는 호수 지역에서 올리브를 많이 재배하는데 품질이 좋기 때문에 올리브유를 만들었을 때 맛이 좋다. 크기는 중간 정도이며, 작고 검은색의 품종도 있다. 단맛이 강하다.

■ 라찌오(Lazio)

라찌오 지방의 올리브는 향과 맛이 강하고 품질이 좋다. 모양은 둥글고 짙은 검은색이 많다.

■ **풀리아(Puglia)**

이탈리아 올리브 중 거의 절반이 재배되는 지역으로 맛이 좋고, 올리브유를 만들어도 품질이 다양하다.

올리브유 색에 의한 분류

■ **리구리아 지역(노란색 계통)**

– 심플한 생선요리나 인살라타(insalata)에 주로 이용한다.

■ **움브리아 지역(녹색 계통)**

– 해산물 파스타, 리조또, 국수 볶음 등에 많이 사용한다.

■ **시칠리아 지역(연녹색 계통)**

– 말고기 등에 많이 사용한다.

■ **토스카나 지역(연녹+노랑)**

– 내륙지방으로 느끼하고 자극적인 쓴맛이 특징이다.

② **소금(Sale/Salt)**

이탈리아의 소금은 풀리아(Puglia), 시칠리아(Sicilia), 사르데냐(Sardegna)에서 천일염전방식의 염전을 통해 가장 많이 생산되며, 토스카나(Toscana), 칼라브리아(Calabria), 시칠리아(Sicilia)에서는 바다의 퇴적 암염층을 원료로 암염을 생산한다. 이러한 소금은 가공을 통해 굵은소금과 가는 소금으로 만들고 다시 사용자에 따라 미각을 돋우는 각종 재료를 첨가하여 맛을 높이는 데 주로 이용된다. 소금은 음식을 저장하거나 맛을 내는 데 가장 큰 역할을 하는 없어서는 안 되는 필수재료이다. 이탈리아 요리사들은 소금을 그리 많이 사용하지 않는다. 그러나 파스타와 라이스를 삶는 동안에 맛을 내기 위해서는 필수적이다. 요리사들은 바다 소금을 보다 선호하는데 대부분은 사르데냐에 있는 거대한 소금 염전에서 생산된다. 만일 익숙하지 않은 요리를 할 때 사용해야 할 소금의 양이 망설여지면 조금만 사용한 뒤 테이블 위에 소금 병을 두어 필요할 때 더 첨가하게 하는 것이 좋다.

③ **후추(Pepe/Pepper)**

인도 남부가 원산지이며 열대지방에서 향신료로 사용하기 위해 재배한다. 속명인 piper는 고대 라틴에서 유래된 것으로 종명인 nigrum은 '검은빛'이라는 뜻이다. 성숙한 열매의 껍질을 건조시킨 것이 후추 또는 검은 후추이고 겉에 주름이 지면 흑색이다. 성숙한 열매의 껍질을 벗겨서 건조시킨 것은 색깔이 백색이기 때문에 흰 후추라 하는데 향기가 검은 후추같이 강하지 않아 상등품이며 가루로 만들어 쓴다. 성분으로는 피페린 5~9%, 차비신 6%, 정유 1~1.5%가 들어 있다. 인도에서 실크로드를 통하여 중국으로 들어왔으므로 '호국(虎國)의 산초(山椒)'를 줄여서 후추라 불렀다고 한다. 한국, 인도, 인도네시아, 말레이반도, 서인도제도 등지에서 재배된다.

● 후추의 종류

White Peppercorns: 일명 '백후추'라고 하며, 검은 통후추열매와 같은 것으로 완전히 익힌 후에 따서 껍질을 벗기고 씨를 말려서 만든다. 부드럽고 밝은 색을 띠며 부드러운 향을 내고, 밝은 색의 요리에 주로 사용한다.

Black Peppercorns: 일명 '흑후추'라고 하며, 일반적으로 우리가 가장 잘 알고 있는 후추로 익기 전에 따서 주름지고 검은색이 될 때까지 건조시켜 만든다. 흑후추는 미량의 단맛과 약간의 매운맛, 강한 향이 난다.

Pink Peppercorns: 일명 '적후추'라고 하며, 완전히 익은 열매를 소금물에 절여 건조시켜 만든다. 일반적인 후추와 비교할 때 건조된 상태가 딱딱하지 않고 손으로 부서질 정도로 부드러우며, 고기나 생선요리 시 색과 단맛, 매운 향을 증가시킨다. 원산지는 아프리카 남동부의 섬인 마다가스카르(Madagascar)로 솔 향과 비슷한 주니퍼 향을 낸다.

Green Peppercorns: 흑후추와 백후추의 중간 단계의 덜 익은 후추를 소금물이나 비니거에 저장해서 만든다. 이 녹색 후추는 신선한 향을 내며 자극적이지 않아서 생선과 고기 요리에 잘 어울린다.

Szechuan Peppercorns: 중국이 원산지로 붉은 갈색 열매인 이 후추는 일반적인 후추와는 다른 품종이지만 강한 향과 맛을 낸다. 어린 흑후추와 비슷한 모양의 이 후추는 강한 향을 더 내기 위해 때때로 따기 전에 열매에 열을 가하기도 한다.

④ 육두구(Noce moscata/Nutmeg)

열대산 상록수로 인도네시아 몰루카제도가 원산지이다. 모양은 긴 타원형이며 가장자리가 밋밋하고 두껍다. 열매가 성숙하면 살구같이 보이며 안에 종자가 들어 있다. 성숙하면 붉은빛을 띤 노란색 껍질이 벌어져서 안쪽에 갈빗대처럼 갈라진 종의(種衣)가 보이는데, 종자를 육두구, 종의를 메이스(macis/mace)라고 한다. 영어 이름인 '너트맥'이란 사향 향기가 나는 호두라는 뜻이다. 육두구는 말려서 방향성 건위제, 강장제 등으로 쓴다. 서양에서는 메이스와 함께 향미료(香味料)로 사용한다. 육두구와 메이스의 최대 산지는 인도네시아이며, 메이스는 특히 생선요리, 소스, 피클, 케첩 등에 많이 쓴다. 1512년 포르투갈 사람들이 몰루카제도에서 발견하여 독점해 왔으나, 점차 네덜란드, 프랑스, 영국 등으로 퍼져 나갔다. 인도네시아, 말레이반도 등의 열대지방에 분포한다. 메이스(macis/mace)는 육두구의 껍질을 간 것으로 향미료로 사용한다. 이탈리아 요리에서 육두구는 유제품이나 고기소스 등에 많이 사용된다.

⑤ 버터(Burro/Butter)

우유 중의 지방을 분리하여 크림을 만들고, 이것을 세게 휘저어 엉기게 한 다음 응고시켜 만든 유제품이다. 버터의 기원은 BC 3000년경의 바빌로니아로 추정하는 설과, 인도의 신화에 우유를 교반(攪拌)하여 만들었다고 하는 것에서 고대 인도로 추정되는 설로 이에 대한 기록이 많다. 그리스·로마 시대에는 올리브유를 식용으로 하였고, 지형적으로도 양, 염소 등의 사육에 적합하였으므로 그들의 젖에서 치즈를 만들었으나 소는 사역용이기 때문에 버터는 사용하지 않았다. 따라서 유럽에서는 소의 목축이 앞섰던 알프스 북쪽에서 버터의 이용이 보급되었고 이러한 식습관의 차이는 오늘날까지 존재한다. 원시적인 방법인 가죽주머니에 우유를 넣어 흔들거나 치거나 하는 방법은 현재도 히말라야나 아프리카의 일부 지방에서 볼 수 있다. 버터는 중세까지도 귀중품이었고 근세에 이르러 북유럽에서 대량생산이 가능하게 되었다. 1848년 통 모양 천(churn: 교동기)의 발명, 1878년 크림 분리기의 출현에 의해 공업화가 급속히 이루어졌기 때문이다. 오늘날 버터는 가장 중요한 요리 재료가 되었으며 이탈리아 요리는 지방마다 특색있게 사용한다. 버터와 올리브유를 함께 사용하거나, 디저트, 생선 등에 사용한다. 북부지방은 버터를 많이 사용하고, 남부지방은 올리브유를 많이 사용한다는 말은 지금은 통용되지 않으며, 요리에 따라 또는 셰프의 재량에 따라 사용되고 있다.

⑥ 라르도(Lardo/Fat)

라르도는 돼지의 피하지방을 녹이거나 덩어리 상태로 사용하는 재료를 말한다. 이탈리아의 라르도는 종류가 다양하여, 염장을 하거나 생으로 사용하거나 향초 등을 곁들여 맛을 내는 첨가재료로 사용된다.

⑦ 쇼트닝(Strutto/Lard)

정제한 반고체의 기름으로 돼지나 오리, 거위 등의 지방을 녹인 기름이다. 저장용으로 쓰이거나, 양념과 조미용, 튀김용으로 사용한다. 또한 소스와 파스타 요리에도 많이 쓰인다.

⑧ 판체타(Pancetta/Bacon)

돼지고기 중 뱃살과 기름층으로 이루어진 삼겹살을 말한다. 이탈리아 요리에서 가장 중요한 재료로써 생으로 염장하여 사용하거나, 훈제하여 사용한다. 만드는 방법은 햄과 거의 같으나 소금절임의 방법이나 사용하는 부위가 조금 다르다. 원료로서 지방질이 적은 돼지의 옆구리살에서 갈비뼈를 제거하고 직육면체로 자른 다음 피를 모두 짜내고 소금에 절인다. 고기 10kg에 대하여 소금은 300~400g, 발색제로서 질산칼륨 25g을 섞어 고기에 잘 스며들게 한다. 소금절임이 끝나면 물에 담가 과잉의 염분을 빼내고 15~30℃의 훈연실에서 1~2일간 냉훈(冷燻)시킨다. 판체타에는 돼지의 옆구리살을 사용한 정상적인 제품 외에 옆구리살을 원통형으로 만든 롤 판체타, 훈연하지 않고 삶기만 한 보일드 판체타, 뼈 있는 로스를 사용한 캐나다식 베이컨 등 여러 가지가 있다. 베이컨과 같이 지방질이 많은 식품은 훈연에 의하여 독특한 풍미와 지방질의 산화방지작용이 이루어지므로 조리에 널리 이용된다. 베이컨의 품질은 지방질에 의해 좌우된다.

⑨ **고춧가루(Peperoncini/Chili pepper)**

붉게 익은 열매를 말려서 향신료로 쓴다. 고추의 매운맛은 캡사이신이라고 하는 염기성분 때문이며 붉은 색소의 성분은 주로 캅산틴이다. 고추는 남아메리카가 원산으로 아메리카 대륙에서는 오래전부터 재배하였다. 열대에서 온대에 걸쳐 널리 재배하는데, 열대지방에서는 여러해살이풀이다. 이탈리아에는 매콤하고 달콤한 여러 종류의 고추가 있는데, 요리의 맛을 내는 향신료로는 매운맛이 있는 것을 사용하고, 요리에 곁들이는 재료로는 단맛이 있는 피망(Peperone)을 주로 사용한다.

⑩ **파프리카(Paprika)**

헝가리에서 많이 재배되므로 헝가리 고추라는 이름으로 불린다. 또 피멘타 · 피멘토라고도 한다. 파프리카는 맵지 않은 붉은 고추의 일종으로 열매를 향신료로 이용한다. 열매를 건조시켜 매운맛이 나는 씨를 제거한 후 분말로 만들어 사용한다. 카옌후추보다 덜 맵고 맛이 좋으며, 엷고 자극적인 좋은 향이 난다. 생산지에 따라 모양과 색깔이 다른데 특히 헝가리와 스페인산이 유명하다.

파프리카는 포르투갈과 스페인을 비롯한 유럽 각지에서 고기요리, 채소요리, 오믈렛, 제과용 등의 향신료로 널리 쓰이고 있다. 특히 헝가리 요리에서 애용되는데 굴라쉬라고 하는 비프스튜에 빠져서는 안 되는 향신료이다. 향신료 외에 드레싱이나 바비큐 소스 등에 식욕을 돋우기 위한 착색용으로 쓰이고, 미국 루이지애나주를 대표하는 케이준 요리의 조미료로 쓰인다.

파프리카는 감귤류보다 비타민 C를 더 많이 함유하고 있고, 비타민 E도 풍부하게 함유하고 있어서 감기예방과 항산화 작용에 효과적이다. 보존하기가 쉽지 않기 때문에 소량씩 구입하여 사용하는 것이 좋다. 원산지는 열대 아메리카이고, 주산지는 스페인, 불가리아, 헝가리, 유고슬라비아, 모로코, 남아메리카, 칠레, 페루, 짐바브웨 등이다.

⑪ 식초(Aceto/Vinegar)

(a) 백포도주 식초와 적포도주 식초(Aceto vino bianco e rosso)

포도주 식초를 만들기 위해서는 일반적으로 칠레, 남아프리카, 오스트레일리아 등에서 알코올 함량(7~8% 정도)이 가장 낮은 포도주를 수입하여, 도착하는 항구에서 비타민 B_1인 'Tiamina'를 첨가한다. 이 성분을 첨가하면 쓴맛이 나고 냄새도 달라진다. 식초를 만들기 위해 공기를 계속해서 주입하게 되는데, 그 이유는 산소와 호흡하여 초산발효의 작용을 돕기 때문이다. 이렇게 해야 24시간 안에 포도주 식초가 완성된다.

(b) 발사미코 식초(Aceto di balsamico tradizionale)

이탈리아 역사와 함께 숨쉬는 고귀한 식초가 바로 발사미코(Balsamico) 식초이다. 발사미코의 뜻은 '향기가 있다', '풍미가 있다'는 뜻으로 미각을 돋울 수 있는 향미를 가진 식초를 말한다. 이러한 식초는 일반적인 발사미코와 전통적인 발사미코로 나뉜다. 일반적인 식초는 하루 또는 며칠 만에 완성되지만, 전통적인 식초는 최하 12년에서 25년을 숙성시킨 것이 최고의 식초이다. 두말할 것 없이 두 가지의 맛도 비교할 수 없을 정도이다. 일반적인 발사미코(Aceto di balsamico)의 제조과정은 다음과 같다.

포도즙을 불에 올려 달이기 시작한다. 불에 달여줄 때 이미 초산발효가 시작되며 계피와 감초, 향이 밸 수 있는 나무를 넣어 달여준다. 이렇게 달여진 일반적인 발사미코에 색을 내기 위해 캐러멜화된 설탕을 넣어준다. 다시 필터를 이용해 걸러진 일반적인 발사미코는 병에 넣어져 완성되는데, 완성되는 시간은 일주일 정도 걸린다.

전통적인 발사미코(Aceto di balsamico Tradizionale) 식초는 최하 12년 이상 숙성시킨 식초를 말한다. 이탈리아 에밀리아 로마냐 지방의 모데나와 레지오에서 숙성하는데, 모데나 지방의 발사미코가 최상의 품질로 알려져 있다. 그 이유는 모데나의 기후와 일교차, 온도 등이 발사미코를 숙성하는 데 가장 좋은 조건을 가지고 있기 때문으로, 이곳이 아니면 발사미코로서의 품질을 인정받지 못한다. 전통적인(Tradzionale) 발사미코를 만들기 위해서는 9월과 10월에 수확한 포도가 사용된다. 특히 당도가 10~12도 정도인 품종으로 만드는데, 대표적인 품종이 3가지 있다. 그중에서 가장 중요한 포도품종은 트레비아노 포도(Uva Trebbiano)로서, 당도가 높지 않아 식초 만들기에 가장 이상적이다.

이탈리아 지방의 전형적인 식초를 이용한 대표요리			
식초에 절인 양배추요리 (Cavoli allaceto)	– 발레 다오스타	해산물 샐러드 (Insalsata di frutti di mare)	– 마르케
알바 지방의 생육회요리 (Carne cruda all albese)	– 피에몬테	아브루쪼 지방의 샐러드 (Insalata abruzzese)	– 아브루쪼
차가운 생선초절임 요리 (Pesciolini in carpione)	– 롬바르디아	생선수프 요리 (Brodetto alla marinara)	– 몰리제
송어훈제요리 (Trota affumicata)	– 트렌티노 알토 아디제	배절임(Pere sottaceto)	– 라찌오
베네치아 지방의 새우요리 (Gamberetti alla veneziana)	– 베네토	오일과 레몬을 곁들인 브레사올라햄 (Bresaola di bufalo olio e limone)	– 캄파니아
소안심살과 발사미코요리 (Filetto di manzo al balsamico)	– 에밀리아 로마냐	오븐에 구운 도미요리 (Orate al forno)	– 바실리카타
총, 참치, 양파요리 (Fagioli, tonno e cipolle)	– 토스카나	정어리회 양념 (Alici curde marinate)	– 칼라브리아
곱비를 넣은 치즈요리 (Parmigiana di gobbi)	– 움브리아	학꽁치요리 (Pesce spada al salmoriglio)	– 시칠리아
		아티초크요리 절임 (Carciofi in umido)	– 사르데냐

⑫ 앤초비(Alici/Anchovy)

이러한 작은 생선은 소금물이나 기름에 저장되어 이탈리아 요리에서 맛을 내는 데 많이 쓰인다. 이것은 쉽게 구할 수 있으며 항아리나 캔에 보관된다. 어떤 것은 소금의 양이 지나치게 많으므로 사용 전에 약간의 우유에 적시거나 뜨거운 물에 씻는 것이 좋다.

⑬ 케이퍼(Cappero/Caper)

지중해, 스페인, 이탈리아가 원산지인 Caper 잡목의 꽃봉오리이며, 크기에 따라 Nonpareilles(소), Surfines(중), Capucines(대) 등으로 구별한다. 작은 것이 좋으며 소금물에 담갔다가 식초에 담가 사용한다. 미트볼(meat ball), 스튜(stew), 고기파이(meat pie), 샐러드(salad), 소스(sauce), 청어피클(pickled herring), 생선요리(fish dish) 등에 사용한다. 강한 맛을 지녀 온화한 맛의 요리를 생기 있게 하기 위해 이탈리아 요리에서 자주 사용된다. 이탈리아 이외의 지역에서 찾아보기 어려우며, 식초나 소금물에 저장해서 공급되므로 사용 전에 소금기를 잘 빼야 한다.

(2) 이탈리아 치즈(Formaggio)

치즈가 언제 어디에서 최초로 만들어졌는지를 정확하게 알려주는 증거는 없지만, 치즈라는 것이 가축의 젖을 그대로 두면 응고되는 물질(Curd: 우유응고물)을 이용한 것이므로 인류가 가축의 젖을 마시기 시작하면서부터 만들어졌을 것이라 생각한다. 인류가 양을 사육하기 시작한 것이 약 12000여 년 전이므로 이미 그즈음부터 치즈를 만들었을 것이다. 최초로 치즈를 만들었던 사람은 바로 최초로 가축을 사육하기 시작한 중앙아시아의 유목민들이었다. 이들 부족이 유럽 쪽으로 이동하면서 가축과 함께 치즈 제조기술도 가져가게 되었다. 최초의 치즈는 가축의 젖에 있는 유산균에 의한 자연적인 젖산발효로 얻어진 일종의 프레시(fresh) 치즈였다.

치즈는 이탈리아 요리에서 중요한 역할을 한다. 그것은 로마시대 이래로 기본식품이 되어왔을 뿐만 아니라 많은 요리법에서 특색을 이룸으로써 식사를 완전하게 하는 데 이용되어 왔다. 치즈와 육류, 가금류, 앤초비가 결합된 요리들은 이탈리아의 전문요리이다. 리코타와 같은 소프트 치즈는 풍미 있는 음식에 널리 쓰일 뿐만 아니라 달콤한 음식이나 디저트로도 쓰인다. 특히 파마산(Parmesan) 치즈는 수프와 파스타의 고명으로 많이 쓰인다.

많은 종류의 이탈리아 치즈들은 원래 각 지방의 특색을 이루는 지역에서 만들어졌으며, 그것들의 매우 독특한 특성은 동물의 젖(소, 양, 염소, 들소)과 그 지역의 기후 그리고 방목의 형태에 의한 것이다. 오늘날 대부분의 종류는 공장 제품이며 덴마크에서 미국에 이르기까지 세계의 다른 지역에서 모방된 것이다. 그러나 고르곤졸라(Gorgonzola), 파르미자노 레자노(Parmigiano Reggiano)와 같은 상표는 이탈리아법 아래 보호되어 엄격한 품질관리하에 특정지역에서 생산된 치즈에만 붙일 수 있다.

① 치즈 개론

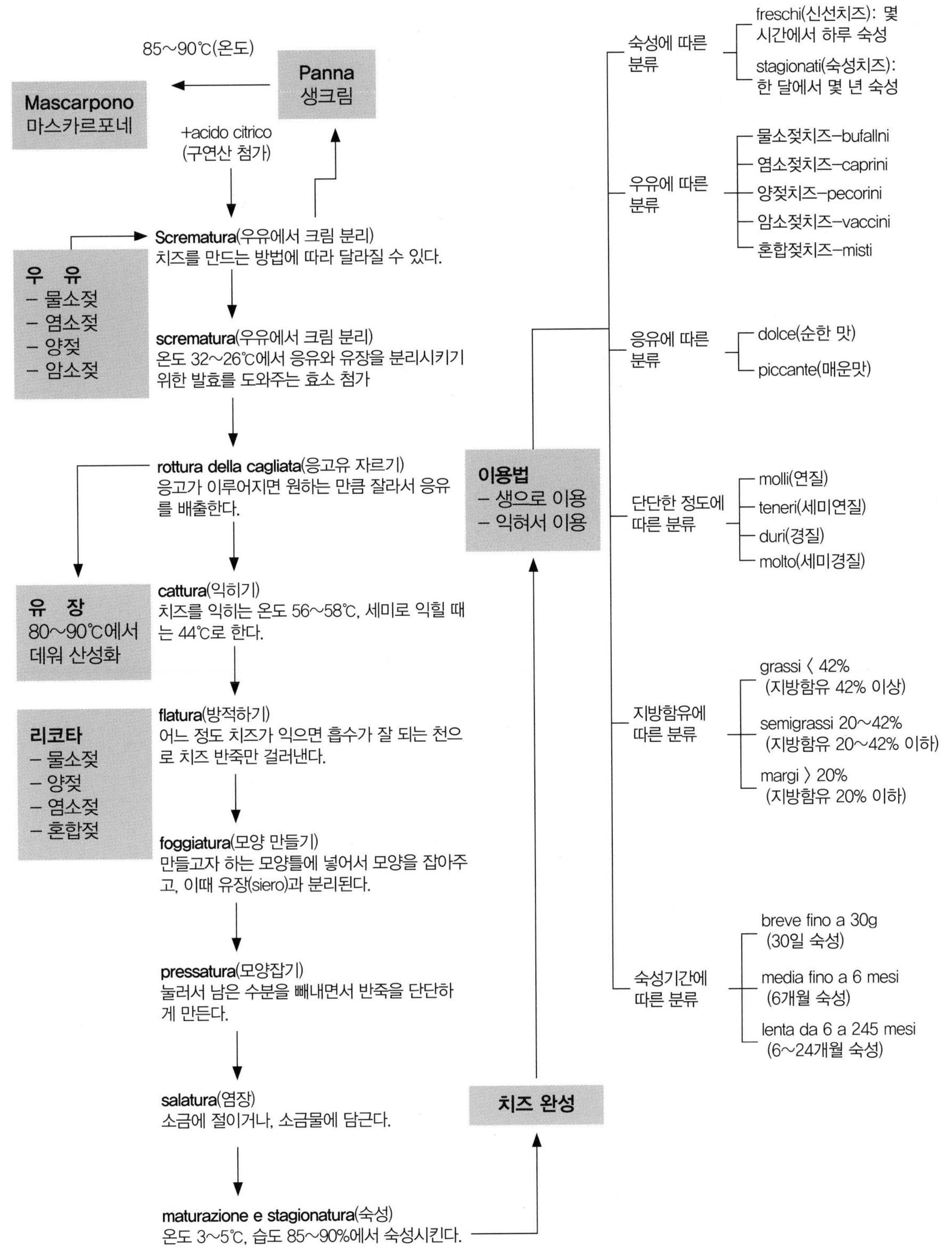

85~90℃(온도)
Panna
생크림
Mascarpono
마스카르포네
+acido citrico
(구연산 첨가)
우 유
– 물소젖
– 염소젖
– 양젖
– 암소젖
Scrematura(우유에서 크림 분리)
치즈를 만드는 방법에 따라 달라질 수 있다.
scrematura(우유에서 크림 분리)
온도 32~26℃에서 응유와 유장을 분리시키기 위한 발효를 도와주는 효소 첨가
rottura della cagliata(응고유 자르기)
응고가 이루어지면 원하는 만큼 잘라서 응유를 배출한다.
유 장
80~90℃에서 데워 산성화
cattura(익히기)
치즈를 익히는 온도 56~58℃, 세미로 익힐 때는 44℃로 한다.
리코타
– 물소젖
– 양젖
– 염소젖
– 혼합젖
flatura(방적하기)
어느 정도 치즈가 익으면 흡수가 잘 되는 천으로 치즈 반죽만 걸러낸다.
foggiatura(모양 만들기)
만들고자 하는 모양틀에 넣어서 모양을 잡아주고, 이때 유장(siero)과 분리된다.
pressatura(모양잡기)
눌러서 남은 수분을 빼내면서 반죽을 단단하게 만든다.
salatura(염장)
소금에 절이거나, 소금물에 담근다.
maturazione e stagionatura(숙성)
온도 3~5℃, 습도 85~90%에서 숙성시킨다.
치즈 완성
이용법
– 생으로 이용
– 익혀서 이용
숙성에 따른 분류
freschi(신선치즈): 몇 시간에서 하루 숙성
stagionati(숙성치즈): 한 달에서 몇 년 숙성
우유에 따른 분류
물소젖치즈–bufallni
염소젖치즈–caprini
양젖치즈–pecorini
암소젖치즈–vaccini
혼합젖치즈–misti
응유에 따른 분류
dolce(순한 맛)
piccante(매운맛)
단단한 정도에 따른 분류
molli(연질)
teneri(세미연질)
duri(경질)
molto(세미경질)
지방함유에 따른 분류
grassi 〈 42%
(지방함유 42% 이상)
semigrassi 20~42%
(지방함유 20~42% 이하)
margi 〉 20%
(지방함유 20% 이하)
숙성기간에 따른 분류
breve fino a 30g
(30일 숙성)
media fino a 6 mesi
(6개월 숙성)
lenta da 6 a 245 mesi
(6~24개월 숙성)

② **연질치즈(부드러운 치즈)**

모짜렐라 부팔로 Mozzarella di bufala: 이탈리아 전역(물소젖으로 만든 치즈)

신선하고 부드러운 백색 치즈를 공 모양으로 만들어 습기를 유지하기 위해 약간의 유장(乳漿)과 함께 작은 백(bag)에 포장한다. 이탈리아 이외의 지역에서 이것은 핏짜 치즈(Pizza Cheese)로 알려져 있으나 종종 잘라서 올리브 기름을 흩뿌려 먹기도 한다. 원래는 들소젖으로 만들었지만, 이탈리아에서 이러한 종류를 일반적으로 피오르 디 라테(Fior di Latte: 우유의 크림)라 부른다. 주로 소젖과 물소젖으로 만든다.

폰티나 Fontina: 발레 다오스타 지역

진품의 폰티나는 북부 이탈리아의 발레 다오스타(Valle d'Aosta) 지역에서 알프스산맥의 소젖으로 만들어진다. 스위스 그뤼에르(Gruyere) 치즈를 상기시키지만 더욱 부드럽고 달콤하며 조그만 구멍들이 나 있는 최상의 테이블 치즈이다. 유사한 치즈들이 이탈리아 각지에서 폰탈(Fontal)이라는 이름으로 제조된다. 날것으로 디저트 치즈에 이용되며, 3개월 정도 숙성시키고, 치즈의 약 45%가 지방이다.

고르곤졸라 Gorgonzola: 롬바르디아 지역

세계에서 가장 우수한 치즈 중 하나로 로크포르(Roquefort)나 스틸턴(Stilton)과 비슷하지만 조직에 있어 보다 크림 함유량이 많으며 결이 나 있고 푸른색이라기보다는 녹색에 가깝다. 소젖으로 만들어져 큰 수레바퀴 모양으로 호일에 포장된다. 비록 강한 냄새가 있지만, 자극적이기보다는 감칠맛이 나야 한다.

원래는 테이블 치즈였으나 밀라네즈 더 페르 리피엔느(Milanese the pere ripiene)와 같은 이탈리아의 지역 요리에 쓰인다. 3~6개월 동안 숙성시키며 세콘도나 소스에 주로 이용한다.

마스카르포네 Mascarpone: 롬바르디아 지역

매우 농후하여, 다소 응고된 크림 같지만, 신선한 소의 젖으로 만든 치즈로 대개 과일이나 리큐어(liqueuer)와 같은 알코올 음료와 함께 디저트로 먹는다. 토르타산 고덴지오(Torta San Gaudenzio) 또는 토르타 고르곤졸라(Torta Gorgonzola)는 마스카르포네와 고르곤졸라가 몇 겹으로 이루어진 고급 디저트에 주어지는 명칭이다. 75%가 지방으로 되어 있으며, 서양의 크림치즈와 같은 종류이다.

프로볼로네 Provolone: 캄파니아, 남부 이탈리아 지역

이탈리아어로 잡아늘여 반죽한 것(Spun Pasta)이라는 뜻으로 응유(curd)가 늘어나 탄력성이 생길 때까지 반죽된 치즈를 말한다. 모짜렐라, 카치오 카발로, 프로볼로네(Provolone)가 그 예이다.

리코타 Ricotta: 중부와 남부 이탈리아 지역

이 순수한 백색의 소프트 프레시 치즈는 전통적으로 다른 치즈를 만들고 남은 유장(whey: 乳漿)으로 만들지만, 오늘날에는 전유(whole) 또는 탈지우유가 첨가된다. 원래 리코타 치즈는 치즈 위에 자국이 남는 대야(basin) 형태의 바스켓에서 배수되었는데, 아직까지도 이러한 방법이 모방되고 있다. 프레시 리코타는 이탈리아 외부지역에서 가장 잘 알려진 것으로 소금에 절여 숙성되거나 갈기에 충분할 만큼 단단해지도록 오랫동안 숙성된다. 프레시한 종류는 이탈리아 요리에서 향긋하고 달콤한 음식을 위해 널리 쓰이며, 부드러우면서 시큼한 맛은 다른 재료와 잘 어울린다.

③ 경질치즈(단단한 치즈)

아시아고 Asiago: 비센자, 트렌토 지역

단단하고 담황색으로 구멍이 산재한 치즈로서 소의 젖으로 만들어진다. 부드러운 맛을 지니며, 1년 이하일 때에는 테이블 치즈로 먹고, 1년 이상 되고 단단해졌을 때는 갈아서 쓴다.

카치오 카발로 Cacio cavallo: 캄파니아 지역

독특한 모양은 다소 배(Pear)와 같다. 응유를 낭창낭창해질 때까지 응고시킨 뒤 그것을 펴서 모양을 만든다. 그 명칭은 치즈가 건조된 방법을 설명해 주는데, 한쌍을 묶어 마치 말등(Cavallo) 모양처럼 하여 막대기에 매단다. 소의 젖으로 만들어져 단단하고 치밀한 조직을 가지며 황금색 외피로 덮여 있다. 갓 만들어 부드러울 때는 테이블 치즈로 먹으며, 좀 오래되고 신맛이 날 때는 갈아서 요리한다.

그라나 파다노 Grana padano: 롬바르디아, 피에몬테 지역

소젖으로 만들어지는 압축가공(hard-pressed) 치즈로서 파르미자노 레자노(Parmigiano Reggiano)와 비슷하다. 두 가지는 부서지기 쉬운 낟알 같은 내부조직을 가진 그라나(grana)계의 치즈에 속한다.

파르미자노 레자노 Parmigiano reggiano: 에밀리아-로마냐 지역

순수한 파마산 치즈는 이탈리아의 제한된 지역에서 엄격하게 통제된 조건하에 만들어지는데, 그 이유는 모조품이 진품으로 둔갑할 수도 있기 때문이다. 이 치즈의 독특한 맛과 낟알 모양의 구조는 그레이팅(grating) 치즈로서 세계적으로 유명하게 되었지만, 이탈리아에서는 '갓 만들었을' 때 테이블 치즈로서 인기가 있다. 진품은 큰 황금색 원반형이며, 파르미자노 레자노라는 말은 팽창하는 면(bulging sides)을 본떠서 붙인 것이다. 이것은 적어도 1년 동안 숙성되어야 하며 보다 값비싼 등급은 4년까지 숙성되어 훨씬 좋은 맛을 낸다.

페코리노 Pecorino: 중부와 남부 이탈리아

이 용어는 광범위한 종류의 치즈를 포함하는 것으로 양의 젖으로 만든 모든 것이 여기에 속한다. 그러나 대개는 파마산과 같은 치즈를 말하며, 매우 짜릿한 맛은 양젖의 풍미 때문이다. 이러한 치즈는 여러 곳에서 만들어지지만 가장 알려진 것은 시칠리아와 사르데냐산인 페코리노 로마노(Pecorino Romano), 페코리노 시칠리아노(Pecorino Siciliano)와 사르도(Sardo)이다.

(3) 햄과 살라미(Salami)

소, 양, 산양, 돼지 등을 부위별로 나누어서 살라미(Salami)를 만들 수 있는데 특히 돼지고기가 많이 사용된다. 그 종류는 만드는 방법과 숙성기간, 익히는 것과 익히지 않는 것에 따라 나뉠 수 있다.

① 살라미의 종류

브레사올라 Bresaola

성숙한 소고기를 소금에 절인 것으로 발텔리나(Valtellina)가 유명한 지역이다. 부위별로 fesa(다리 안쪽 부분), filetto(안심), girello(엉덩이 부분)를 사용한다.

카포콜로 Capocollo o capicolo

돼지 맹장 안에 여러 고기를 넣어 만든 것으로 껍질을 벗겨 사용한다. 주로 목살을 이용해서 만드는데 4개월에서 1년 정도 숙성시킨다.

꼬테키노 Cotechino

양념한 소시지를 익힌 것으로 껍질이 얇다. 만들 때 향초와 향신료를 넣어서 양념하고 돼지껍질, 돼지기름을 함께 넣고 초산칼륨을 섞어 만든다.

쿨라텔로 Culatello

돼지고기 내장이나 방광으로 싸서 만든 것으로 숙성이 필요하다. 넓적다리를 이용하고 날것으로 먹기도 한다. 고급 살라미이다.

모르타델라 Mortadella

돼지고기, 돼지고기+소고기, 돼지고기+말고기+소고기를 섞어서 만들며 볼로냐(Bologna) 지역에서 유명하다.

프로슈토 Prosciutto

돼지 뒷다리의 뼈를 빼고 염장처리한 후에 초산칼륨을 치고 여러 가지 향초와 향신료를 넣어 수증기 또는 훈제 등으로 익힐 수도 있고 익히지 않고 숙성시켜 생산하기도 한다.

TIP

- 살라지오네(Salagione) | 염장처리한 것
- 꼬투라(Cottura) | 익히는 정도에 따른 종류
- 아푸미카투라(Affumicatura) | 훈제처리한 것
- 크루도(Crudo) | 익히지 않고 숙성시킨 것, 날것

● 프로슈토가 유명한 지역

- 산 다니엘레(San Daniele) | 프리울리 지방에서는 쿠르도가 유명하다.
- 사우리스(Sauris) | 카르니아(Carnia) 지방이 유명하다.
- 콜리 베리치(Colli Berici) | 베네토 지방이 유명하다.
- 프로슈토(Prosciutto) | 발레 다오스타(Valle d'Aosta) 지방이 유명하며, 파르마(Parma) 지방에서는 익힌 것(Cotto)이 유명하다. 방목한 돼지로 만들고 짠맛이 특징으로 싱거운 빵과 함께 먹는 햄이다. 토스카나(Toscana) 지방이 유명하다.

(4) 가공품

① 토마토 홀 Pomodori da sugo(Tomato Whole)

토마토 소스용의 길쭉한 토마토를 살짝 데쳐 토마토 주스와 6:4의 비율로 혼합한 것이 토마토 홀이다. 토마토 홀을 선택할 때는 당도가 높고, 밝은 적색을 띠어야 색감이 좋다. 또한 씨가 많지 않아야 토마토 소스를 끓이는 데 최적이라 할 수 있다. 토마토 소스를 맛있게 하기 위해서는 토마토를 믹서에 갈면 안 되는데 그 이유는 토마토 씨와 함께 갈면 신맛이 강해지기 때문이다. 따라서 토마토 홀을 사용할 때는 손으로 으깨어 끓이는 것이 가장 좋다. 또한 토마토 과육은 끓이면 모두 분해되기 때문에 믹서에 가는 것보다 체에 거르는 것이 가장 좋은 맛을 내는 방법이다.

② 토마토 페이스트 Concentrato di Pomodoro(Tomato Paste: **농축 토마토**)

토마토 과육을 농축시킨 제품으로 약간의 소금과 양념을 가미한 제품이다. 주로 '토마토 페이스트'라고 부른다. 이 제품도 당도가 높고 색도가 좋은 제품을 선택해야 하는데, 이탈리아산 농축 토마토는 색이 붉고 연해 색감이 좋고 당도가 높아 요리에 아주 적합하다.

③ 토마토 퓌레 Polpa di pomodoro(Tomato Puree: **토마토 과육**)

토마토 홀을 갈아놓은 제품으로 쉽게 사용할 수 있도록 나온 제품이다. 하지만 토마토 소스용으로는 토마토 홀을 사용하는 것이 가장 바람직하다. 토마토 퓌레는 수분이 많고 약간의 씨가 함께 들어 있어 별로 선호하지 않지만, 셰프에 따라 사용하기도 한다. 하지만 파스타 이외의 메인 요리에 사용되는 토마토 소스를 만들 때는 토마토 퓌레가 오히려 좋다. 빨간 빠싸따(passata)는 간단하게 표현하자면 잘 익은 토마토를 곱게 갈거나 으깬 것을 말한다. 갈린 정도에 따라 아주 곱게 갈린 'passata'와 약간의 과육 덩어리가 있는 'passata rustica'로 구분한다.

④ 바질 페스토 소스 Pesto alla genovese(Basil pesto sauce)

'페스토 알라 제노베제(Pesto alla genovese)'라는 이탈리아 이름의 소스인데, 영어로는 '바질 페스토 소스(Basil pesto sauce)'라고 부른다. 바질과 잣, 양유치즈, 올리브유, 마늘을 혼합해 만든 소스로, 이탈리아 요리에서는 폭넓게 사용되는 아주 중요한 소스이다. 세계 여러 나라에서 이 소스를 사용하기 때문에 현재는 병입 또는 캔으로 제품화되어 판매되고 있지만, 직접 만들어 사용해야 제맛을 느낄 수 있다. 이 소스를 만들기 위해서는 반드시 프레시 치즈를 갈아야 하고, 좋은 올리브유를 사용해야 정말 맛있는 소스를 만들 수 있다.

(5) 채소

① 토마토 Pomodoro(Tomato: 포모도로)

지중해에서 빨갛게 익은 토마토는 당도가 높고 빛깔이 좋아 토마토 소스 및 핏짜를 토핑하는 재료로써 없어서는 안 되는 재료이다. 한국의 토마토는 당도가 약하고, 색소가 쉽게 파괴되어 가열하면 본래의 색을 잃게 되는 단점이 있다. 이를 보완하기 위해 방울토마토를 이용하는 것이 바람직하다. 당도가 비교적 높으며 맛이 있기 때문에 토마토 중에서 가장 좋은 품종이다. 이탈리아에서는 길쭉하게 생긴 로마 품종의 토마토를 이용하는데, 과육이 많고 신맛이 없기 때문이다. 토마토와 가장 잘 어울리는 바질, 오레가노 등과 함께 요리하면 효과적이다.

② 가지 Melanzana(Eggplant: 멜란자네)

인도가 원산지이며, 열대에서 온대에 걸쳐 재배한다. 열매는 달걀 모양이나 공 모양을 한 것이 유럽에서 이용하는 품종이다. 둥글고 모양이 크기 때문에 요리하기에 편리하고 과육이 많아 가지를 이용하는 요리에 잘 어울린다. 한국에서는 주로 긴 가지를 볼 수 있다. 열매를 쪄서 나물로 먹거나 전으로 부치고, 가지찜을 해서 먹는다. 동아시아에는 5~6세기에 전파되었다. 중국 송나라의 『본초연의(本草衍義)』에 "신라에 일종의 가지가 나는데, 모양이 달걀과 비슷하고 엷은 자색에 광택이 나며, 꼭지가 길고 맛이 단데 지금 중국에 널리 퍼졌다"라고 기록되어 있는 것으로 보아 한국에서는 신라시대부터 재배되었음을 알 수 있다. 유럽에는 13세기에 전해졌으나 동아시아처럼 식용으로 활발하게 재배되지는 않았다.

③ 호박(Zucchini: 주키니)

열대 및 남아메리카가 원산지이며 널리 재배된다. 열매는 매우 크고 품종에 따라 크기, 형태, 색깔이 다르다. 열매를 식용하고 어린순도 먹는다. 한국에서 재배하는 호박은 중앙아메리카 또는 멕시코 남부의 열대 아메리카 원산의 동양계 호박(C. moschata)이며 이 밖에 남아메리카 원산의 서양계 호박(C. maxima), 멕시코 북부와 북아메리카 원산의 페포계 호박(C. pepo)의 3종이 있다. 역사가 가장 오래된 것은 한국에서 예로부터 애호박, 호박고지용, 호박범벅 등으로 이용된 동양계 호박이다. 그 후 쪄먹는 호박 또는 밤호박으로 불리며 주로 쪄서 이용하는 서양계 호박 등이 도입되었다. 제2차 세계대전 후 조숙 재배용이나 하우스 촉성 재배용으로 주키니 호박이라 불리며 덩굴이 거의 뻗지 않고 한곳에서 많은 호박을 수확할 수 있는 품종이 재배되었다. 주키니 호박은 맛은 좋지 못하다. 동양계 호박은 삼국시대 이후 통일신라시대에 이미 재배되었다는 사실이 남아 있고 숙과와 청과를 겸용하는 것이 많다.

서양의 호박은 주로 숙과를 쪄서 이용한다. 과실은 방추형 · 편원형 등이고 색깔은 흑녹색, 회색, 등황색이 있다. 육질은 분질이 많고 완숙해야 맛이 난다. 과실자루는 원통이고 해면질로 되어 있다. 주지(主枝)의 신장력이 강하고 분지력은 약하며, 서늘한 건조지대에 적응성이 크다. 다량의 비타민 A를 함유하고 약간의 비타민 B 및 C를 함유하여 비타민원으로서 매우 중요하며 녹말 함량이 많다. 또한 감자 · 고구마 · 콩에 이어 칼로리가 높아 전시에는 대용식으로 많이 재배되었다. 그러나 보통은 조리용으로 이용한다.

④ 올리브 Oliva(Olive)

터키가 원산지이며, BC 3000년부터 재배해 왔다. 지중해 연안에 일찍 전파되었고, 이후 이탈리아, 스페인, 그리스, 프랑스, 미국 등 많은 나라에서 재배하고 있다. 올리브나무는 많은 가지가 달리며 잎은 긴 타원형이고 열매는 핵과(核果)로 타원형이며 자흑색으로 익는다. 과육에서 짠 기름을 올리브유(油)라고 하며 용도가 매우 다양하다. 열매 자체를 식용한다.

『구약성서』의 「창세기」에는 "비둘기가 저녁때가 되어 돌아왔는데 부리에 금방 딴 올리브 잎사귀를 물고 있었다. 그제야 노아는 물이 줄었다는 것을 알았다."(8:11)라고 기록되어 있는데, 이것이 바탕이 되어 올리브잎은 평화와 안전의 상징이 되었다.

⑤ 아티초크 Carciofi(Artichoke: 솜엉겅퀴)

엉겅퀴과의 식물로 꽃 부위를 먹는다. 딱딱한 껍질을 벗겨내고 윗부분을 잘라내며, 가운데 솜털을 제거한 후 중간 아랫부분을 얇게 볶거나 삶아서 판매하는 상품을 이용한다. 맛은 일품이나 가격이 비싸다.

⑥ 버섯 Funghi(Mushroom: 풍기)

버섯은 다른 채소와 달리 고유의 향과 맛, 육질이 좋은 채소로 한국에서는 양송이버섯, 표고버섯, 느타리버섯, 새송이버섯, 팽이버섯 등이 자주 식탁에 오른다. 이탈리아의 요리에서는 산새버섯(Funghi porcini)을 가장 많이 사용하며, 양송이버섯도 많이 사용한다.

⑦ 풍기 포르치니 Funghi porcini(Boletus mushrooms: 산새버섯)

이탈리아어로 '풍기 포르치니'라고 부르는 버섯으로 아주 비싸고 고귀한 버섯으로 잘 알려져 있으며 한국말로는 산새버섯이라 한다. 이탈리아의 많은 지역에서 자생하는데, 특히 피에몬테(Piemonte)주의 알바(Alba) 지방이 버섯의 산지라 할 수 있다. 이 지방은 산새버섯 외에도 세계 3대 진미라 할 수 있는 '타르투포(Tartufo)' 즉, 송로버섯(Truffle)의 산지이기도 하다. 산새버섯은 갓과 기둥이 굵으며, 한국의 자연송이와 비슷한 점이 많다. 기둥이 굵은 것은 같지만, 자연송이는 갓이 작은 편에 속하고, 산새버섯은 갓이 굉장히 크다. 육질은 자연송이와 같이 아주 부드럽고 쫄깃쫄깃한 맛이 일품이며, 버섯의 진가라 할 수 있는 풍미는 자연송이보다 훨씬 강하고 진하다.

산새버섯은 자연적으로 나오는 버섯으로 재배하지 않는 것은 자연송이와 같다. 이 버섯은 9월에서 10월까지 많이 출하되므로 가을철에만 신선한 맛을 즐길 수 있고, 다른 계절에는 말리거나 급속냉동으로 진공 포장된 제품을 이용하게 된다. 하지만 말린 산새버섯도 육질에서만 뒤떨어지고, 맛과 향은 신선한 것과 똑같이 느낄 수 있으므로 사계절 모두 이용되는 버섯이다. 이 버섯은 파스타 요리뿐만 아니라 요리에 많이 사용되는 이탈리아의 대표적인 버섯이다.

⑧ 타르투포 Tartufo bianco e nero(Truffle white and black: 송로버섯)

이탈리아 알바(Alba) 지방에서 많이 나오는 타르투포는 세계에서 인정받는 값비싼 버섯으로 잘 알려져 있다. 영어로 트러플(Truffle)이라고 하는 이 버섯은 한국말로는 '송로버섯'이라 한다. 균주에 의해 생성되고 30~40cm 땅속에서 파리에 의해 생성된다. 마치 골프공 같은 모양을 하고 있으며 둥글고 표면이 거친 것이 특유의 향미를 지니고 있다. 미식가들이 가장 좋아하는 세계 3대 식재료 중 하나이다.

주로 돼지나 개를 이용해 땅속에서 캐내는 버섯이다. 흰색과 검은색의 두 가지가 있는데, 지금은 흰색이 검은색에 비하여 두 배의 값으로 구입할 정도로 인기 있는 제품이다. 전 세계적으로 흰색은 피에몬테 지방에서만 생산된다. 값이 비싸고, 향이 강하기 때문에 요리에는 조금씩 얇게 썰어 음식에 곁들이는 정도로 많이 이용한다.

(6) 이탈리아 향초와 향신료(Le Erbe Aromatiche e Le Spezie)

향초 개론

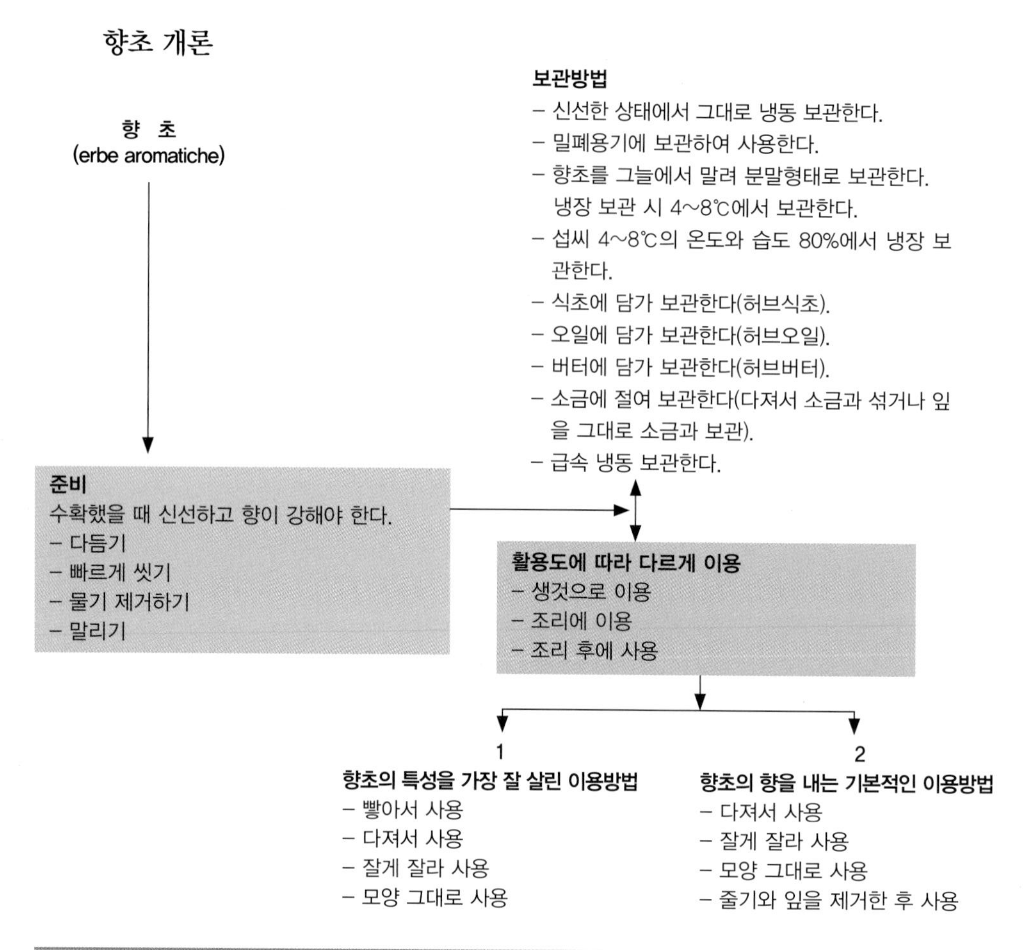

향초가 이용되는 이탈리아 지방별 전형적인 대표요리			
바냐 카우다 소스	피에몬테	민트 튀김	라찌오
바질 페스토 소스	리구리아	생토마토 소스	캄파니아
보리 미네스트레	트렌티노 알토 아디제	호박요리	풀리아
카프리올로 살라미	프리울리 베네치아 줄리아	고추와 올리브맛의 토마토 소스	바실리카타
세이지 튀김	베네토	마늘, 토마토, 오레가노 샐러드	칼라브리아
토끼요리	마르케	정어리 파스타	시칠리아
브루스케타, 오레가노향의 토마토	몰리제	꼬치구이	사르데냐

① 향초(Erbe aromatiche)

보관방법	→ 비닐팩에 포장하여 습도 80%, 섭씨 4~8℃에서 보관한다. → 병에 넣어 4~8℃에서 보관한다. → 기름을 첨가하여 보관한다. → 잘게 다져 소금에 절여 보관한다. → 냉동 보관한다. → 그늘에 건조하여 보관한다.
요리법	→ 완성한 요리에 통째로 또는 찢어서 뿌리는 방법 → 처음부터 요리에 넣고 향을 우려내어 나중에 빼는 방법

바질(Basilico, Basil)

- 원산지: 중앙유럽, 인도
- 이용부위: 잎과 줄기
- 사용처: 익히거나 설익은 요리, 소스, 수프, 생선, 육류, 채소, 가금류, 피클

민트과에 속하는 식물로 양지바른 장소에서 잘 자란다. 박하 비슷한 다년생 식물로 꽃과 잎은 오랫동안 요리에 이용되어 왔다. 학명 'Basilicum'은 그리스어로 '왕'의 의미를 지니고 있다. 토마토를 이용한 요리에 빠질 수 없는 향신료 바질은 엷은 신맛을 내며 달콤하면서도 강한 향기를 갖고 있는 일년생 허브이다. 특히 토마토가 들어간 요리에 빠지지 않는 향신료로 닭고기, 생선요리, 파스타 등에 많이 사용한다. 건조한 바질은 신선한 것에 비해 풍미나 향이 다소 떨어지지만 가루로 만들어 쓰면 향이 증대된다. 신선한 바질을 사용할 경우 너무 큰 잎은 향기가 강하기 때문에 어린잎을 사용하는 게 좋다. 또한 페스토(pesto) 소스를 만드는 주재료이다.

월계수잎(Bay leaf, Alloro)

- 원산지: 지중해연안, 이스라엘, 그리스, 터키 등
- 이용부위: 신선한 잎
- 사용처: 마리네이드, 소스, 미네스트레, 구이, 야생고기

월계수는 상록 관목나무로 수프, 스튜, 고기, 채소요리 등에 광범위하게 사용된다. 월계수의 생잎은 약간 쓴맛이 있지만 건조시키면 달고 강한 독특한 향기가 있어서 서양요리에는 필수적일 만큼 널리 쓰

이는 향신료이다. 식욕을 증진시킬 뿐 아니라 풍미를 더하며 방부력도 뛰어나 소스, 소시지, 피클, 수프 등의 부향제로도 쓰이고 생선, 육류, 조개류 등의 요리에 많이 이용된다. 건조된 월계수잎은 맛을 내기 위하여 장시간 요리하는 음식인 경우에 좋으며 요리시간이 짧을 때는 잎을 매우 곱게 다지거나 빻아 풍미를 증가시켜 사용한다.

딜(Dill, Aneto) Anethum graveolens

- 원산지: 유럽(지중해 연안)
- 이용부위: 신선한 잎과 줄기
- 사용처: 마리네이드, 소스, 미네스트레, 생선, 해산물, 채소, 치즈

미국과 서인도제도에서 자라는 정원풀 딜은 기후만 적당하면 어디서든지 잘 자라는 양미나리과의 한 종류로 순한 맛이 난다. 캐러웨이(Caraway)와 형태나 맛이 비슷하고 씨나 가지를 사용할 수 있으며 생선요리와 채소요리의 향신료로 사용된다. 말리지 않은 프레시 딜(Fresh Dill), 말린 것은 딜 위드(Dill Weed), 딜 씨드(Dill Seed)로 구분되는데 피클, 샐러드, 독일식 김치(Sauerkraut), 수프, 푸딩, 거킨피클(Gherkins), 감자 샐러드, 연어요리 등에 사용된다.

마늘(Garlic, Aglio)

- 원산지: 중앙아시아
- 이용부위: 뿌리, 줄기
- 사용처: 맛내기 양념, 소스, 즙, 육류, 생선, 채소 등

마늘은 독특한 맛과 냄새로 인하여 가장 잘 알려진 조미료 중 하나이다. 이것은 양파과의 다년생 구근류로 6~212쪽의 조각으로 갈라져 있고 각 조각에는 껍질이 있으며 톡 쏘는 매운맛과 짙은 향을 가지고 있다. 껍질은 하얀색도 있고, 붉은색도 있다. 건조시키거나 가루로 만들어 사용하기도 하고 즉석에서 다지거나 으깨서 사용하기도 한다. 동서양 요리에 다양하게 사용되며 특히 이태리 요리에서도 없어서는 안 될 향신료이다.

처빌(Chervil, Cerfoglio) 파슬리과의 일종

- 원산지: 서부아시아, 러시아, 코카서스 지방

• 이용부위: 잎과 꽃

• 사용처: 샐러드, 버터, 소스, 미네스트레, 주뻬, 치즈, 생선, 요리, 데커레이션용

정원초로서 영국, 북부유럽, 미국에서 잘 자란다. 강한 향을 가지며, 순한 파슬리(Parsley)향을 가지고 있다. 처빌은 파슬리의 대용 향료로 흔히 사용되는데 그 이유는 처빌이 파슬리보다 맛이 뛰어나다고 여기기 때문이다. 수프, 소스, 샐러드, 구운 양고기 등에 사용한다.

다임(Thyme, Timo) 백리향

• 원산지: 지중해, 유럽 중앙

• 이용부위: 잎과 줄기

• 사용처: 소스, 미네스트레, 채소, 생선, 육류, 야생고기, 내장요리

일명 '사향초'라고 하며 유고슬라비아, 체코, 영국, 스페인, 미국 등에서 재배된다. 향료 및 약용 식물로 오랜 역사를 지녔으며 톡 쏘는 듯한 자극성 짙은 풍미로 요리에 깊은 맛을 더해준다. 생선요리나 육류요리의 비린내 제거에 좋은 다임의 향은 채소, 육류, 어패류 등 어느 것에나 잘 어울린다. 박하과의 작은 관목의 잎과 부드러운 줄기를 꽃이 피기 직전에 따서 씻은 다음 건조시켜 사용하는데 건조시키면 향이 더욱 짙어지고 열을 가해도 향은 변하지 않는다. 또한 다임차는 옛날부터 약효가 뛰어나 불면증에 시달리는 사람들이 음료로 먹으면 효과가 있는 것으로 알려져 있다. 방부, 살균력을 지니고 있기 때문에 햄, 소시지, 케첩, 피클 등 저장식품의 보존재로도 쓰이며 스튜, 수프, 토마토 소스 등 오랜 시간 조리하는 요리에 주로 쓰인다.

차이브(Chive, Erba cipollina)

• 원산지: 지중해연안, 아시아

• 이용부위: 잎과 줄기

• 사용처: 버터, 맛을 내는 양념용, 소스, 튀김, 미네스트레, 생선, 소를 채우는 요리, 데커레이션용

유럽, 미국, 러시아, 일본 등에 널리 퍼져 있는 정원초로 부추와 같은 과에 속하며, 아주 가는 실파와 흡사하게 생겼다. 뿌리는 구근같이 생겼고 잎은 순한 향을 가지고 있어 화분에 재배하기도 한다. 잎은 다져서 장식용으로 사용하는데 장식용, 샐러드, 생선요리, 크림치즈, 오믈렛, 육류 등 모든 요리에 감초 역할을 한다. 달걀요리나 치즈요리에 넣으면 맛이 잘 어울린다.

마조람(Marjoram, Maggioana)

• 원산지: 중앙아시아
• 이용부위: 잎과 줄기
• 사용처: 전채요리, 소스, 육류, 채소, 콩과 식물

마조람은 달콤한 맛과 야생의 아린 맛을 내는 두 종류가 있으며 영국, 프랑스, 독일, 체코슬로바키아 등에서 재배된다. 박하과의 다년생 향료로 약 2m 높이까지 자라며 연한 장밋빛 꽃이 피면 잘라서 건조시킨다. 건조시킨 잎과 꽃봉오리는 순하고 달콤하며 박하와 같은 맛을 내는 데 사용된다. 오레가노와 비슷한 종류로 더 섬세하고 우아한 맛을 지니고 있으며 오레가노를 구입하지 못했을 경우 이용될 수 있다. 잎과 줄기를 함께 잘라서 샐러드, 콩요리, 생선요리, 수프 등에 넣어 맛을 낸다. 마조람의 깊은 맛을 살리기 위해서는 요리가 다 되었을 즈음에 넣어야 하며 대개 신선한 것보다 가루를 많이 쓴다. 이탈리아의 마조람은 오레가노의 대용으로 함께 쓰인다.

민트(Mint, Menta) 박하

• 원산지: 유럽
• 이용부위: 잎
• 사용처: 튀김, 소스, 미네스트레, 돌체, 아이스크림, 디저트용

전 유럽에서 재배되는 민트는 페퍼민트, 스피어민트, 애플민트 등 종류가 다양하다. 민트의 향은 기분을 상쾌하게 만들고 식욕을 돋워주기 때문에 오래전부터 유럽에서는 민트 소서를 고기요리의 필수적인 향신료로 사용해 왔다. 톡 쏘는 향미를 갖는 페퍼민트는 차로 마시면 좋고, 달콤하고 상쾌한 향을 내는 스피어민트는 양고기와 잘 어울린다. 샐러드에 소스로 활용하면 과일의 맛을 한층 돋워준다. 그 밖에 채소, 감자, 아이스크림, 셔벗 등에도 사용된다. 애플민트는 고기, 생선, 달걀요리에 많이 쓰인다. 강한 풍미는 건조 후에도 지속된다.

생강(Ginger, Zenzero)

• 원산지: 아시아
• 이용부위: 뿌리
• 사용처: 비스킷, 돌체, 빵, 식전음식용

생강은 인간에게 알려진 가장 오래된 향료 중 하나로 중국, 일본, 자메이카, 아프리카 등지에서 자란다. 지금까지 인기 있는 생강 빵을 만드는 데 필수 재료로 갈대와 비슷한 잎을 가진 초본이며 그 뿌리를 사용하는데, 매운맛과 향을 가지고 있으며 10달 정도 키운 것이 제일 좋은 품질이다. 주로 피클, 스튜, 달걀요리, 과일케이크, 아이스크림, 무스, 마멀레이드, 양파수프, 감자수프, 커리 소스, 베이컨 요리 등에 다양하게 사용되며 생선요리에 사용하기도 한다.

타라곤(Tarragon, Estragone) 사철쑥의 일종

- 원산지: 시베리아
- 이용부위: 잎과 꽃
- 사용처: 버터, 식초, 마리네이드, 소스, 생선, 가금류, 육류

유럽이 원산지이고 몽골, 러시아에서 재배되는 다년생 정원초로 잎이 길고 얇으며 올리브색이고 단추 모양의 꽃을 가지고 있다. 말릴 경우 향이 줄어들기 때문에 신선한 상태로 쓰는 것이 가장 좋다. 식초나 오일에 담아 허브식초나 오일을 만들기도 한다. 어떤 종류의 음식과도 그 향이 잘 어울린다. 수프, 소스, 샐러드, 향초식초, 피클, 로스트 치킨, 달걀요리, 토마토 요리 등에 사용된다.

오레가노(Oregano, Origano)

- 원산지: 지중해
- 이용부위: 잎과 꽃
- 사용처: 샐러드, 소스, 생선, 육류, 채소, 핏짜

우리가 자주 먹는 핏짜의 독특한 맛을 내게 하는 오레가노는 민트과의 다년생 허브 중 하나로 강한 박하 같은 톡 쏘는 향기와 매운맛과 약간의 쓴맛이 특징이다. 멕시코, 이탈리아, 미국이 원산지이며 멕시코에서는 약용으로 자라기 때문에 종종 멕시칸 세이지라고도 한다. 이러한 향료는 그 계통이 오레가노, 야생 마조람(wild marjoram)으로 따뜻한 기후에서 자라지만 영국의 야생 마조람과 달리 매우 강한 향과 맛을 가진다. 오레가노는 생으로 이용하는 것보다 건조시켜 사용하는 것이 향이 더 좋으며, 이태리요리에서는 빼놓을 수 없는 중요한 향신료이다. 오레가노는 파스타나 핏짜 등에 넣는 토마토 소스와 치즈, 생선, 육류 등의 요리와 궁합이 잘 맞는다.

파슬리(Parsley, Prezzemolo) 이탈리아 파슬리

- 원산지: 지중해
- 이용부위: 잎과 줄기
- 사용처: 전채요리, 소스, 페스토, 생선, 미네스트레, 채소

지중해 연안국들이 원산지인 작은 정원초로 밝은 녹색 식물이며, 일 년에도 여러 차례 수확할 수 있다. 컬리 파슬리(Curly Pasley)가 최상품이며 특별한 향을 가지고 있어 잎을 잘게 다져 샐러드, 파스타, 고기 소스 등에 뿌려 사용한다. 냄새를 맡을 때는 향이 강하지 않으나 먹을 때 맛과 향을 발하는 파슬리는 서양요리에 빠져서는 안 되는 필수 양념이며 음식의 장식용으로도 사용된다. 이탈리아에서 파슬리는 프레제몰로라고 부르며 거의 모든 이태리 요리에서 두루 쓰이는 필수적인 향신료로 '평편하게 변종된 잎'을 의미한다. 이것은 보다 풍미가 부드럽다. 건조된 파슬리는 실제로 쓸모가 없는데 다행히도 신선한 파슬리는 대부분의 지역구에서 구하기 쉬우며, 대부분의 향료가 음지를 좋아하는 것과 달리 성장 조건도 까다롭지 않다.

로즈메리(Rosemary, Romarino)

- 원산지: 지중해
- 이용부위: 잎과 줄기, 꽃
- 사용처: 마리네이드, 소스, 육류, 생선, 직화 그릴구이

상큼하고 강렬한 향기를 풍기는 로즈메리는 민트과의 다년생 허브이다. 바늘같이 생긴 뾰족한 잎으로, 상쾌한 향을 지녔지만 맛은 약간 맵고 쓴 편이다. 육류요리에 많이 쓰이며 이탈리아 요리에 없어서는 안 될 정도로 많이 사용된다. 육류나 생선, 감자요리 등과도 잘 어울리며 신선할 때는 풍미가 매우 강하므로 한 줄기를 곁들이는 것만으로도 향미가 풍부해진다. 잎은 장시간 조리해도 향이 없어지지 않으므로 스튜, 수프, 소시지 등의 향료로 이용되며 우스터소스의 향을 내는 주성분의 하나이다. 건조하면 향이 조금 약해지지만 농축되어 있으므로 적은 양을 사용해야 한다.

세이지(Sage, Salvia)

- 원산지: 지중해
- 이용부위: 잎과 꽃, 줄기

• 사용처: 마리네이드, 소스, 육류, 생선, 직화 그릴구이

세이지는 유럽이 원산지이고 미국과 영국에서도 재배되는 정원초로 90cm 정도 자란다. 세계 전 지역에서 자라지만 초이스 세이지는 유고슬라비아에서 재배된다. 세이지는 나무의 큰 타원형 잎으로 자주 쓰이는 향초이며, 특히 이탈리아 요리를 현저히 특징지어 주는 송아지 고기와 송아지 간 요리에 쓰인다. 약간 쓴맛과 떫은맛이 나는 세이지는 로즈메리와 함께 매우 강한 향신료 중 하나로 건조시킨 것이 더 진한 향을 낸다. 주로 육류요리나 내장류의 냄새를 없애주며 고기의 맛을 좋게 한다. 또한 고기를 먹은 뒤에도 느끼한 맛이 남지 않게 하고 소화를 촉진시키므로 많이 사용한다. 주로 닭, 양, 돼지 등의 요리나 치즈, 소시지 등에 사용하며 이탈리아 요리나 독일 요리에 많이 쓰인다. 크림수프, 콩소메, 스튜, 햄버거, 가금류, 소를 채우는 요리, 돼지고기, 햄, 소시지, 치즈, 오믈렛, 토마토 요리 등에 사용한다.

아루굴라(Arugula, Rucola)

• 원산지: 유럽 중앙
• 이용부위: 잎 전체
• 사용처: 생으로 사용하고 단시간에 볶는 요리, 샐러드, 소스, 미네스트레, 생선

이탈리아 요리에서는 빼놓을 수 없는 아주 특유한 맛을 내는 향신 채소로 부드러우면서 매운맛과 함께 톡 쏘는 향미를 낸다. 단시간에 살짝 익히거나 반조리 상태로 사용하고 샐러드, 소스, 수프, 생선요리에 사용된다. 약간의 매운맛이 나며 크레송과 비슷하다. 약 2000년 동안 사용되어 왔으며 건강 채소로 알려져 있다.

펜넬(Fennel, Finocchio) 회향풀

• 원산지: 지중해, 이탈리아 중부
• 이용부위: 신선한 잎과 줄기 전체
• 사용처: 마리네이드 수프, 소스, 파스타, 생선, 육류, 해산물 요리

이탈리아에서 이것은 대개 플로렌스 회향을 의미하는데, 생으로 요리되어 제공되는 구근이 팽창한 줄기이다. 회향식물의 깃털이 난 잎은 가끔 사용되는데 주로 마늘과 함께 다져 속재료(stuffing)로 쓰인다. 회향씨는 몇몇 지역에서 살라미(salami) 또는 그 외 소시지의 풍미를 내기 위해, 그리고 바리(Bari)에서는 건조된 무화과의 풍미를 위해 사용된다. 이 세 가지(줄기, 잎, 씨)는 모두 아니스 열매의 맛을 갖고 있다.

소렐(Sorrel, Acefosa)

- 원산지: 유럽
- 이용부위: 잎
- 사용처: 소스, 폴렌타, 육류, 생선, 채소요리 등

소스, 폴렌타, 고기요리, 생선요리와 채소요리에 사용된다. 믹서에 간 즙을 사용하여 맛을 내기도 한다.

로케트(Roket, Ruchetta) 상추류

- 원산지: 유럽과 지중해
- 이용부위: 잎과 줄기
- 사용처: 샐러드, 소스, 소를 채우는 요리, 생선, 포카차, 핏짜

루콜라와 같은 품종으로 크기가 작다. 서양에서는 아루굴라라고도 하는데 잎과 꽃을 사용한다. 야생 향초로 샐러드와 함께 먹는다.

워터크레스(Watercress, Crescione) 네덜란드 갓냉이

- 원산지: 유럽
- 이용부위: 잎과 줄기
- 사용처: 샐러드, 향기가 식욕을 촉진하므로 육류요리에 곁들임

코리앤더(Coriander, Coriandolo)

- 원산지: 지중해 연안
- 이용부위: 잎과 줄기
- 사용처: 빵, 케이크, 과자, 피클, 커리가루

지중해 연안, 모로코, 남부 프랑스, 동양 등이 원산지인 고수는 고수풀이라고 부르며 미나리과에 속하는 60cm 정도 길이로 자라는 풀이다. 후추알 크기의 씨를 가지고 있으며 소시지류를 만들 때 향신료로 쓰이며 제과나 양조의 향신료로도 사용된다.

② 향신료(Spezie/Spice)

향신료의 저장법	
신선한 용도로 사용하려면 봉지에 넣어 냉장 보관하거나 종이에 싸서 냉장 보관한다.	파스타용의 향신료는 병에 넣어 냉장고에 보관한다.
마른 용도로 사용할 향신료는 신선한 그늘에서 말린다.	

정향(Clove, Chiodi di garafano)

- 원산지: 필리핀
- 이용부위: 꽃봉오리 줄기 말린 것, 통으로 사용하거나 갈아서 사용
- 사용처: 마리네이드, 수프, 미네스트레, 육류, 야생고기, 과일, 돌체, 저장용, 저장용액

인도네시아가 원산지인 정향은 정향나무의 봉오리이고 잎은 매우 울창하며 월계수와 유사한 잎을 가지고 있다. 봉오리들이 뻗어 나오기 시작할 때는 하얀색이고 수확할 무렵에는 붉은색이며 건조시켰을 때에는 흑갈색으로 못같이 생겼으며 짙은 향기를 가지고 있다. 향신료 중 꽃봉오리를 사용하는 유일한 품종으로 정향은 '손톱 모양의 양념'이라 불리며 모든 향신료 중에서 얼얼한 맛을 가져 종종 치과의 마취제 역할도 한다. 정향은 육류의 누린내와 생선의 비린내 등을 없애주는 강한 향미와 달콤함을 지니고 있다. 이 달콤한 향미는 푸딩, 과일 펀치, 케이크, 차, 술 등의 향미료로도 사용된다. 향이 매우 강하므로 지나치게 많이 사용하지 않도록 주의한다.

바닐라(Vanilla, Vanigila)

- 원산지: 멕시코
- 이용부위: 열매, 말린 것 또는 가루
- 사용처: 비스킷, 돌체, 크림, 아이스크림, 초콜릿, 과일, 사탕, 설탕, 리큐어 등

중앙 아메리카가 원산지인 열대성 난초과의 덩굴식물로 세계 전역에서 자라며 마다가스카르가 주요 생산국이다. 바닐라콩을 끓는 물에 담가 서서히 건조시킨 뒤 가공하여 밀폐된 상자나 주석관에 포장한다. 유사 바닐라 농축액인 Vanillin은 무색투명한 합성물질의 복합체이며 순수 바닐라액의 질이 훨씬 우수하다. 이탈리아 케이크와 디저트는 바닐라 설탕(Vanillin sugar)을 필요로 한다. 이탈리아에서 이것은 소량의 봉지로 쉽게 구입할 수 있으나 바닐라 꼬투리나 바닐라콩을 설탕과 함께 항아리에 재워 만든 것

이 간편하며, 맛이 매우 강하여 내용물에 곧 침투된다. 꼬투리 전체를 커스터드나 달콤한 소스에 맛을 내기 위해 우유에 넣어 끓이는데 그것은 헹구어서 여러 번 다시 사용할 수 있다.

사프란(Saffron, Zafferano)

- 원산지: 아시아, 중동
- 이용부위: 꽃술
- 사용처: 소스, 밀라노풍 리조또 요리, 생선주뻬, 천연색소

아시아가 원산지이고 붓꽃과에 속하며 스페인, 이탈리아, 프랑스 등에서 재배된다. 요리에 사용되는 사프란은 꽃의 암술만을 색에 따라 분류한 것으로 100g을 만들기 위해 암술 15,000개를 모아 말려야 하기 때문에 가격이 무척 비싸다. 하지만 약간만 사용해도 큰 효과를 볼 수 있다. 실고추와 생김새가 흡사한 사프란은 음식에 노란 물을 들이는 식용 색소로 주로 쌀요리의 향신료로 사용된다. 또 버터와 치즈, 비스킷 등에서 독특한 냄새와 색깔을 낼 때 쓰인다. 이태리 요리에서는 리조또, 밀라네제 등 쌀요리에 많이 사용된다.

너트맥(Nutmeg, Noce moscata)

- 원산지: 인도네시아 몰루카섬
- 이용부위: 열매
- 사용처: 소스, 채소, 소를 채우는 요리, 육류, 과일, 돌체

간 육두구씨는 달콤하고 향긋하며 요리에 빈번히 넣는 조미료로서 특히 시금치나 리코타(Ricotta) 치즈가 들어가는 음식에 넣는다. 이것의 맛을 최대한으로 살리기 위해서는 열매를 통째로 보관하였다가 미세한 강판이나 특별한 육두구 강판을 사용하여 요리하기 바로 전에 갈아서 사용해야 한다. 원산지는 인도네시아의 Molucca섬이고 서인도제도의 Banba섬과 Papua에서 재배된다. 달고 자극적인 향과 쌉쌀한 맛이 있으며 육가공품, 생선요리, 빵, 과자 등을 만들 때 주로 사용한다. 이태리 요리에서는 대표적 소스인 베샤멜라 소스를 만들 때 없어는 안 될 향신료이다. 열대상록수의 복숭아 비슷한 열매의 씨를 사용하는데, 알맹이로 된 너트맥은 갈아서 사용한다. 육두구의 껍질은 메이스(Mace)라는 별도의 향신료로 사용된다.

파프리카(Paprika, Peperoni/Pimento) 피망

- 원산지: 카리브
- 이용부위: 열매
- 사용처: 전채요리, 소스, 생선, 육류, 채소, 콩과 식물, 저장용

스페인, 남부 프랑스, 이탈리아, 유고슬라비아, 헝가리 등이 원산지로 Sweet pepper(Capsicum annum)는 선홍색의 열매로 채소, 피클(Pickle), 샐러드 등에 이용하고, 이 씨는 피막을 제거하고 말려서 분쇄한 것이다. 스페인산 파프리카(Paprika)는 빨간색으로 단맛을 내고 순하며, 헝가리산은 검붉은색으로 매운맛을 낸다. 생선, 새우요리, 굴요리, 리조또, 굴라쉬, 카나페, 수프, 드레싱, 토마토 요리, 양배추 요리에 사용한다.

페퍼(Pepper, Pepe nero e bianco) 후추

- 원산지: 인도
- 이용부위: 열매
- 사용처: 단맛이 나는 요리나 쓴맛이 나는 요리에 사용하지 않으며 매운맛을 내는 요리에 사용한다.

매운맛을 내주는 향신료의 대표 격으로 검은 후추가 흰 후추보다 매운맛이 강하다. 고기나 생선의 누린내, 비린내를 없어주며 미각을 자극해 식욕 증진의 효과도 있다. 후춧가루보다 갈지 않은 통후추가 더 매운맛이 난다. 흰 후추는 생선요리나 하얀색의 요리를 할 때 넣으면 지저분해 보이지 않아 유용하게 쓸 수 있다.

칠리, 레드페퍼(Chilli/Red pepper, Peperoncini) 고춧가루

- 원산지: 중앙아메리카, 지중해
- 이용부위: 신선한 상태로 통으로 사용하거나 말려서 사용. 잘라서 또는 갈아서 사용
- 사용처: 마리네이드, 전채, 살라미, 소스, 페스토, 생선, 육류, 채소, 육수 저장용

녹색이나 붉은색을 띤 서양고추로 멕시코나 인도 요리에 쓰이지만 이탈리아 사람들 역시 아주 매운맛이 요구될 때 이것을 이용한다. 신선한 고추를 선호하여 약간 사용하며 매운맛을 완화시키기 위해 항상 씨를 제거한다. 아메리카가 원산지이고 아프리카, 서인도제도, 한국, 일본 등 각국에서 재배되고 있으며 타바스코 소스(Tabasco Sauce), 커리가루(Curry Powder), 피클(Pickle), 마리네이드(Marinade), 샐

러드, 바비큐 소스 등에 사용된다.

커민(Cumin, Cumino del prati)

• 원산지: 이집트
• 이용부위: 마른 씨를 통째로 또는 갈아서 사용
• 사용처: 마리네이드, 살라미, 소스, 미네스트레, 채소, 치즈, 빵, 디저트용

때때로 '쿠미노'라 불리는 커민은 이집트가 원산지이고 모로코, 인도, 남아메리카에서 자란다. 커민은 캐러웨이와 유사한 식물로 건조하고 향이 있는 씨앗이다. 약간 씁쓸하고 달콤하면서도 다소 자극적인 향료로 이탈리아, 멕시코 요리에 많이 사용된다. 이것은 커리가루와 칠리가루 혼합에 필수적인 재료이다. 북부 이탈리아에서는 주로 빵에 첨가하거나 감자요리에 향을 내기 위해 넣기도 한다. 또 사우어크라우트(소금에 절여 발효시킨 양배추)의 향신료로 사용되기도 한다. 프랑스에서는 Cumin de pres, Cumin de carvi로 구별되며 전자를 Cumin, 후자를 Caraway라 한다. 커리가루, 칠리가루, 소시지, 피클, 치즈, 육류, 빵 등에 사용한다.

두송자(Juniper berry, Ginepro) 노간자, 곱향나무

• 원산지: 중앙아메리카, 지중해
• 이용부위: 신선한 열매나 그것을 말린 것
• 사용처: 미네스트레, 소스, 육류, 생선, 야생고기, 독일식 김치, 채소

강한 맛과 향기를 가진 주니퍼 관목의 열매로 다른 나라에서처럼 고기와 엽조류의 맛을 내거나, 속재료(stuffing)와 마리네이드에 쓰인다. 두송자는 이탈리아, 체코슬로바키아, 루마니아에서 자라는 삼나무과에 속하는 관목 상록수로, 완두콩 크기만 한 열매를 향신료로 사용한다. 고기나 생선을 양념에 재울 때 주로 사용한다.

계피(Cinnamon, Cannella)

• 원산지: 중앙아시아
• 이용부위: 나무 껍질
• 사용처: 미네스트레, 소스, 육류, 야생고기, 과일, 저장용, 디저트, 리큐어

계피 토막과 가루 계피는 달콤한 요리에 쓰이며 때때로 육류와 엽조류에도 이용된다. 중국과 인도네시아, 인도차이나가 원산지인 이 계피는 Cinnamon과 상록수로 건조시킨 나무 껍질이다. 계피는 상쾌한 청량감과 향기, 달콤한 맛이 특징이며 보통 음료나 아이스크림, 디저트 등을 만드는 데 사용된다. 분말로 만들지 않은 상태의 계피는 스튜나 찜 등을 요리할 때 넣어 향을 가미시킨다. 맵거나 짠 음식과도 그 맛이 잘 어울린다.

딜 씨드(Dill seed, Semi di aneto) 딜 씨앗

- 원산지: 지중해
- 이용부위: 씨
- 사용처: 오일피클, 소스, 미네스트레, 생선, 돼지고기, 석쇠구이 요리, 채소, 빵, 디저트 등

소스, 수프류, 생선, 돼지고기 요리, 내장요리, 채소, 빵, 디저트 등에 사용하며 약간 매운맛을 가지고 있다.

펜넬 씨드(Fennel seed, Semi di finocchio)

- 원산지: 지중해
- 이용부위: 신선한 씨앗 및 말린 씨
- 사용처: 소스, 미네스트레, 생선, 육류, 채소, 빵, 디저트

구근과 줄기, 잎부분은 채소로 이용되며 갈색의 씨앗은 향신료로 이용된다. 아니스(Anise)와 맛이 비슷하나 사이즈가 좀 더 크고 이탈리안 소시지나 토마토 소스 등에 사용되며 특히 돼지고기와 그 맛이 잘 어울린다.

포피 씨드(Poppy seed, Semi di papevero)

- 원산지: 극동 아시아
- 이용부위: 씨앗
- 사용처: 파스타, 과자, 케이크, 빵, 디저트

20세기 3대 약품의 발견이라고 하는 '모르핀'을 함유한 양귀비는 극동아시아와 네덜란드가 원산지이고 우리나라도 예부터 재배했으며, 아편의 원료이다. 양귀비씨는 매우 작고 가볍다. 1파운드를 얻으려

면 약 90만 개의 씨가 필요하다. 양귀비씨는 박하와 비슷한 향을 가지고 있으며 롤빵, 케이크, 샐러드, 국수 등에 사용한다.

머스터드(Mustard, Senape)

- 원산지: 지중해
- 이용부위: 씨앗
- 사용처: 소스, 육류, 채소, 저장용

소스, 육류, 채소, 저장요리에 많이 사용된다. 갈아서 가루로 많이 사용된다.

팔각(Star anise, Anice stellato)

- 원산지: 중앙사이아, 중국
- 이용부위: 씨와 껍질을 그대로 사용하거나 갈아서 사용
- 사용처: 마리네이드, 소스, 미네스트레, 스튜, 야생고기, 빵, 과자, 비스킷, 캔디, 리큐어

Herb Anise는 Vegetable Anise와 Star Anise와는 구별되며, 채소 아니스는 구근으로 판별하고 Star Anise(소위 중국음식에서 오향장육을 담글 때 넣는 팔각이라 하는 것)는 중국 요리할 때 많이 사용되는 향신료로 중국 목련나무의 씨와 그 씨방이다. 아니스는 원산지가 동양이지만 멕시코, 스페인, 모로코, 지중해, 유고슬라비아, 터키, 러시아에서 서식해 왔다. Malage종과 Russia종이 향이 좋다. 아니스는 양조산업의 천연재료, 파슬리, 쿠키, 빵, 피클, 생선, 오향장육 등에 사용하며, 아니스 기름은 기침약 등에 사용한다. 돼지고기와 오리고기의 누린내를 없애주며 찜이나 조림요리에도 사용된다. 이태리 요리에서는 돌체를 만드는 데 주로 사용되며 장식용으로도 많이 사용된다.

감초(Liquorice, Liquirizia)

- 원산지: 중앙아시아, 유럽 중앙
- 이용부위: 껍질을 통째로 사용하거나 갈아서 사용
- 사용처: 돌체, 캔디 등에 사용

칼라브리아 지방의 캔디로 유명한 지역이며 특히 이 지역에서 많이 사용된다.

부케가르니(Bouquet garni, Mazzetto odoroso)

이탈리아 요리사들은 혼합한 향료식물의 한 묶음을 이용하는데 주로 파슬리 줄기, 백리향, 월계수잎으로 만들지만 특별한 요리를 위해 다른 향료가 추가되기도 한다. 신선한 향료의 공급이 부족할 때 1회용 봉지의 부케가르니가 이용될 수 있다. 기본재료는 셀러리 줄기, 월계수잎, 다임, 통후추, 파슬리 줄기이다.

케이퍼(Caper, Capperi)

- 원산지: 지중해 연안
- 이용부위: 꽃봉오리
- 사용처: 육류요리, 생선요리, 샐러드, 드레싱, 마요네즈, 소스 등

지중해, 스페인, 이탈리아 등이 원산지이며 그대로 사용하는 것보다 식초에 저장해 둔 것을 주로 사용하는데 소금에 절여 저장하기도 한다. 주로 샐러드나 소스, 파스타에 넣어 먹으며 참치요리에도 잘 어울린다.

7. 이탈리아 기본 소스

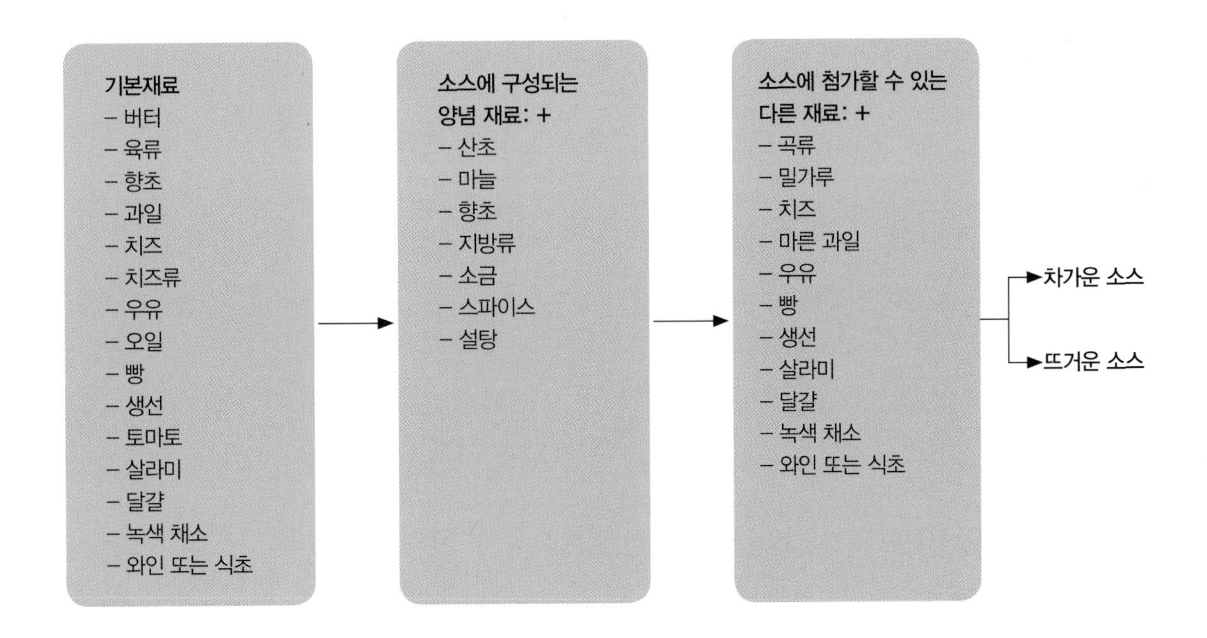

이탈리아의 지역별 전형적인 소스	
녹인 치즈 소스(발레 다오스타) 바냐 카오다(피에몬테) 페스토 소스(리구리아) 참치 소스(롬바르디아) 사과와 냉이 소스(트렌티노 알토 아디제) 냉이 소스(베네치아 줄리아) 오리 소스(베네토) 볼로냐식 라구 소스(에밀리아 로마냐)	아마트리치아나 소스(아브루쪼) 피망 · 정어리 소스(몰리제) 까르보나라(라찌오) 나폴리식 고기 소스(캄파니아) 마늘 · 오일 앤초비 소스(풀리아) 고기 소스(바실리카타) 마늘 · 오일, 고추 소스(칼라브리아) 장어 소스(사르데냐)

육수

닭육수 • 조개육수 • 생선육수 • 고기육수 • 채소육수

소스

베샤멜라 • 토마토 소스 • 볼로냐식 라구 소스

갈색 고기 소스 • 바질 페스토 • 파슬리 소스

이탈리안 샐러드 소스 • 프랑스식 샐러드 소스

발사미코 소스 • 레몬소스 • 키위소스

세이지 버터 • 바질 오일

식재료

향초 빵가루

01 : 닭육수 Brodo di pollo

닭육수는 닭뼈나 닭머리, 닭발과 채소를 넣고 우려낸 육수를 말한다. 요리에 따라 진하게 혹은 깨끗하게 끓이게 되는데, 일반적으로는 깨끗하게 끓이고, 수프를 만들기 위해서는 진하게 끓여야 한다.

닭육수는 모든 요리에 가장 널리 사용되는 육수이므로 요리에 없어서는 안 되는 육수이다.

재료 Ingredienti **완성량: 3L**

- 닭뼈나 닭발 1kg
- 월계수잎 3장
- 양파, 당근 300g
- 통후추 10g
- 마늘 30g
- 생로즈메리 3줄기
- 대파 50g
- 셀러리 200g
- 차가운 물 6리터
- 생다임 3줄기

1. 기본 준비

① 닭뼈나 닭발은 하루저녁 흐르는 차가운 물에 담가 이물질을 제거한다.

② 모든 향신료는 향신료주머니에 담아 준비한다.

③ 모든 채소는 얇게 채썰어 준비한다.

2. 육수 끓이기

① 뼈를 10리터 용기의 소스통에 넣고 물을 부어 살짝 끓인다.

② 불순물을 제거하기 위해 물을 모두 버리고, 뼈를 한번 씻어준 다음 다시 물을 부어 끓인다.

③ 서서히 가열하여 끓을 때 다시 거품과 불순물이 생기면 제거해 주고 2시간 뒤 양파, 당근, 셀러리를 넣고 1시간 끓여준다.

④ 향신료를 넣는다(향신료를 넣기 전에 반드시 불순물을 제거한다).

⑤ 3시간 끓여 깨끗한 육수가 나오면 체에 면포를 받쳐 거른다.

***맛내기 포인트**

닭은 크기에 따라 3~6시간 이상 끓여서는 안 된다. 맑은 육수를 얻기 위해서는 약한 불로 서서히 끓여야 한다. 즉 대류작용(Convection movement)이 소스통에 발생해야 내용물이 퇴적되지 않고 움직이기 때문이다. 그렇지 않으면 결과가 좋지 않다. 센 불로 가열하면 알부민(Albumin)과 프로테인(Protein/단백질)이 발생해서 탁해지고 섬유조직이 파괴된다.

02 : 조개육수 Brodo di vongole

조개육수는 조개에 따라 국물의 맛이 다양하다. 조개육수는 파스타를 하거나 소스를 만들 때 해산물이 들어가는 요리에 사용하는데 육수가 너무 진하면 요리에 들어가는 재료와 함께 너무 강한 맛이 나오게 된다.

재료 Ingredienti **완성량: 3L**

- 모시조개 500g
- 생딜씨 약간
- 월계수잎 1장
- 대파 50g
- 바지락 200g
- 물 5리터
- 생이태리 파슬리 줄기 5g
- 셀러리 50g

1. 기본 준비

① 조개를 3% 소금물에 담가 하루 동안 해감시킨다.

② 채소는 모두 어슷하게 썰어둔다.

2. 육수 만들기

① 냄비에 해감시킨 조개를 넣고 한소끔 끓인 후 불을 약하게 줄인다.

② 윗 표면에 생긴 거품과 이물질을 제거한다.

③ 향초와 채소를 모두 넣고 20분간 끓인다.

④ 깨끗한 면포를 체에 받쳐 거른다.

⑤ 아이스 베이스에 담가 식혀서 냉동이나 냉장고에 라벨링하여 보관해 두고 필요량을 꺼내어 사용한다.

***맛내기 포인트**

육수를 내는 데 가장 좋은 조개는 서해안에서 다량으로 채취되는 '동죽'이다. 그 이유는 수분이 많고 속이 꽉 차 있으며 염도가 그리 높지 않기 때문이다. 바지락이나 모시조개는 맛이 진하고 강하기 때문에 육수로 사용하는 경우 요리에 전체적인 조개 맛이 강해져 오히려 역한 반응을 얻을 수 있다. 따라서 육수는 진한 것보다는 시원하고 깔끔한 맛이 있는 것이 좋다고 볼 수 있다.

03 : 생선육수 Fumetto di pesce

생선스톡(육수)은 크게 수프나 첨가용으로 사용하는 가볍게 끓이는 스톡과, 진하게 재료를 볶아서 소스용으로 사용하는 스톡의 두 가지로 구분한다.

재료 Ingredienti **완성량: 2L**

- 버터 30g
- 셀러리 30g
- 생선뼈 700g
- 생향초다발 1묶음
- 양파 70g
- 마늘, 파 20g
- 검은 통후추 약간
- 물 5리터

1. 기본 준비

① 생선뼈는 깨끗이 씻어 적당한 크기로 잘라 물에 담가서 불순물을 제거한다.

② 양파, 셀러리, 마늘, 파는 크지 않게 슬라이스하여 썰어 놓는다.

③ 셀러리 껍질과 월계수잎, 로즈메리, 파슬리 줄기, 다임 등으로 부케가르니를 만들어 놓는다.

2. 육수 끓이기

① 냄비에 버터를 넣어 녹인다.

② 모든 채소를 투명하게 숨이 죽을 정도로만 볶는다.

③ 생선뼈를 넣은 뒤 중불에서 색이 나지 않게 잘 볶는다.

④ 찬물을 넣어 끓이면서 거품을 걷어내고 20분 정도 끓인다.

⑤ 부케가르니, 통후추를 넣고 뒤적거려 익힌다.

⑥ 불의 온도는 비등점에서 계속 끓여준다.

⑦ 소창으로 걸러낸다.

⑧ 아이스 베이스에 담가 cooling한다.

⑨ 알맞은 용기에 담고 라벨링하여 보관해 두고 사용한다.

***맛내기 포인트**

생선은 20분 이상 끓이지 않는다. 생선의 머리를 사용할 때는 눈을 파내고, 아가미를 제거한다. 또한 깨끗한 육수를 얻으려면 생선의 껍질을 제거한다. 그렇지 않으면 쓴맛이 날 수 있다(생선육수를 끓일 때는 당근을 사용하지 않는다).

04 : 고기육수 Brodo di carne

고기육수는 고기의 뼈나 심줄과 같은 스지, 뼈에 붙어 있는 고기 등을 우려낸 국물을 말한다. 이 육수는 요리에 따라 다양하게 쓰이기 때문에 탁하지 않게 고기의 맛을 낼 수 있도록 맑고 깨끗하게 끓여야 한다.

재료 Ingredienti **완성량: 3L**

- 송아지 살이 붙어 있는 쪼갠 뼛조각 1kg
- 굵은소금 약간
- 대파 흰 부분 약간
- 후추 약간
- 정향 약간
- 마늘 5g
- 양파 150g
- 물 10L
- 당근 50g
- 생향초다발 1묶음
- 셀러리 50g

1. 기본 준비

① 사골이나 스지는 하루 동안 냉수에 담가 핏물을 제거한다.
② 양파는 어슷하게 썰어 놓는다.
③ 마늘은 눌러주고, 셀러리, 당근은 어슷하게 썰어 놓는다.
④ 월계수잎, 셀러리 줄기, 파슬리 줄기 등으로 부케를 만든다.

2. 육수 만들기

① 20리터의 소스통에 사골과 스지를 넣고 물을 넣어 한소끔 끓여 이물질이 생긴 국물은 모두 버리고 사골과 스지는 깨끗이 세척한 후 다시 물을 부어 끓인다.
② 채소와 향초를 넣고 1시간을 끓인 후 표면에 생기는 이물질을 모두 제거한다.
③ 너무 탁하지는 않으나 진한 육수맛이 우러나올 정도로 끓여주는데 물이 너무 쫄면 더 채워준다.
④ 뼈의 크기에 따라 5~8시간 끓인다.
⑤ 거품을 제거하면서 끓여준다.
⑥ 야채는 완성 1시간 전에 넣고 부케가르니도 넣어 완성한다.
⑦ 걸러서 아이스 베이스에 cooling한다.
⑧ 알맞은 용기에 담아 보관해 두고 사용한다.

***맛내기 포인트**

이 육수는 밀라노 지방에서는 리조또를 하는 데 주로 쓰인다.
스톡은 원재료의 고유한 향과 맛, 색을 맑고 깨끗하게 만들어 사용한다.
소뼈는 7~8시간 끓여 사용한다.

05 : 채소육수 Brodo di vegetable

채소육수는 콩을 삶을 때 이용하거나, 파스타, 주뻬, 미네스트레, 콩을 이용한 미네스트레 등 수프 종류에 주로 이용한다. 또한 뇨끼를 만들어 살짝 볶을 때도 많이 이용한다. 채소육수를 내기 위한 재료가 꼭 정해진 것은 아니다.

재료 Ingredienti **완성량: 2L**

- 양파 100g
- 셀러리 50g
- 월계수잎 3장
- 당근 50g
- 생이태리 파슬리 5줄기
- 물 3L
- 정향 2개
- 통후추 20알

1. 기본 준비

① 모든 채소를 슬라이스하거나 주사위 또는 큼직한 크기로 자른다.

② 양파에 정향을 모두 꽂는다.

③ 파슬리 줄기와 월계수잎은 셀러리 줄기에 넣고 실로 묶어 놓는다.

2. 육수 끓이기

① 팬을 달구어 버터를 녹인다.

② 양파, 대파, 셀러리, 당근, 양배추 순서대로 숨이 죽을 정도로 볶는다.

③ 물을 넣고 끓인다. 향초를 넣는다. 은근하게 2시간 정도 끓여 걸러준다.

④ 아이스 cooling하여 라벨링해서 보관해 두고 사용한다.

＊맛내기 포인트

신선한 재료를 사용하는 것이 좋지만 원가관리 차원에서 채소육수는 새것을 사용하지 말고 자투리를 모아두었다가 한번에 끓여준다.

06 : 베샤멜라 Besciamella

일명 '베사멜 소스'라고 하지만 이탈리아어로는 '베샤멜라(Besciamella)'라고 한다. 흰색 계통 소스의 대표적인 모체 소스이다. 모든 흰색 계통의 소스는 베샤멜라가 모체가 되어, 다양한 식재료를 첨가하여 많은 종류의 소스로 변화된다. 베샤멜라는 14C경 개발된 소스로 누가 어떻게 만들었는지는 알 수가 없다. 하지만 이탈리아의 요리역사를 살펴보면 14C 이전 이탈리아의 봉건왕국이 무너지면서 피에몬테(Piemonte)주의 토리노가 수도로 지정되면서 생겨난 소스라고 알려져 있다.

재료 Ingredienti **완성량: 300g**

- 버터 30g
- 소금 약간
- 육두구 약간
- 뜨거운 상태의 우유 500ml
- 밀가루 30g
- 검은 통후추 5알
- 정향 1~2개
- 양파 1/2개

1. 기본 준비

① 우유를 자루냄비에 끓지 않게 데운다.

② 양파에 정향을 끼워 놓는다.

2. 소스 만들기

① 중불에서 냄비에 버터를 넣고 2/3 정도 녹으면 밀가루를 넣어 재빨리 혼합해서 바닥이 눋지 않게 볶는다.(Roux)

② 푸석푸석한 느낌의 가루가 형성되면 재빨리 데워진 뜨거운 우유를 1/3 정도 먼저 붓고 나무주걱을 이용해 재빨리 저어 끈기가 형성될 때까지 힘차게 저어준다. 이때 불의 세기는 세게 한다.

③ 끈기가 형성되면 다시 1/3의 우유를 붓고 계속에서 저어주다가 주걱을 뺀 후 거품기로 완전히 풀어준다.

④ 나머지 1/3의 우유를 넣고 15분 정도 센 불에서 끓여준다.

⑤ 양파(정향 끼운 것), 너트맥(육두구)을 넣고 바닥이 눋지 않도록 지속적으로 저어준다.

⑥ 완전한 농도와 끈기가 생기면 소금과 후추를 넣고 조금 더 젓다가 불을 끄고 소스통에 넣는다.

***맛내기 포인트**

끓여진 베샤멜라 냄비에 은박 호일로 뚜껑을 완전히 덮어서 200℃의 예열된 오븐에 약 30분간 넣어 끓인 후 면포에 걸러내면 부드럽고 맛이 담백한 소스가 완성된다. 소스를 제대로 보관하려면 윗면이 굳어지는 것을 방지하기 위해 버터를 조심스럽게 발라주고 완전히 식으면 랩으로 포장해 냉장 보관한다.

07 : 토마토 소스 Salsa di pomodoro

토마토는 17C 미국에서 이탈리아에 소개되었다. 토마토는 다양한 파스타와 핏짜뿐만 아니라 오늘날 없어서는 안 되는 중요한 재료로 샐러드, 소스, 기타 모든 요리에 필수적인 역할을 한다. 토마토는 당분이 많은 것을 선택해야 하며, 요리용과 소스용으로 구분해서 사용한다. 보통의 요리용은 둥근 모양을 하고 있고, 소스용은 길쭉한 타원형태의 모양을 하고 있다. 타원형의 토마토는 과육이 많고 씨와 수분이 둥근 모양보다 적기 때문에 소스용으로 알맞다.

재료 Ingredienti **완성량: 4인분**

- 엑스트라 버진 올리브유 90ml
- 생오레가노 10잎
- 생바질 10잎
- 양파 120g
- 마늘 2쪽
- 생이태리 파슬리 4줄기
- 소금과 후추 약간
- 토마토 홀 800ml

1. 기본 준비

① 토마토 홀은 손으로 눌러 으깬다.

② 마늘, 양파는 가로, 세로 0.3mm로 썰어 놓는다.

③ 바질, 오레가노, 이태리 파슬리는 잘게 다져 놓는다.

2. 소스 만들기

① 팬에 올리브유를 두르고 마늘, 양파를 은근한 불에서 색이 나지 않게 볶는다.

② 양파를 볶는 팬에 으깬 토마토 홀을 넣어준다. 뭉근한 불에서 끓여 소스의 온도를 맞추기 위한 수분을 날려주고, 토마토가 잘 분해되어 먹기 좋은 상태의 소스가 되어야 한다.

③ 소스가 원하는 농도로 되면 소금과 후추로 간을 하고 바질과 이태리 파슬리를 넣어 살짝 혼합해 준다.

④ 소스의 불을 끈 뒤, 담백한 맛을 내고 소스의 신맛을 코팅하기 위해 생올리브유를 넣어 힘껏 저어가며 완전히 혼합해 완성한다.

***맛내기 포인트**

1. 매운맛을 날리고, 단맛이 들어야 한다. 토마토의 당도가 약할 때는 양파를 조금 많이 넣는 것이 담백한 맛을 내는 데 도움을 준다.
2. 토마토가 가지고 있는 수분을 제거할 때까지 끓여야 한다. 보통의 토마토 홀은 과육이 60%, 토마토 주스가 40%를 함유하고 있기 때문이다.
3. 생올리브유를 넣을 때는 반드시 좋은 등급의 올리브유를 넣는데, 농도가 진하고, 노란빛과 연녹색 빛깔의 올리브유를 선택해야 한다.
4. 향초는 반드시 신선한 것을 사용해야 향미를 돋우어준다(건조된 향초 사용 시 1/3로 줄인다).

08 : 볼로냐식 라구 소스 Ragù alla bolognese

볼로냐식 라구 소스는 우리가 흔히 알고 있는 '스파게티 미트소스'이다. 소스는 이탈리아 에밀리아 로마냐(Emilia Romagna)의 도시인 볼로냐(Bologna)의 전통소스로, 볼로냐 사람들이 먹는다고 해서 '라구 알라 볼로네제(Ragu alla Bolognese)'라고도 한다. 다진 고기와 토마토 소스를 기본으로 끓이고, 이 지방의 특산물인 파르미자노(Parmig-giano) 즉 파마산(Parmesan) 치즈를 갈아서 마지막에 맛을 돋우는 역할을 한다. 길고 굵은 파스타(Paste lunghe)에 잘 어울리며, 대표적인 넓은 면인 라자냐(Lasagne)에 많이 이용한다. 일반 서양요리를 하는 사람들은 서양식의 미트소스에 채소 등을 많이 넣지만 이탈리아 전통방법은 채소를 적게 넣고 고기를 많이 넣는다.

재료 Ingredienti **완성량: 4인분**

- 올리브유 60ml
- 소금과 검은 후추 약간
- 토마토 페이스트 100ml
- 다진 돼지고기 120g
- 당근 48g
- 그라나 파다노 40g
- 셀러리 24g
- 라르도 또는 베이컨 40g
- 생이태리 파슬리 4줄기
- 토마토 소스 700ml
- 다진 소고기 200g
- 양파 100g
- 적포도주 100ml
- 마른 산새버섯 8g
- 버터 30g
- 생바질 4잎
- 세이지 8잎

1. 기본 준비

① 라르도(삼겹살 또는 베이컨으로 대체해도 가능)를 잘게 썰어 놓는다.

② 양파, 당근, 셀러리는 잘게 다져 놓는다.

③ 돼지 살코기와 소고기는 칼로 잘게 썰어 놓는다. 단, 살코기만 갈아야 한다(돼지고기에 지방이 어느 정도 있기 때문에 소고기는 살코기만 사용한다).

④ 마른 산새버섯을 사용할 때에는 물에 담가 불린 후 손으로 꼭 짜서 잘게 썰어 놓고, 버섯 담근 물은 버리지 않는다(양송이나 표고로 대체해도 되며 잘게 썰어 놓는다).

⑤ 세이지는 잎만 뜯어 놓고, 바질과 이태리 파슬리는 잘게 썰어 놓는다.

2. 소스 만들기

① 팬에 올리브유를 두르고 라르도나 베이컨을 넣고 볶다가 버터를 넣는다.

② 라르도나 베이컨의 기름이 빠지면 양파, 당근, 셀러리, 버섯을 넣어 물이 생기지 않고 숨이 죽을 정도만 볶는다.

③ 세이지를 넣어 조금 더 볶아 놓는다.

④ 다진 돼지고기와 소고기를 넣어 고기의 색이 익을 때까지 볶다가 불을 세게 하여 바닥이 뜨거울 때 포도주를 넣어 '쏴~아' 하는 소리와 함께 알코올을 증발시킨다(팬에 수분이 없어질 때면 불을 다시 줄여야 한다).

⑤ 농축 토마토를 넣어 1분가량 볶는다.

⑥ 계속해서 토마토 소스를 넣어 끓인다(수분과 농도에 따라 더운물이나 육수를 넣어가며 뭉근한 불에서 1시간가량 익힌다).

⑦ 다진 파슬리와 바질을 넣어 마무리한다.

3. 맛내기

① 생그라나 파다노 또는 생파마산 치즈가루를 넣고 풀어 맛을 낸다.

② 소금과 후추로 간을 하고, 맛을 낼 때는 불을 끈 후 올리브유를 뿌려 부드러운 맛을 준다.

＊맛내기 포인트

치즈가 사용되는 요리는 치즈 자체에 소금이 들어 있기 때문에 반드시 치즈를 먼저 넣고 맛을 본 후에 소금을 사용한다. 치즈는 반드시 신선한 덩어리 치즈를 갈아서 사용한다(시중에 판매되는 가루형태는 사용하지 않는다).

＊모르는 재료 알아두기

산새버섯(Fuaghi porcini)은 이탈리아 피에몬테(Piemonte)주에 있는 알바(Alba) 지방의 특산물이다. 한국의 자연송이와 같이 가을철에 자연적으로 자생하는 송이와 비슷한 버섯으로 향미가 아주 독특하고 강한 것이 특징이며, 맛과 육질이 매우 뛰어난 버섯이다. 가을철에 한정된 버섯으로 말려서 연중 내내 판매하거나, 급속 냉동으로 상품화하여 판매되고 있는데, 마른 것도 미지근한 물에 잠깐 담가두면 금방 부드러워지고, 담가 놓았던 버섯물도 향기가 가득하므로 소스에 그대로 사용한다. 그라나 파다노(Grana padano)는 이탈리아 모든 요리에 빠지지 않고 사용되는 대표적인 경질치즈로 롬바르디아(Lombardia)에서 생산되는 특산물로서 에밀리아 로마냐(Emilia Romagna) 지방의 파르미자노(Parmiggiano) 즉, 파마산 치즈와 같은 종류의 치즈이다. 이 치즈는 잘라보면 알갱이 같은 결정체가 있는 것이 특징이며, 특히 한국인의 입맛에 잘 맞는다.

09 : 갈색 고기 소스 Fondo bruno

갈색 고기 소스는 이탈리아어로 '폰도 브루노(Fondo bruno)'라고 부른다. 'Bruno'는 갈색을 의미하고, 'Fondo'는 육수라는 의미가 있다. 주로 주요리에 많이 사용하는 소스이다. 서양용어로는 '데미글라스(Demi glace)'라고 할 수 있다. 소뼈와 채소 등을 넣고 푹 끓여 완성된 갈색 소스로, 갈색 계통 소스의 대표적인 모체소스이다. 하지만 이탈리아 전통요리는 이러한 소스를 많이 사용하지는 않는다. 대개 고기를 구워 나온 육즙에 즉석에서 올리브유나 다른 재료를 넣어 자연적인 소스를 만드는 것이 더욱 좋은 방법이라 할 수 있다. 폰도 브루노는 주로 북쪽 지방에서 많이 사용한다.

재료 Ingredienti **완성량: 2L**

- 껍질 벗긴 당근 100g
- 적포도주 200ml
- 물 10리터
- 향초 다발 1묶음
- 살이 붙어 있는 송아지뼈 쪼갠 조각 1kg
- 사각으로 썬 양파 100g
- 사각으로 썬 셀러리 50g
- 당근 50g
- 토마토 페이스트 100g
- 마늘 5쪽
- 토마토 홀 150g

1. 기본 준비

① 당근은 껍질을 제거하고 작은 조각으로 잘라 놓는다.
② 양파와 셀러리는 사각으로 썰어 놓는다.
③ 송아지뼈는 6시간 동안 물에 담가 핏물을 제거해 놓는다.

2. 뼈와 채소 굽기

① 송아지뼈는 250℃ 오븐에서 갈색으로 구워놓고, 빠진 기름은 버린다.
② 당근, 양파, 마늘을 넣어 함께 넣어 30분 정도 더 굽는다.

3. 소스 만들기

① 구워낸 모든 재료를 소스통에 옮기고 토마토 홀과 토마토 페이스트, 향초다발, 물 5리터를 넣어 끓인다.
② 끓기 시작하면 윗면에 기름과 이물질을 스키머(구멍이 뚫린 국자)로 지속적으로 제거한다.
③ 8시간 동안을 끓여주는데, 물이 너무 줄어들면 다시 채워주어 갈색 농도가 날 때까지 끓인다.
④ 채소가 완전히 물러지고, 농도와 색이 나면 모든 뼈는 빼내고, 고운체에 걸러낸다.
⑤ 걸러낸 소스는 다른 통에 옮겨 다시 적포도주를 넣고 한번 더 끓인 후 보관한다.

＊맛내기 포인트

갈색 소스는 최소한 2일 정도는 끓여야 뼈의 맛성분 및 젤라틴이 우러나기 때문에 하루 8시간씩 2일을 끓이면 걸쭉한 농도와 갈색을 유지할 수 있다. 뼈와 채소는 충분한 갈색을 내야 한다. 닭발을 갈색으로 구워 넣어주면 월등히 진한 소스를 얻을 수 있다. 다른 재료에 상관없이 뼈와 같은 분량으로 추가해서 넣어주면 된다.

10 : 바질 페스토 Pesto alla genovese

바질 페스토 소스는 리구리아(Liguria) 지방의 대표적인 소스이다. 맛과 품질이 좋은 올리브가 많이 생산되며, 해안가에 다양한 품종의 바질이 자라는 리구리아(Liguria)에서는 작은 크기의 바질만을 곱게 다져 이 지방의 특산물인 올리브유를 사용패 페스토 소스를 만들어왔다. 리구리아(Liguria) 지방의 도시인 제노바(Genova) 사람들이 먹는 소스라 하여 '페스토 알라 제노베제(Pesto alla Genovese)'라고 일컫는다. 지역별로 약간씩 다양한 요리법으로 소스를 만드는데, 중요한 것은 좋은 올리브유를 사용해야 하고, 바질을 믹서에 갈면 안 된다는 것이다. 또한 맛을 증가시키기 위해 앤초비를 사용하기도 하며, 전통적으로는 버터를 넣기도 하였다. 하지만 현대에는 버터를 사용하지 않고 지방에 따라 삶은 감자를 넣어 만드는 페스토가 인기를 얻는 추세이다. 또한 파스타를 반죽할 때 리구리아에서는 트레네떼(파스타 이름)를 사용한다. 반죽해 줄 물에 한 숟가락의 제노바식 소스를 같이 넣어준다. 파스타를 수프로 만들려면 약간의 육수를 섞어 반죽한 다음 수프가 끓기 전에 넣는다. 리구리아에서는 〈제노바식 소스〉를 여러 가지 음식에 사용한다. 전통적인 제노바식 소스에는 이삭이 피기 시작했을 무렵 꽃이 피었을 때의 바실리코잎을 이용한다. 사르데냐의 페코리노 치즈는(양젖으로 만든 치즈) 모든 종류의 치즈가 똑같이 좋은 것이 아니기 때문에 정확하게 조리하기가 쉽지 않다. 바로 이러한 이유로 리구리아의 많은 사람들은 (제노바 사람은 제외) 리구리아 지방산 양젖으로 만든 치즈를 이용한다. 이 리구리아 지방산 치즈는 순수한 양젖으로 만든 치즈로 산간지방 목축업의 결실이다.

재료 Ingredienti **완성량: 1L**

- 바질 작은 잎 100g
- 생양젖치즈 또는 그라나 파다노 200g
- 앤초비 100g
- 마늘 120g
- 이태리 파슬리 100g
- 리구리아산 올리브유 300ml
- 적포도주 100ml
- 오븐에 살짝 구운 잣 100g

1. 기본 준비

① 바질과 파슬리는 줄기는 제외하고 잎만 떼어 깨끗이 씻어 물기를 제거해 놓는다.
② 잣, 마늘, 앤초비는 곱게 다져 놓는다.

2. 소스 만들기

① 도마에 굵은소금을 놓고 칼등으로 으깨듯이 가루를 낸다.
② 소금 위에 바질과 파슬리잎을 놓고 함께 아주 곱게 다진다.
③ 다져진 바질과 파슬리는 믹싱볼에 옮겨 담고, 다져 놓은 잣, 마늘, 앤초비, 치즈가루를 함께 잘 섞는다.
④ 올리브유를 섞으면서 원하는 농도로 맞추어 소스를 완성한다.

***맛내기 포인트**

전통 제노바식 소스를 만들 때는 대리석으로 된 절구여야 하며 황양나무로 된 절굿공이를 이용하는 게 중요하다. 왜냐하면 바질의 쓴맛이 나지 않게 하기 때문이다. 전통식 제노바식 소스는 앤초비와 파슬리를 넣지만, 다른 지역에서는 셰프에 따라 다를 수 있다. 바질의 잎을 상하지 않게 잘 씻어서 맷돌에 넣고 오븐에 미리 구워낸 잣과 마늘, 굵은소금(바실리코의 녹색을 유지하기 위한)을 넣고 절굿공이로 짓이겨, 입맛에 맞는 두 가지 타입의 치즈를 넣어주는데 두 가지 타입의 질은 달라야 한다. 고운 녹색의 혼합물이 될 때까지 빻는다. 사발에 빻아 놓은 혼합물을 나무주걱으로 잘 섞어준다. 이때 올리브유를 조금씩 섞는다. 계속해서 크림 타입이 될 때까지 저어준다.

11 : 파슬리 소스 Salsa di prezzemolo

파슬리 소스는 피에몬테(Piemonte) 지방과 리구리아(Liguria) 지방에서 주로 사용하는 향초로, 녹색 소스이다. 특징적인 것은 식초에 적신 빵이 들어가 새콤하고 고소한 맛을 내는 것이다. 주로 생선에 사용되는 소스로 찜요리에 잘 어울린다. 특히 리구리아 해안지방에서 많이 사용한다.

재료 Ingredienti **완성량: 4인분**

- 식빵 1쪽
- 소금과 후추 약간
- 올리브유 50ml
- 마른 고추 1/2개
- 달걀 노른자 삶아서 체에 내린 것 1개분
- 백포도주 식초 30g
- 생이태리 파슬리 8줄기
- 앤초비 1/2마리
- 마늘 1쪽
- 풍초목(케이퍼) 20g

1. 기본 준비

① 식빵은 뜯어서 식초에 담근 후 손으로 조물락거려 촉촉하게 만든다.

② 이태리 파슬리, 케이퍼, 앤초비, 마늘과 고추를 곱게 다져 놓는다.

2. 소스 만들기

① 모든 재료를 함께 다지거나, 믹서기 또는 프로세서에 갈아 놓는다.

② 올리브유를 넣어가면서 원하는 농도로 맞춰 소스를 완성한다.

***맛내기 포인트**

용도에 따라 농도가 조금씩 달라질 수 있다. 믹서에 너무 많이 갈면 좋은 올리브유일수록 맛이 변한다. 되도록 칼로 잘게 다져서 사용해야 맛이 좋아진다. 주로 생선요리에 쓰이며, 찜요리에도 잘 어울린다. 올리브유를 넣는 양은 어느 요리에 사용하느냐에 따라 달라진다.

12 : 이탈리안 샐러드 소스 Salsa di olio e aceto

'이탈리안 드레싱'이라고 흔히 이야기하는데, 이탈리아에서는 드레싱이라는 말은 사용하지 않는다. 따라서 소스라고 하는 것이 좋을 듯하며, 적포도주와 오일이 서로 유상액을 형성해 새콤하고 걸쭉한 오일 식초 소스로 채소에 가장 알맞은 소스이다. 여름철에는 더위 때문에 주로 식초를 많이 넣어 사용하고, 겨울철에는 식초를 줄여 소스를 만든다. 적포도주 식초는 포도주를 초산 발효시켜 얻어지는 식초로 일반 양조 식초와는 맛이 다르다.

적포도주 식초와 올리브 오일을 사용해 만드는 드레싱으로 주로 전채요리의 채소나 샐러드의 채소에 곁들여 먹는 소스이다. 아래의 방법이 가장 일반적이지만, 토마토를 넣을 수도 있다. 향초는 신선한 것을 사용하면 더욱 효과적이다. 단지 식초나 오일에 향초를 넣어 만든 향초식초나 향초오일 등으로 만들기 때문에 별도로 향초를 넣지 않아도 된다. 또한 식초와 올리브유, 소금, 후추만을 잘 혼합해서 먹는 경우가 가장 많다. 하지만 기호에 따라 좋아하는 향초를 사용하는 것도 좋은 방법이며, 향초는 강하지 않은 것을 사용해야 샐러드와 조화를 이룰 수 있다.

재료 Ingredienti **완성량: 4인분**

- 적포도주 식초 130g
- 생이태리 파슬리 5줄기
- 생오레가노 5줄기
- 생처빌 15잎
- 겨자 15g
- 올리브유 300ml
- 소금 10g
- 생바질 5줄기
- 아주 곱게 다진 양파 30g
- 아주 곱게 다진 마늘 10g

소스 만들기

① 볼에 적포도주 식초, 소금, 겨자를 넣어 혼합해 주고 소금이 완전히 녹을 때까지 섞어준다.

② 곱게 다진 양파와 마늘을 넣어 섞어준다.

③ 올리브유를 넣어가며 걸쭉하게 유상액을 형성한다.

④ 신선한 향초를 넣고 3일간 놓아둔 후 꺼내면 완성된 것이다.

***맛내기 포인트**

이 소스는 먹을 때 꼭 휘저어서 제공한다. 생토마토를 작은 주사위 모양으로 잘라 곁들여도 좋다.

13 : 프랑스식 샐러드 소스 Salsa di francese

일반적으로 '프렌치 드레싱'이라고 하는 소스로 마늘과 양파의 매콤하고 시원한 맛이 가미된 드레싱이다. 약간의 달걀 노른자로 만들어지는데 농도는 약간 걸쭉한 상태로 샐러드 소스로서는 모든 계절에 잘 어울린다. 기호에 따라 꿀을 약간 넣어 조금 단맛을 내주는 것도 좋은 방법이지만, 원칙적으로는 꿀을 사용하지 않는다.

재료 Ingredienti **완성량: 10인분**

- 마늘 2쪽
- 꿀 10g
- 겨자 3g
- 백포도주 식초 30g
- 양파 20g
- 소금 약간
- 올리브유 100ml
- 달걀 노른자 1개

1. 재료 혼합하기

① 믹서에 마늘, 양파, 식초를 넣어 곱게 갈아둔다.

② 플라스틱 믹싱볼에 달걀 노른자와 먼저 갈아놓은 국물 1/3과 소금을 넣고 거품기로 완전히 혼합하여 소금을 녹인다.

2. 소스 만들기

① 위의 1에 올리브유를 믹싱볼 가장자리로 조금씩 넣어가며 거품기로 힘차게 같은 방향으로 저어준다.

② 노른자와 식초가 올리브유와 혼합해서 걸쭉한 유상액을 형성하도록 만들어준다.

③ 수저로 소스를 떠올렸다가 떨어뜨려 원하는 농도가 되면, 겨자와 꿀을 혼합하여 완성한다.

***맛내기 포인트**

농도는 계절에 따라 맛이 달라지므로 식초와 백포도주를 넣어 맞춘다.

14 : 발사미코 소스 Salsa di balsamico

'향미가 있는', '상쾌한'이라는 뜻을 담고 있는 발사미코(Balsamico) 식초는 이탈리아 전통 발효식초이다. 이 식초로 만들어지는 발사미코 소스는 이탈리아 에밀리아 로마냐(Emilia Romagna)의 모데나(Modena) 지방에서 생산되는 세계 유일의 검은색 식초로서, 포도즙(Mosto)에 감초, 캐러멜, 비타민 B 등을 넣고 끓여 초산발효시켜 얻어진 식초이다. 이탈리아 이외의 나라에서 생산되는 발사미코는 모두 모데나의 원액을 사용하여 만들어지는데, 그 이유는 모데나 지역의 기후적 여건이 식초를 발효시키는 데 최적의 조건을 가지고 있기 때문이다. 또한 발사미코 '트라디지오날레(Tradizionale)'라는 상표를 붙인 것과 붙이지 않은 것은 많은 차이가 있다. 이러한 상표를 붙이기 위해서는 최소 12년 이상 숙성시켜야 되는데, 보통 12년산과 25년산이 판매되며, 국내에 들어와 있는 일반 발사미코는 3개월 이내에 만들어지는 식초들이다. 하지만 다양한 조리법을 이용해 12년이나 25년산과 같은 맛과 향을 낼 수 있는 방법도 있다. 참고로 12년산은 포도즙(Mosto)을 초산발효시켜 5가지의 나무통으로 최소 12년 동안 옮겨가며 숙성시킨다. 참나무, 떡갈나무, 체리나무, 뽕나무, 밤나무 등 순서에 관계없이 몇 년씩 옮겨져 나무의 향미를 담고, 햇볕이 드는 다락방에서 숨을 쉬면서 숙성시킨 것이 '트라디지오날레(Tradizionale)'의 상표를 붙일 수 있는 전통적인 식초이다.

재료 Ingredienti **완성량: 300ml**

- 발사미코 식초 500ml
- 꿀 50g
- 레몬즙 5g

소스 만들기

모든 재료를 혼합하여 중불에서 농도가 나올 때까지 조려서 사용한다.

***맛내기 포인트**

발사미코 소스를 조릴 때 거품이 많이 생기는데, 이것은 농도가 생긴다는 증거로 끓일 때와 식었을 때의 느낌이 다르다. 즉 끓일 때 약간 묽은 형태를 하여야 식어도 굳지 않고 좋은 농도를 얻을 수 있으므로 반드시 차갑게 식혀 농도를 확인한 후에 사용한다. 발사미코를 조릴 때 계피나 감초 등을 넣는 것도 좋은 향미를 주는 방법이다.

15 : 레몬소스 Salsa di limone

이탈리아의 레몬은 시칠리아(Sicilia) 지방이 가장 유명하며 레몬을 이용한 술 등도 있는데 대표적으로 리몬첼로(li-moncello)가 있다. 이러한 레몬을 이용해 향미와 맛을 내는 레몬소스는 입맛을 자극하여 식욕을 돋우는 데는 최고라 할 수 있다. 주로 안티파스토나 냉채요리와 샐러드 등에 많이 이용된다.

재료 Ingredienti **완성량: 10인분**

- 레몬 3개에서 짠 즙
- 다진 생이태리 파슬리 1작은술
- 레몬 껍질 1/4개분
- 올리브유 120ml
- 백포도주 식초 30g
- 후추 약간
- 소금 약간

1. 기본 준비

① 레몬을 반으로 갈라 손 또는 레몬즙 압착기를 이용해 즙을 낸다.

② 즙을 내고 남은 레몬 껍질과 오렌지 껍질은 얇게 포를 떠서 잘게 다져 놓는다.

2. 소스 만들기

① 믹싱볼에 식초와 레몬즙, 소금, 후추를 넣고 잘 혼합한다.

② 올리브유를 조금씩 넣어가며 걸쭉한 농도가 나올 때까지 거품기로 완전히 혼합한다.

③ 완전히 혼합되면 다진 레몬, 오렌지 껍질과 다진 파슬리를 넣어 완성한다.

16 : 키위소스 Salsa di kiwi

과일을 이용한 드레싱으로 시큼하며 단맛이 있는 키위는 효소가 많아 젤라틴과는 상극이지만 주스, 드레싱 및 소스로 사용하면 키위 특유의 신맛을 상승시켜 준다.

재료 Ingredienti **완성량: 10인분**

- 키위 2개
- 꿀 30g
- 레몬즙 20g
- 올리브유 100ml
- 소금과 후추 약간
- 백포도주 20g

소스 만들기

① 키위를 작은 크기로 잘라 믹서에 넣어 갈아준다.

② 갈아 놓은 키위 주스를 믹싱볼에 담고 올리브유를 천천히 조금씩 첨가하면서 휘저어준다.

③ 꿀, 소금, 백포도주를 넣으면서 소스의 농도를 맞추고 마무리한다.

***맛내기 포인트**

믹서에 너무 많이 갈면 색감이 변한다. 아울러 너무 많이 만들어도 좋지 않으므로 사용할 만큼만 만드는 것이 좋다.

17 : 세이지 버터 Salvia burro

세이지는 이탈리아어로 '살비아(Salvia)'라고 한다. 특유의 강한 향미를 가지고 있는 세이지는 각종 요리에 많이 사용되며 저장용, 가금류, 야생고기 등에 잘 어울린다. 또한 뇨끼(Gnocchi) 요리에 세이지를 우려낸 버터를 주로 많이 사용하는데, 이것은 이탈리아의 전통적인 방법이다. 버터를 녹여 정제한 것에 세이지를 넣어 약한 불에서 우려낸 버터를 '살비아 부로(Salvia burro)' 또는 '부로 디 네로(Burro di nero)'라고 한다.

재료 Ingredienti **완성량: 60g**

- 생세이지 2줄기
- 버터 50g
- 소금, 후추 약간

만들기

① 팬에 버터를 녹인다.
② 세이지를 넣어 튀기듯 향을 낸다.

＊맛내기 포인트

버터는 반드시 정제되어야 한다.

18 : 바질 오일 Olio di basilico

바질이라는 향신료는 이탈리아어로 '바실리코(Basilico)'라고 부르며 바질이 가장 유명한 지역은 리구리아(Liguria) 지역이다. 바질은 페스토 소스(Pesto alla Genovese)를 만들 때 사용하거나, 바질을 오일에 우려내어 해산물에 곁들여주는 데 사용한다. 또한 해산물 수프에 이용하고, 전채요리에도 많이 이용된다.

재료 Ingredienti **완성량: 200ml**

- 생바질 10잎
- 올리브유 200ml

오일 만들기

① 팬에 올리브유를 넣어 가열한다.

② 바질잎을 넣어 튀기듯 향을 낸다.

***맛내기 포인트**

투명하고 바삭해진 바질은 음식의 가니쉬로 사용하면 좋다.

19 : 향초 빵가루 Pangrattato di erbe

이탈리아의 요리는 향초를 주로 사용한다. 요리의 품위를 높여주고 맛을 상승시켜 주기 위한 조리법으로 빵가루에 향초를 혼합하여 생선이나 육류에 곁들여 굽거나 튀기거나 그라탱하여 사용한다.

재료 Ingredienti **완성량: 4인분**

- 빵가루 50g
- 소금과 후추 약간
- 다진 검은 올리브 1큰술
- 올리브유 약간
- 생오레가노 6줄기
- 생세이지 15잎
- 생다임 4줄기
- 생바질 10잎
- 생이태리 파슬리 5줄기
- 생로즈메리 2줄기

만들기

① 모든 향초를 다진다.
② 빵가루에 다진 향초를 혼합한 후 올리브유를 넣는다.
③ 소금과 후추를 넣어 간을 한다.

＊맛내기 포인트

맛의 차이가 있으므로 검은 올리브는 씨가 있는 것으로 구입하여 씨를 제거한 후에 사용한다.

Chapter 2

이탈리아 요리 만들기

Italia Cucina

Aperitivo e stuzzichini, piatti di mezzo

아뻬리띠보 에 스뚜찌끼니, 삐아띠 디 메조

• 아뻬리띠보와 스뚜찌끼니 개론(Aperitivo e Stuzzichini)

아뻬리띠보는 식욕을 돋우는 '식전음식'이고, 스뚜찌끼니는 '간식'이란 개념을 가지고 있다. 꼭 식전에 먹지 않아도 되고 한입에 먹을 수 있어야 하며, 리셉션이나 스탠딩 파이에서 즐겨 먹는 용도의 요리이기 때문에 손으로도 집어 먹을 수 있어야 한다. 주로 알코올 함량이 낮은 와인이나 숙성이 덜 된 와인을 마시고, 탄산이 있는 스푸만테(Spumante)를 곁들여 먹는다.

• 안타파스티(Antipasti)와 아뻬리띠보(Aperitivo)

제공할 수 있는 형태의 요리 분류

원하는 방법에 따라 조리하며 차갑게 또는 뜨겁게 제공한다.

- 셀러리
- 크로스티니와 브루스케타
- 달걀과 튀김류
- 푸딩류, 스포르마티와 짭짤한 토르타
- 작은 모양의 튀김류
- 채소류
- 버섯과 타르투포
- 개구리와 달팽이
- 살라미 또는 햄
- 기타 접시류

• 크로스티니와 브루스케타 개론(Crostini e Bruschetta)

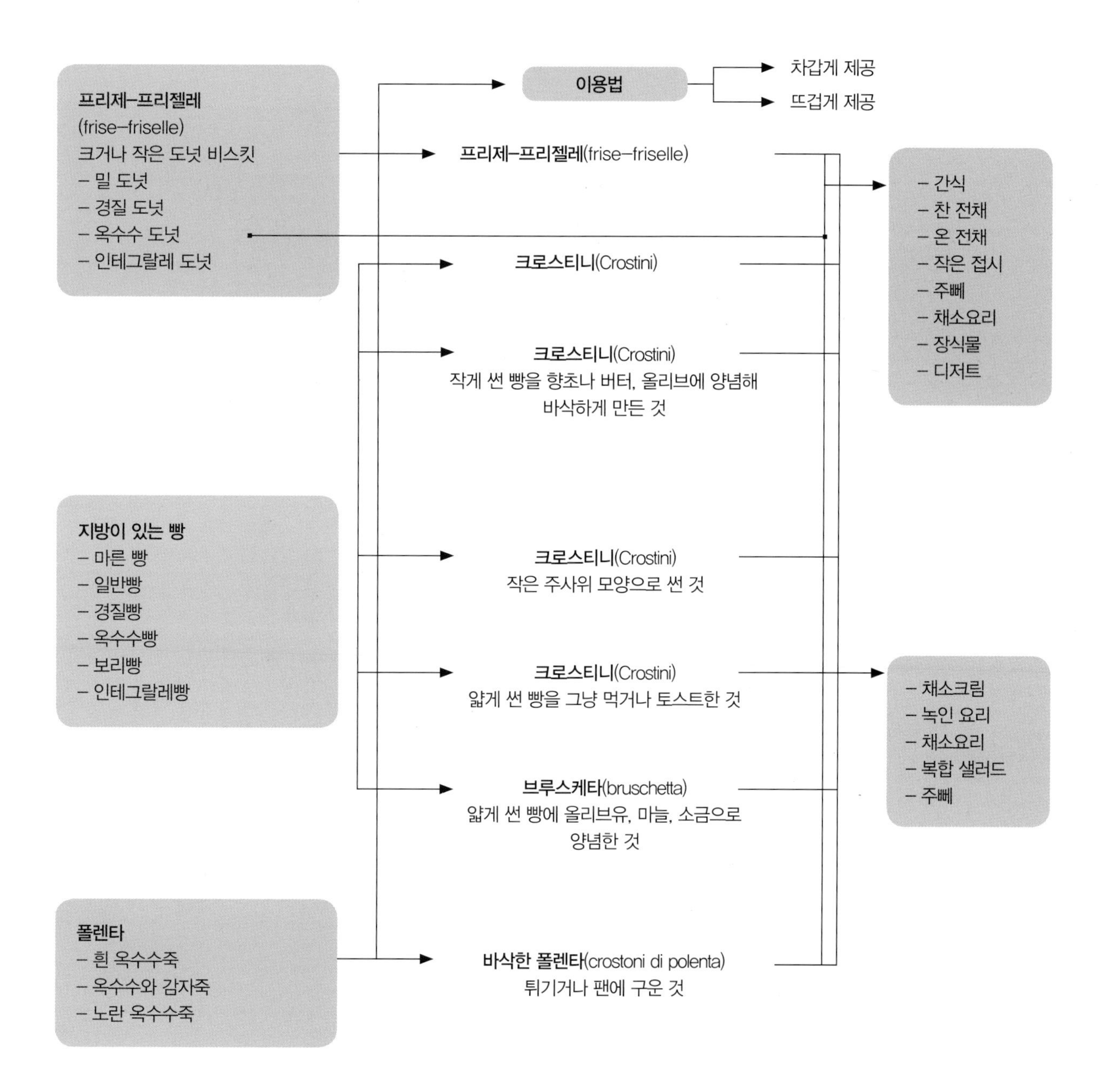

20 : 발사미코를 곁들인 그라나 치즈 튀김
Grana pastellato al balsamico

롬바르디아 지방의 치즈인 그라나 파다노와 에밀리아 로마냐 지방의 파마산 치즈를 이용해 튀기는 요리로 즉석에서 제공해야 하는 단점이 있다. 요리를 미리 해두면 맛이 떨어지고, 치즈의 쫀득한 맛과 부드러운 맛이 없어진다. 경질치즈로 아주 딱딱한 치즈이지만 와인을 넣어 만든 고유의 튀김 반죽을 이용해 튀겨 즉석에서 먹으면 아주 부드럽게 늘어지는 치즈 튀김이 와인과도 잘 어울리는 고급 요리이다. 주로 칵테일이나 리셉션 파티 등의 담소를 나누는 형태의 식전 음식으로 아주 훌륭한 음식이다. 아울러 이 요리는 반드시 신선한 덩어리 치즈를 이용해야 하며, 치즈 나이프를 이용해 치즈결이 거칠게 조각되어야 더욱 요리가 돋보인다. 경질치즈의 딱딱한 이미지를 완전히 바꿀 수 있는 요리로 꼭 추천해 보고 싶다. 곁들임 없이 먹어도 좋지만, 전통식초인 '트라디지오날레 발사미코'(103쪽 참조)를 곁들이면 더욱 상승된 맛의 조화를 느낄 수 있다.

재료 Ingredienti **완성량: 4인분**

- 생그라나 파다노 또는 파마산 치즈 덩어리 300g
- 드라이한 백포도주(드라이한 백포도주는 단맛이 없는 것을 말한다.) 40g
- 박력밀가루 50g
- 검은 후추 약간
- 소금 약간
- 달걀 1개
- 튀김용 올리브유 2리터

○ 곁들임 Guarnizione

발사미코 소스(Salsa di Balsamico) 약간(103쪽 참조)

※ 12년산 또는 25년산의 전통적인 발사미코를 사용해도 좋지만 가격이 비싸므로 본 책자의 방법으로 소스를 만들어 사용한다.

○ 조리방법 Procedimento

1. 기본 준비

그라나 파다노 또는 파마산 치즈는 치즈칼을 이용하여 불규칙하게 메추리알 크기로 뜯어내 준다. 달걀을 풀어준다. 올리브유를 예열한다(160~170℃ 정도).

2. 튀김반죽에 튀기기

믹싱볼에 밀가루를 넣고 풀어놓은 달걀을 넣어 나무주걱으로 끈기가 생기도록 혼합해 준다. 완전히 혼합되면, 소금과 후추를 넣고 백포도주를 넣어 반죽의 농도를 맞춰준다(농도는 재료를 감싸줄 수 있도록 한다). 올리브유 온도가 160~170℃ 정도 되면 튀겨낸다(속의 치즈가 약간 녹을 수 있도록 한다).

3. 담기

튀겨놓은 치즈 튀김은 접시에 종이타월을 깔고 기름 제거 후 전통적인 발사미코 식초를 가늘게 뿌려 담아서 완성한다.

21 : 모둠 브루스케타 Bruschetta mista

브루스케타는 북쪽에서는 작게 만들고, 로마가 있는 남쪽은 크게 만든다. 브루스케타는 코스 메뉴에 따라 전채(Antipasto)나 식전음식(Aperitivo)으로 제공할 수 있으며, 지역에 따라 작은 크기로, 혹은 큰 모양으로 자유롭게 만들어진다.

◎ 요리지역: 마르케, 움브리아, 라찌오, 아브루쪼, 몰리제 지방의 전통요리

◎ 요리부분: 온전채와 식전음식(Stuzzichini-Antipasti caldi)

◎ 카테고리: 바삭한 형태의 음식(Crostini-Crostoni)

◎ 계절: 사계절에 어울리는 요리

◎ 요리시간: 40분

재료 Ingredienti **완성량: 4인분**

■ 기본 브리에 치즈 브루스케타	• 바게트빵 1개 • 브리에 치즈 100g	• 생올리브유 100g	• 말린 건포도, 사과, 마늘 6쪽	• 바질, 파슬리 약간
■ 토마토 캐비아 브루스케타	• 방울토마토 4알 • 캐비아 40g	• 생바질잎 10잎 • 레몬 약간 1개	• 생올리브유 20g • 차이브 4줄기	• 다진 생파슬리 1큰술 • 달걀 1개
■ 가지 브루스케타	• 가지 2개	• 다진 마늘, 양파, 생파슬리 1작은술	• 생올리브유 약간	• 발사미코 식초 약간
■ 프로슈토 브루스케타	• 프로슈토 4장	• 새우 마리네이드 4마리	• 아루굴라, 생딜 3줄기	• 아루굴라, 물냉이 20g

○ 조리방법 Procedimento

1. 마늘빵 굽기

작은 마늘빵은 둥글고 작게 5mm 두께로 썰어 놓는다. 팬에 올리브유를 가열한 후 마늘을 넣어 마늘 오일을 만든다. 빵에 마늘 오일을 바르고 오븐에 살짝 구워낸다(빵을 말리는 듯하게 구워야 하며, 색이 나면 안 된다).

2. 브리에 치즈 사과 토마토 브루스케타

방울토마토는 1/4을 슬라이스한다. 브리에 치즈에 사과를 슬라이스하여 붙이고 건포도 올리고 썰어 놓은 방울토마토에 올리브유, 바질, 파슬리를 혼합하고 물기를 제거하여 구운 빵 위에 올려 완성한다.

3. 캐비아 토마토 브루스케타

방울토마토는 위아래 꼭지를 잘라서 속을 파낸 뒤 캐비아를 채우고 달걀을 삶아 흰자, 노른자를 체에 내려 올리고 슬라이스 차이브 찹을 올려 뚜껑을 덮어 완성한다.

4. 가지 브루스케타

가지를 0.5cm로 슬라이스하여 소금에 살짝 절여서 물기를 제거하여 마늘, 양파 다진 것과 볶는다. 아루굴라를 놓고 위의 구운 빵 위에 올린다.

5. 프로슈토 브루스케타

빵 위에 아루굴라를 놓고 프로슈토를 꽃잎처럼 말아서 올리고 레몬즙을 한 방울 뿌려 완성한다.

6. 새우 마리네이드 브루스케타

새우는 내장을 제거하여 채소스톡에 삶아서 껍질과 꼬리는 제거하여 양파, 파슬리 다진 것과 레몬주스, 올리브유에 마리네이드하여 10분 정도 두었다가 빵 위에 상추를 올리고 그 위에 놓아서 마무리한다.

Gli antipasti freddi e caldi
글리 안티파스티 프레디 에 칼디

• 안티파스토 개론(Antipasto)

이탈리아의 정찬에서 처음에 제공되는 식사로서, 영어로는 애피타이저(Appetizer), 즉 전채라고 할 수 있는데, 차가운 전채와 뜨거운 전채가 있다. 안티파스티는 지역별로 다양한 요리형태가 있으며, 요리의 양이나 재료에 따라 무겁게 또는 가볍게 만들어 해당되는 코스에 제공하는 것이 이탈리아 셰프의 노하우이다.

이용방법

안티파스티와 작은 요리

원하는 방법에 따라 조리하여 제공한다. – 차가운 전채/뜨거운 전채

(1) 샐러드용

(2) 크로스티니와 여러 가지 브루스케타용

(3) 포카차와 핏짜 얇게 썬 것으로

(4) 달걀과 튀김류

(5) 푸딩류, 스포르마티, 짭짤한 토르타

(6) 작은 모양의 튀김류

(7) 채소류

(8) 버섯과 타르투포

(9) 개구리와 달팽이

(10) 살라미와 햄류

(11) 기타 접시류

전채와 샐러드가 구성되는 과정

단순 샐러드(A)

1가지 주재료를 이용

– 녹색재료

– 혼합재료

녹색 주재료(삶은 곡류, 과일, 버섯과 타르투포, 삶은 콩류, 채소잎, 생채소잎, 삶은 감자, 익힌 채소) + 양념과 소스

혼합 주재료(삶은 고기류, 생고기류, 경질치즈류, 숙성치즈류, 냉파스타류, 뜨거운 파스타류, 생선류, 폴렌타류) + 양념과 소스

복합 샐러드(B)

– 채소샐러드

– 치즈샐러드

– 생선샐러드

– 고기샐러드

녹색 주재료 + 양념과 소스 + 안티파스티와 작은 접시: 찬요리나 뜨거운 요리에 곁들이는 재료는 계절에 따라 다양하게 사용한다(앤초비, 삶은 고기, 경질치즈, 연경질치즈, 튀김류, 올리브, 빵류, 삶은 생선류, 살라미, 식초절임, 오일절임, 오일에 절인 참치, 삶은 달걀).

혼합 주재료 + 양념과 소스 + 샐러드용(C) 콘토르니(앤초비, 올리브, 빵, 살라미, 식초절임, 오이절임, 오일에 절인 참치, 삶은 달걀)

22 : 모짜렐라 치즈 샐러드 Caprese salad fredi

차가운 전채요리로 원래는 토마토의 빨간색과 모짜렐라 치즈의 흰색 바질의 푸른색으로 이탈리아 국기를 상징함. 인살라타 트리콜로레라고도 한다.

재료 Ingredienti **완성량: 4인분**

- 프레시 모짜렐라 치즈 200g
- 프레시 삼색 토마토 300g
- 프레시 바질 10장
- 발사미코 소스(103쪽 참조)

○ 만들기

1. 프레시 모짜렐라를 요리용 타월에 물기를 제거하여 놓는다.
2. 삼색 토마토를 씻어서 0.5cm 두께로 슬라이스하여 놓는다.
3. 바질을 슬라이스하여 놓는다.
4. 발사믹 식초와 레몬주스, 꿀을 섞고 농도가 날 때까지 조려서 식힌다.

○ 담기

접시에 토마토 치즈의 순서대로 담고 바질을 올려주고 소스를 뿌리거나 따로 제공한다.

23 : 구운 가지, 호박을 곁들인 신선한 토마토와 모짜렐라
Vegeitale misto caprese caldi

캄파니아(Campania) 지방에 속하는 카프리(Capri)는 양과 물소 등이 많은 지역이므로 물소젖으로 만든 신선한 모짜렐라(Mozzarella bi bufalo)와 토마토, 바질(Basilico), 기타 지역의 특산 채소를 이용한 요리를 즐겨 먹는다.

◎ 요리지역: 카프리섬의 전통요리(Tradizionale-Caprese)

◎ 요리부분: 전채 및 샐러드(Antipasti/Insalata)

◎ 카테고리: 치즈와 채소류(Formaggi e Vegitali)

◎ 요리시간: 20분

◎ 계절: 가을, 겨울

재료 Ingredienti **완성량: 4인분**

■ **채소 마리네이드 재료(Marinata verdure)**

- 가지 1개
- 호박 1개
- 올리브유 120ml
- 생바질 3잎
- 발사미코 식초 20g
- 다진 파슬리 1작은술
- 굵은소금 약간
- 앤초비 1마리
- 중간 크기의 토마토 4개
- 생모짜렐라 100g
- 생바질 3잎

■ **곁들임(Guarnizione)**

- 제노바식 바질소스 20g
- 그라나 파다노 치즈가루 약간
- 올리브유 10g
- 발사미코 소스 약간 (103쪽 참조)
- 소금과 후추 약간
- 차이브(실파) 약간

○ 조리방법 Procedimento

1. 기본 준비하기

가지와 호박은 어슷하게 썰어 철망이나 채반 위에 가지런히 놓은 후 앞뒤로 소금(간이 될 정도로)을 살짝 뿌려 놓고 수분이 완전히 빠지면 깨끗한 종이타월로 물기를 완전히 닦아낸다. 이태리 파슬리와 바질은 큼직하게 다져 놓는다. 앤초비는 잘게 다져 놓는다. 생바질잎은 180℃ 기름에 튀겨 종이타월에 올려 놓는다(기름에 넣었다가 투명한 빛이 나면 바로 꺼낸다). 그라나 파다노는 강판에 둥글게 밀어 놓는다. 제노바식 바질 페스토 소스를 만들어 놓는다.

2. 호박과 가지 구워 양념하기

절여진 가지와 호박은 물기를 완전히 제거한다. 석쇠로 된 철망을 달구어 은근한 불에서 석쇠무늬(체크)가 나오도록 구워주면서 말린다(프라이팬에 노릇하게 구워내도 괜찮다). 구워진 모든 채소는 믹싱볼에 담고 올리브유와 발사미코 식초, 다진 파슬리, 바질을 넣어 잘 혼합한 후 재워둔다.

3. 접시 담기

토마토는 접시에 잘 설 수 있도록 밑동을 잘라내고, 윗부분의 모양(*꼭지)을 살려 4등분해 놓는다. 생모짜렐라는 토마토 크기보다 조금 크게 원형으로 잘라 놓는다. 접시 중앙에 바질 소스를 수저로 떠놓고 둥글게 원을 그리며 모양 있게 바른다. 4등분한 토마토의 아랫부분 1개를 접시 중앙의 바질소스 위에 올려놓은 뒤 양념한 호박 1개를 올린 후 다시 토마토와 가지 순으로 올린다. 다시 토마토를 올리고 모짜렐라를 놓은 후 꼭지가 있는 토마토를 올려 마무리한다. 접시 주변에 올리브유와 발사미코 소스를 약간 뿌리고, 그라나 파다노를 갈아 요리 위에 뿌린 후 튀긴 바질을 놓아 완성한다. 차이브(실파)로 장식한다.

24 : 치프리아니의 소고기 육회 Carpaccio di Cipriani

르네상스 시대의 유명한 화가 '비또레 카르파치오(Vittore Carpaccio)'의 이름에서 유래된 요리이다. 해리스바(베니스의 레스토랑이며 산마르코 광장에 있는 이름난 레스토랑)의 현 소유자인 Arrigo Cipriani의 아버지 Giuseppe Cipriani가 1950년 Vittore Carpaccio의 대형 전시회 때 손님들을 초대하여 음식을 제공했는데, 이때 제공된 음식을 화가의 성을 따서 '카르파치오'라는 이름을 붙였다고 한다. 베네치아 출생인 카르파치오는 빨간색 계통에서 명성을 떨친 화가로 알려져 있다. 신선한 육류를 냉장 숙성하여 선명한 선홍색의 고기를 얇게 썰어 접시에 담고, 고기 위에 풍경화를 그리듯 마요네즈 소스를 바른다고 하며, 신선한 육류 형태의 육회를 화가의 성을 따서 '카르파치오'라 부르고 있다. 베네치아의 칼레 발라레소(Calle Vallaresso)계곡에서 즐겨 먹는 오리지날 전통 육회이다. 카르파치오는 신선한 고기를 사용하고, 마요네즈 소스를 잘 만들어야 한다. 소스의 농도는 되직한 듯하면서 묽어야 하며 올리브유를 이용하여 만들기 때문에 하얀색보다는 약간 노란색을 띠며, 우스터 소스를 사용한다. 현재 세계적으로 많은 사랑을 받는 요리이며, 육류 외에 생선 등으로도 만들어진다.

◎ 요리지역: 베네치아의 전통요리(Tradizionale-Venecia)
◎ 요리부분: 냉전채(Antipasto)
◎ 카테고리: 육류
◎ 계절: 봄, 가을
◎ 요리시간: 40분

재료 Ingredienti **완성량: 4인분**

- 싱싱한 소안심 300g
- 소금 약간
- 마요네즈 200g
- 잉글랜드 머스터드 파우더 1/2작은술
- 우스터 소스 약간
- 우유 3큰술(농도에 따라 가감한다.)
- 생이태리 파슬리 1줄기
- 루콜라 또는 샐러드 채소 50g

○ 조리방법 Procedimento

1. 소고기와 채소 준비

소고기는 생으로 먹을 수 있는 싱싱한 안심부위를 준비한다. 안심은 녹은 것보다 약간 언 것이 사용하기 좋고 모양내기도 수월하다. 언 안심을 0.3mm 두께로 썰어 접시에 펼쳐 놓은 뒤 냉장고에 30분 정도 놓아두면 선홍빛의 고기색을 얻을 수 있다. 이태리 파슬리와 샐러드 채소 또는 루콜라를 얇게 슬라이스해서 물에 담가 놓는다.

2. 마요네즈 소스 만들기

마요네즈는 구입하거나 직접 만들어 사용하는데, 만들어 사용하면 개인의 입맛에 맞게 조절할 수 있다.(만드는 방법은 125쪽 참조). 영국식 겨잣가루(잉글랜드 머스터드 파우더)와 우스터 소스를 약간 넣어 맛을 내고, 우유는 원하는 농도를 만들기 위해 사용한다.

3. 접시 담기

접시 가장자리에 고기를 둘러 담고 가운데에 채소를 보기 좋게 담아 소스를 고기 위에 뿌리고 다진 파슬리를 뿌려 제공한다.

25 : 이탈리아 햄을 곁들인 루콜라와 올리브유 Bue con rucola

이탈리아에는 많은 종류의 햄이 있다. 주로 다진 고기에 향초와 양념을 가미하여 육류의 내장에 넣어 만들어지는 것이 살라미(Salami) 종류이고, 육류의 특정 부위를 그대로 염장하여 익히거나 건조 또는 훈제 등을 통해 만들어지는 것이 햄이라고 알려져 있다. 생햄과 익힌 햄으로 구분되는데, 요리에 따라 생으로 먹기도 하고, 요리에 혼합하여 사용하기도 한다. 생으로 먹는 가장 대표적 햄인 '프로슈토 크루도(Prosciutto crudo)'는 올리브유, 모짜렐라, 멜론 등에 잘 어울리며, 핏짜, 파스타 등에 많이 사용한다. 본 요리에서는 사용된 재료와 똑같은 여러 가지 햄을 사용하지 않아도 되며, 본인이 좋아하는 살라미나 햄을 곁들여서 먹을 수 있다.

◎ 요리지역: 에밀리아 로마냐(Emilia-Romagna) 지방의 전통요리
◎ 요리부분: 냉전채(Antipasti-freddo)
◎ 카테고리: 살라미와 햄류(Salami)
◎ 계절: 사계절
◎ 요리시간: 15분

재료 Ingredienti **완성량: 4인분**

- 익힌 프로슈토(훈제향이 가미된 프로슈토) 3장
- 모짜렐라 각 3장
- 매운 살라미 3장
- 마늘 40g
- 향초 약간씩
- 와인맛의 살라미 3장
- 루콜라맛의 크레송 30g
- 작은 루콜라 30g
- 겨자순 20g
- 올리브유 30ml
- 후추 약간
- 레몬즙 약간
- 전통식 발효의 발사미코 식초 약간

○ 조리방법 Procedimento

1. 기본 준비

모든 햄은 얇게 썰거나, 썰어진 것을 구매한다. 크레송과 루콜라는 깨끗이 씻어 물기를 제거하여 준비한다.

2. 담기 및 완성하기

접시에 모든 살라미와 햄을 넓게 담아주고, 주변에 크레송이나 루콜라를 담아준다. 올리브유와 발사미코 식초, 후추, 레몬즙을 뿌려 먹는다.
식용꽃을 올려준다.

26 : 토마토 소스를 곁들인 게살과 가지 팀발로

Insalata di granchic con melanzane olive nere e passatina di pomodoro all'agro

신선한 게살을 이용한 샐러드로 손쉽게 먹을 수 있는 요리이다. 으깬 토마토 소스는 부드럽게 만들어야 한다. 당도가 높은 토마토를 선택하여 채소 으깸기로 으깨고 최상급 올리브유로 잘 융화시켜야 한다. 가지는 오랜 시간 동안 튀기듯 오일에 볶아야 한다.

◎ 요리지역: 토스카나 지방의 현대요리

◎ 요리부분: 냉전채(Antipasto freddo)

◎ 카테고리: 채소(Verdure)

◎ 계절: 사계절에 어울리는 요리(Tutto lanno)

재료 Ingredienti **완성량: 4인분**

■ **팀발로(Timballo)**

- 신선한 게살 120g
- 올리브유 60ml
- 레몬 1개
- 다진 파슬리 1큰술
- 다진 바질 1작은술
- 가지 320g
- 셀러리 120g
- 다진 마늘, 양파 80g
- 케이퍼 30g
- 검은 올리브 과육 80g
- 마늘 4쪽
- 소금, 후추 약간
- 처빌 5잎

■ **토마토 소스(Per la passatina di pomodoro)**

- 잘 익은 토마토 400g
- 생레몬즙 1작은술
- 생오렌지즙 2큰술
- 보드카 1작은술
- 우스터 소스 1/2작은술
- 올리브유 2큰술

○ 조리방법 Procedimento

1. 게살 양념하기

믹싱볼에 올리브유와 레몬즙, 소금, 후추를 넣고 잘 섞어서 만든 후에 게살을 잠깐 넣어둔다. 가지를 주사위 모양으로 자르고 올리브유에 마늘과 다진 마늘, 양파를 넣어 소금 간을 해서 5분 정도 익혀준다. 셀러리는 섬유질을 제거하고 주사위 모양으로 자른 다음 끓는 물에 2분 정도 데쳐 식힌다. 셀러리와 익힌 가지에 소금과 후추, 바질과 다진 파슬리, 케이퍼를 넣어 간을 한다.

2. 으깬 토마토 소스(Per la passatina di pomodoro)

토마토를 손질해서 소금과 후추, 올리브유, 레몬즙과 오렌지즙, 우스터 소스, 보드카를 넣어 갈아준 후 체에 걸러 냉장 보관하여 사용한다.

3. 완성하기(Finitura)

① 깊이가 있는 접시에 약 8cm의 철로 된 둥근 틀을 놓고 그 안에 준비된 채소와 양념된 게살, 그리고 검은 올리브를 모양 있게 담는다.

② 모양이 잡히면 틀을 빼고 간 토마토 소스를 주위에 뿌린 뒤 마지막으로 올리브유를 둘러주고 처빌로 장식하여 완성한다.

27 : 지중해식 해산물 샐러드 Insalata di frutti di mare

해산물을 이용한 요리를 어부라는 뜻의 '페스카토레'라고 부른다. 이 요리는 해산물과 생선 등을 생선육수에 부드럽게 익혀 신선한 소스에 버무려 24시간 정도 재워서 맛을 낸 뒤 냉장고에서 꺼내 시원하게 먹는 해산물 냉전채이다. 몇 가지의 어울리는 채소를 넣는데, 이 채소는 해산물 육수에 데쳐서 함께 버무려 아삭아삭한 느낌으로 시원하게 먹는다. 해산물 애호가들에게 좋은 요리이다.

◎ 요리지역: 마르케(Marche) 지방의 요리

◎ 요리부분: 냉전채

◎ 카테고리: 해산물

◎ 요리시간: 40분

◎ 계절: 여름

재료 Ingredienti **완성량: 4인분**

■ **해산물 재료(Frutti di mare)**

- 문어살 200g
- 오징어 200g
- 새우살 또는 중새우 150g
- 주꾸미 4마리
- 소라살 150g
- 모시조개 200g
- 가리비 8개
- 검은 껍질홍합 12마리
- 가재새우 4마리
- 해산물 육수 2리터
- 양파 120g
- 셀러리 80g
- 당근 80g
- 루콜라 80g
- 트레비소 80g

■ **레몬 발사미코 소스(salsa di balsamico limone)**

- 발사미코 식초 40ml
- 레몬 1ea
- 꿀 60ml

○ 조리방법 Procedimento

1. 해산물 준비하기

생문어 다리는 통통한 것을 골라 깨끗하게 손질해 놓는다. 오징어는 내장을 제거하고 껍질을 벗겨 다리와 몸통을 준비한다. 새우나 새우살은 내장을 제거하고 껍질째 준비한다. 주꾸미는 내장을 제거하고 크기에 따라 손질한다. 소라살, 모시조개, 가리비, 껍질홍합, 참가재는 깨끗하게 씻어 손질한다. 해산물 육수를 불에 올려 끓인다. 육수가 끓으면 크기에 맞는 종류끼리 삶는데, 끓이면 안 되고 끓기 직전의 온도를 유지하면서 모든 해산물을 부드럽게 익혀야 한다. 익은 해산물은 먹기 좋은 크기로 잘라 놓는다.

2. 채소 데쳐내기

모든 채소는 도톰하게 채썰어 끓는 해산물 육수에 데쳐 차가운 얼음물에 식혀 놓는다.

3. 레몬 발사미코 소스 만들기

발사믹 식초와 레몬주스, 꿀, 레몬 껍질을 넣고 농도가 날 때까지 조려준다.

4. 해산물 양념하기

준비된 해산물에 채소를 혼합한 후 레몬소스를 넣어 잘 섞고 그릇에 담아 24시간 동안 재워둔 후 냉장 보관하여 시원하게 제공한다.

28 : 치즈, 호두, 훈제오리로 맛을 낸 시금치 샐러드
Insalata di spinaci, grana e noci con anatra allumicata

호두오일(Olio di noci)은 몇 년 전까지만 해도 말린 호두(Noci)를 이용하여 가정에서 만들어 사용하였고, 오랫동안 피에몬테 지방식의 유일한 식물성 조미료로 사용되었다. 오늘날에도 전통식 요리법(Ricetta)의 특성을 이용하고 있다.

◎ 요리지역: 피에몬테(Piemonte) 지역의 현대적 요리

◎ 요리부분: 냉전채

◎ 카테고리: 미식가용 샐러드

재료 Ingredienti **완성량: 4인분**

- 훈제오리 살 320g
- 어린 시금치잎 200g
- 여러 가지 작은 채소 샐러드 200g
- 마늘 4개
- 레몬즙 60g
- 올리브유 200ml
- 호두오일 40g
- 검은 후추 약간
- 가는 소금 약간
- 껍질 벗긴 호두 80g
- 얇은 조각의 생그라나 파다노 60g

○ 조리방법 Procedimento

1. 기본 준비

깨끗이 닦은 호두는 적당한 크기로 잘라 놓는다. 시금치잎은 작은 크기로 골라 깨끗이 씻어 물기를 제거한다. 훈제오리는 얇게 어슷썰어 준비한다.

2. 호두오일 소스 만들기

마늘, 레몬즙, 올리브유, 호두오일, 소금, 후추를 믹서에 넣고 살짝 갈아 소스를 완성한다.

3. 완성하기

접시에 시금치와 여러 가지 작은 잎 채소를 소복이 담고 얇게 자른 훈제오리 살을 가지런히 담는다. 치즈가루와 부순 호두, 치즈 조각을 뿌리고 소스 섞은 것을 뿌려 제공한다.

29 : 아보카도와 레몬으로 맛을 낸 새우
Composta di gamberi e avocado con limone

새콤하고 아삭한 채소와 담백한 아보카도를 곁들인 새우요리이다. 신선한 레몬향이 나는 레몬소스의 역할이 중요하고 새우를 삶는 정도가 맛을 좌우한다.
새우는 비등점의 온도에서 살짝 익혀내고 새우 삶은 물을 체에 걸러 차갑게 식힌 후 껍질 벗긴 새우를 담갔다가 요리에 사용한다.

◎ 요리지역: 베네치아(Venecia) 지역의 현대요리
◎ 요리부분: 샐러드 및 냉전채
◎ 카테고리: 해산물
◎ 요리시간: 30분
◎ 계절: 사계절에 어울리는 요리

재료 Ingredienti **완성량: 4인분**

- 아보카도 2개
- 생토마토 중간크기 2개
- 생왕새우 4마리
- 토마토 줄리안 1/2개
- 셀러리 줄리안 1/2개
- 레몬즙 10g
- 모둠 샐러드 100g

■ **곁들임(Guarnizione)**

- 레몬소스 100g
  (105쪽 만드는 법 참조)
- 처빌 약간
- 생선이나 해산물에 잘 어울리는 허브 약간

○ 조리방법 Procedimento

1. 새우 익히기

냄비에 물을 2리터 정도 넣고 소금을 넣는다. 사용하다 남은 자투리 채소(양파, 당근, 셀러리, 파슬리 줄기)와 레몬 1/2개, 월계수 잎 1장, 통후추를 1큰술 정도 넣어 끓인다. 향이 우러난 물을 끓지 않게 불을 조절하고 내장 뺀 새우를 넣고 삶는다. 이때 반드시 끓지 않게 해야 새우가 부드럽다. 삶은 새우는 물기를 뺀 후 식혀 가운데 껍질만 제거해 놓는다. 식혀둔 새우는 등쪽으로 칼집을 넣어 가운데 부분만 구멍이 나도록 하여 꼬리를 구멍에 넣어 모양을 낸다.

2. 기본 준비

아보카도는 둥글게 잘라놓고 샐러드 채소는 작은 크기로 약간만 준비한다. 레몬 드레싱을 만들어 준비하고, 토마토는 둥글게 1cm 두께로 잘라 올리브유를 두른 팬에 살짝만 익혀낸다.

3. 접시 담기

접시 중앙에 약간의 채소를 깔고 토마토 1쪽을 놓은 뒤 아보카도를 올린다. 그 위에 채썬 채소를 올리고 새우를 놓는다. 레몬소스를 골고루 잘 뿌려 맛이 들 수 있도록 한다. 처빌로 장식하여 마무리한다. 삶은 새우를 바로 사용하지 않을 때는 새우 삶은 물을 체에 걸러 식힌 후 그 물에 담가 마르지 않도록 하고, 또한 맛이 밸 수 있도록 해주는 것이 좋다.

30 : 볶은 루콜라와 그릴 채소 샐러드 Al arroste rucola e verdura d'oliva

올리브유와 식초를 이용해 맛을 낸 채소요리이다. 계절의 각종 채소나 해산물을 이용할 수 있는 요리로, 석쇠나 그릴에 잘 구워낸 채소를 새콤하게 양념하여 저장해 먹는 요리이다.

◎ 요리지역: 피에몬테(Piemonte) 지역의 전통요리

◎ 카테고리: 차가운 마리네이드 샐러드

◎ 계절: 사계절에 어울리는 요리

- 올리브유 60ml
- 루콜라 320g
- 소금과 후추 약간

■ 채소구이 재료(Grillia verdure)

- 호박 1개
- 빨간 피망 1개
- 붉은 양파 2개
- 소금과 후추 약간
- 둥글고 큰 가지 2개
- 노란 피망 1개

■ 마리네이드 소스(Salsa di marinata)

- 발사미코 식초 120ml
- 로즈메리 3줄기
- 생바질 20장
- 생마조람 5g
- 백포도주 식초 120ml
- 올리브유 480ml
- 생오레가노 5g
- 생이태리 파슬리 16줄기

○ 조리방법 Procedimento

1. 기본 준비

루콜라는 먹기 좋은 크기로 잘라 물기를 완전히 제거해 놓는다. 팬에 올리브유를 두르고 루콜라를 넣어 푸른색이 나게 살짝만 볶으면서 소금과 후추로 간을 한다.

2. 채소구이

호박과 가지, 붉은 피망, 노란 피망, 붉은 양파는 적당한 두께로 어슷하게 잘라 놓고 소금을 뿌려 수분을 뺀다. 절여지면 수분을 종이타월로 완전히 제거하여 올리브유를 조금 바르고 그릴에 색이 나게 구워낸다. 피망도 그릴에 구워 검게 탄 껍질을 제거한다.

3. 마리네이드 소스 만들기

팬에 와인 식초와 로즈메리를 넣고 살짝 끓여 신맛을 증발시킨 후 식혀둔다. 이때 소금과 후추를 넣고 잘 섞어 간을 한다. 마조람, 오레가노, 파슬리, 바질은 잘게 썰어 미지근할 때 넣는다. 올리브유를 넣고 잘 혼합하여 구운 채소에 재워 하루가 지나면 사용한다. 재워둔 채소구이는 안티파스토로도 사용되고, 핏짜 토핑용 등으로 다양하게 사용되는 재료로 아주 중요하다. 많은 양을 할 때는 반드시 채소의 양보다 올리브유가 위로 올라오게 저장해야 쉽게 상하지 않는다.

Le paste fresche

레 파스테 프레스께(생면 파스타)

1. 파스타(Pasta)

(1) 파스타의 역사

이탈리아어로 파스타(pasta)는 물과 섞인 밀가루라는 뜻을 가진 그리스어(passein〈반죽하다〉에서 유래. passein의 어원은 불확실함)에서 유래하며 물과 반죽한 밀가루를 총칭한다(라틴어 pasta에서 유래). 그러나 실제로 누가 어느 곳에서 식품으로 사용하기 위해 처음으로 밀을 갈아 물과 혼합하여 파스타를 만들어냈는가에 대한 의견은 분분하나, 약 1300년대에 마카로니, 또르뗄리니가 있었고 그것을 Brodo라는 육수에 삶아 먹었다고 전해진다. 처음엔 라자냐판 위에 재료를 얹어 먹었으나 이것의 모양이 점점 작아지면서 지금의 또르뗄리(Tortelli) 형태로 만들어졌다. 작은 파스타(Pastine)는 미네스트레(minestre)라는 토마토, 호박, 김치, 당근 등의 채소로 만든 수프에도 넣어 먹었으며 파스타 자체로 건조되어 있어 2~3년 정도 장기간 보존이 가능하다. 긴 면은 고기나 치즈와 함께 먹었고, 국수처럼 조리하여 먹었다.

문헌상으로는 1400~1500년대부터 파스타를 먹기 시작한 것으로 전해지나 혹자들은 기원전 3000년경부터 중국에서 처음 국수형태로 만들어져 먹기 시작했다고 말하며『동방견문록』에 원나라 황제인 쿠빌라이칸이 궁에서 파스타를 먹었다는 기록도 있다. 이것을 1295년 마르코 폴로가 이탈리아로 들여와 이탈리아인의 식성에 맞게 발전시켜 지금에 이르게 되었다고 한다. 하지만 1272년 당시 이탈리아 제노바의 폰지오 바스토네라는 사람이 마카로니가 가득 들어 있는 나무상자를 유산으로 남겼다는 기록이 있는 것으로 보아 중국으로부터 들여와 그 기원이 되었다는 것이 그다지 정확한 것은 아니라는 의견이다.

또한 그리스신화에서 대장장이의 신인 헤파이스토스가 파스타 만드는 기구를 발명하게 되어 그때부터 파스타를 먹었다고 하며, 또 다른 설은 기원전 5000년경 이탈리아 중서부의 고대국가인 에트루리아족의 무덤에서 파스타를 만들었던 기구와 파스타 조각이 발굴된 것으로 보아 그 당시 에트루리아족은 이미 밀의 일종으로 파스타를 만들었던 것으로 추측되고 있다. 어떤 의견이 옳은지는 알 수 없지만 어찌되었든 파스타는 밀에 의한 것이고 밀이 인류의 역사와 함께한 고대작물인 만큼, 인류가 농사를 시작하여 정착생활을 하게 되면서 먹었던 밀을 점차 소화되기 쉬운 형태로 변형시키다가 갈아서 반죽해 먹기 시작했을 것이다. 따라서 파스타가 어느 한 곳에서 발명되어 다른 곳으로 전해졌다기보다는 밀을 재배했던 지역에서 각각 다른 방식으로 파스타를 만들어 발전되어 오던 것이 지금에 이르지 않았을까 생각한다.

이탈리아의 파스타만을 생각한다면, 이들은 이미 기원전 4세기에 파스타를 만들어 먹기 시작하여 역사와 함께 발전하여 왔다. 고대 로마인들은 물과 밀가루로 만든 간단한 반죽으로 라가네(lagane)라고 불리는 라자냐와 비슷한 음식을 만들어 먹었는데, 이 시대의 유명한 미식가인 아피시우스(Apicius)가 자신의 요리책에서 이 요리에 대해 언급한 바 있다. 또한 2세기에 마르티노 코르노(Martino Corno)가 쓴『De arte Coquinaria per vermicelli e maccaroni siciliani(시칠리아식 마카로니와 베르미첼리 요리)』라는 책에는 최초로 파스타의 조리법이 기록되어 있기도 하다.

(2) 파스타의 발전

17세기 압축기(press)의 출현으로 오늘날과 같이 파스타를 압축해 내는 방법이 개발되어 파스타 생산이 쉬워졌다. 하지만 압축기는 여전히 사람의 힘으로 직접 움직여야 했으며 반죽과정 또한 사람들이 긴 의자에 앉아서 발을 이용하여 반죽을 주물러 섞어야 했기 때문에 그 불편함이란 이루 말할 수가 없었다. 이에 그 당시 나폴리의 왕이었던 페르디난도 2세가 유명한 기술자였던 체자레 스파타치니(Cesare Spadaccini)를 고용하여 제조과정을 향상시키도록 했고, 이렇게 하여 막 갈아놓은 밀가루에 뜨거운 물을 붓고 반죽하는 기계가 만들어지게 되고, 압축기를 증기기관이나 전동기로 작동시키게까지 되었다. 이러한 기술적인 발전으로 파스타는 더욱 대중적인 인기를 얻게 되었지만 건조방식에 있어서는 여전히 자연 건조방식에 머무를 수밖에 없었다. 또한 이 당시의 파스타는 귀족이나 왕의 식탁에 오르지는 못하는 서민 중심의 식품이었다. 파스타가 귀족들의 외면을 받았던 이유는 당시에 파스타를 손가락으로 먹었기 때문이었다. 이에 페르디난도 2세의 시종인 젠나로 스파다치니(Gennaro Spadaccini)가 포크를 발명하게 됨으로써 파스타는 그 지위가 한층 상승하는 계기를 마련하게 되었다.

19세기 들어 파스타는 압착기에 구멍 뚫린 동판을 붙이면서부터 여러 가지 모양의 다양한 파스타 생산이 가능해졌다. 20세기에 접어들면서 기계공업에 의한 파스타 제조는 더욱 진보하여 파스타의 자연건조는 인공건조로 바뀌었고, 1933년도에는 브라이반테 형제가 연속식 제조 설비를 개발하여 혼합, 반죽, 압착, 성형, 건조까지 일체의 생산이 연속적으로 이루어지게 되었다.

(3) 파스타와 토마토의 만남

파스타를 생각하면 빼놓을 수 없는 것이 빨간 토마토다. 이제 토마토는 파스타를 대표하는 이미지이자 이탈리아 요리 전체를 대표하는 이미지가 되었다. 토마토를 기초로 해서 만든 다양한 소스들은 우리 입맛에도 잘 맞아 누구에게나 사랑받고 있지만 파스타 요리에 토마토를 사용하기 시작한 것은 그리 오래되지 않았다.

토마토가 이탈리아에 들어온 것은 17세기였으나 토마토가 바로 파스타 요리에 사용되었던 것은 아니었다. 1778년에 빈첸조 코라도(Vincenzo Corrado)는 그의 책 『Guoco galante(The Gentlemen's Chef)』에서 최초로 토마토 소스에 대해 언급하였으나, 이 당시의 파스타는 그저 치즈를 곁들여 먹거나 아무런 소스도 첨가되지 않은 형태의 조리법으로 섭취되는 정도였기 때문에 토마토가 파스타 요리에 쓰이거나 하진 않았다. 이탈리아에서는 초기에 토마토를 장식 식물로만 취급하였으며, 심지어 독성이 있는 것으로 여기기까지 하였다. 토마토는 신세계의 정복자들에 의해 스페인에 전해지게 되었고, 그 후 유럽 전역에 전파되었다.

토마토와 파스타의 만남은 1800년대 들어서이며, 둘이 만나게 되면서 파스타 요리의 맛에는 엄청난 변화가 생기게 되었다. 파스타 요리에 맛의 혁신이 시작되는 시기이기도 하다. 소금과 바질잎 등의 향신재료 등을 넣고 끓여 만드는 토마토 소스는 1800년대 초 남부지방에서 파스타에 사용하기 시작하였다. 이러한 조리법의 발전으로 인해 이탈리아 파스타 요리는 더욱 다양하고 풍부해졌으며, 식생활에도 커다란 변화를 가져오게 되었다.

(4) 파스타의 세계 정복

파스타는 17세기 후반에야 이탈리아에서 유럽 각지로 퍼지게 되었다. 그 후 미국으로 건너가면서 세계적인 메뉴로 자리 잡는 데 성공했다. 토머스 제퍼슨 미국 대통령은 유럽을 방문했을 때 대접받은 파스타에 반해 파스타를 수입하기 시작했으며, 19세기 말에는 이탈리아인들의 미국 이민 급증 현상과 함께 대량의 파스타를 수입하게 되었다. 오늘날에는 미국 국내에서도 본격적으로 경질밀을 생산하여 파스타를 만들고 있어, 이탈리아에 이어 세계 제2의 생산국가가 되었다. 70년대 후반부터 지중해식 다이어트에 대한 미국인들의 관심이 높아지면서 파스타는 더불어 인기를 끌게 되었고 비만 등 문명화 질병이라 불리는 것들에 대한 인식이 고조되면서부터는 미국 정부의 이에 대한 대처 방안으로 연구하여 모델로 삼은 것이 곡물과 올리브유를 많이 소비하는 이탈리아 식생활이며 파스타이다. 이로 인해 미국인들은 파스타를 지중해식 다이어트 음식이라 부르기까지 한다.

2. 생면 파스타

(1) 이탈리아의 밀가루(Farina)

이탈리아의 밀가루는 크게 경질과 연질밀로 나눌 수 있다. 그중 경질밀은 건조 파스타를 만드는 데 주로 사용되는 밀가루이다. 그러나 일반적으로 생면을 쉽게 만들기 위해서는 연질밀을 많이 사용한다. 이탈리아의 연질밀은 크게 두 가지로 분류되는데 강력분을 '파리나 제로제로(Farina 00)'라 표기하고, 박력분은 '파리나 제로(Farina 0)'라고 표기하며, 중력분은 생산하지 않는다. 중력분을 사용하기 위해서는 강력과 박력을 셰프의 경험에 의해 혼합해서 만들어 사용하는 것이 일반적이다.

<table>
<tr><td rowspan="3">밀가루 구분</td><td>경질밀(Farina di grana duro)</td><td>integrale(인테크랄레)
semola, semolina(세몰라/세몰리나)</td></tr>
<tr><td rowspan="2">연질밀(Farina di grana tenero)</td><td>Tipo Farina '00'(강력분)</td></tr>
<tr><td>Tipo Farina '0'(박력분)</td></tr>
</table>

(2) 생면 파스타의 제조방법과 이용법

생면 파스타는 물 또는 달걀의 양에 따라 다소 차이가 있을 수 있으며, 손으로 하는 것과 기계로 하는 것에 따라 달라지고, 사용되는 밀가루의 품질에 따라 달라진다. 또한 파스타에 밀가루 대신 치즈나 초콜릿, 자페라노를 넣을 수도 있고, 오징어 먹물, 토마토, 허브, 물 또는 달걀을 이용하여 변화를 주기도 한다. 채소 파스타는 당근 또는 Barbabietole(근대), Spinach(시금치), Borragine, 잘 펴진 Costine 등을 이용한다.

<table>
<tr><td rowspan="7">생면 파스타</td><td rowspan="3">경질밀(세몰리나)
(중북부의 리구리아 지방)</td><td>달걀 0개×1kg 밀가루 + 물</td><td rowspan="7">condite(버무림)
saltate(볶음)
gratinate(그라피타테)
pasticciate(혼합)
torte(파이)
timballi(팀발리)
minestre(미네스트레)</td></tr>
<tr><td>달걀 2개×1kg 밀가루 + 물</td></tr>
<tr><td>달걀 10개×1kg 밀가루 ±</td></tr>
<tr><td></td><td>〈요리법〉
삶는 방법
1kg 파스타는 10리터의 물
소금 10%</td></tr>
<tr><td rowspan="3">연질밀(강력분)
(중남부 이탈리아)</td><td>달걀 0개×1kg 밀가루 + 물</td></tr>
<tr><td>달걀 4개×1kg 밀가루 + 물</td></tr>
<tr><td>달걀 10개×1kg 밀가루 ±</td></tr>
</table>

(3) 생면 파스타의 기능상 분류

일반 반죽	착색 반죽 (면에 색감을 주기 위한 반죽)	맛 반죽	기능성 반죽
물, 달걀	달걀 반죽 달걀 노른자 반죽 시금치 반죽 시금치주스 반죽	버섯 반죽 연어 반죽	토마토 반죽 오징어 먹물 반죽

TIP

파스티네(Pastine)는 파스타에 속하는 면으로 주로 1cm 이하의 작은 콩알만 한 면들을 일컫는다. 주로 '주뻬(Zuppa)'나 미네스트레(Minestre), 미네스트로네(Minestrone) 등에 사용되는데, 한마디로 '수프'용으로 사용된다고 할 수 있다. 이탈리아의 정찬코스에서 수프는 "쁘리모 피아또(Primo-Piatto)", 즉 '첫 번째 음식'에 속하는 요리로 파스타 부분의 식사에 속한다. 따라서 밀과 곡류 등을 주재료로 하는 식사에 속하므로 수프에는 반드시 일정량의 파스타가 사용된다. 이 수프에는 작게 만든 파스타를 넣어 탄수화물의 섭취를 도와주어 완전한 기능의 식사를 할 수 있게 한다. 수프는 저녁식사 때 주로 많이 먹는다.
리피에니(Ripieni)는 '소를 채운다'는 뜻으로 파스타 반죽을 이용해 소를 채워 먹는 만두형태의 요리를 말한다. 면을 얇게 만들어 빠른 시간 내에 살짝 익혀 먹는 요리로, 만두에 들어가는 소는 익혀서 넣는 경우가 많다. 이와 같은 만두류에 어울리는 소스도 형태에 따라 나눌 수 있다.

(4) 올바른 면 조리방법

A. 면 삶기 Come si cuoco la pasta

1단계(면 준비) Cuocere la pasta

생면(건면)을 준비한다.

2단계(물 끓이기) Acqua bollente

물을 끓인다(100g의 생면을 기준으로 물 1리터를 끓인다).

3단계(소금 넣기) con Sale

물이 100℃로 끓을 때 굵은 바다소금을 넣는다(생면 100g을 삶을 때는 5%인 5g의 소금을 넣고 건면 100g을 삶을 때는 100%인 10g을 넣는다).

4단계(면 넣기) con paste

물이 펄펄 끓을 때 면을 넣고 나무주걱으로 면을 빠르게 저어준다.

5단계(면 삶기) Controlare pasta

면이 잘 익었는가를 보기 위해서는 직접 맛을 보아야 한다. 면 봉지에 쓰인 시간을 보는 것도 하나의 방법이지만(회사에서 권유하는 시간), 개인에 따라 약간의 차이가 있기 때문에 직접 맛을 보는 것이 가장 좋은 방법이다. 물속 석회질 성분의 양, 해발, 주변의 습기와 기후에 따라 면 익는 시간은 조금씩 달라진다.

6단계(면 테이스팅) Assaggio pasta

면은 물기를 빼는 동안에도 계속 익기 때문에 꼬들꼬들하게 익었을 때(알덴떼 al dente) 면을 꺼내어 체로 물기를 뺀다. 이때 면의 김과 열기를 가장 많이 제거할 수 있도록 흔들어야 한다. 가장 좋은 방법은 포크와 숟가락으로 그 면을 최대한 들어올리면서 힘차게 젓는 것이다.

7단계(버무리기) Condire o Saltare

마지막 단계로 소스와 면을 그릇에서 직접 섞는다. 면을 삶은 다음 체로 물기를 빼고 볼이나 팬에서 소스와 양념하여 버무린다. 바로 이것이 가장 기본적인 요리법으로써 그 맛을 좌우한다. 면을 미리 삶아두는 것은 좋지 않으므로 삶을 때에는 사용되는 소스가 완성되는 시간을 파악해서 삶는 것이 중요하다.

(5) 가장 좋은 면을 선택하는 방법 Migliore scelta pasta

면의 구성 성분을 주의 깊게 살펴본다. 건조면은 단단한 밀가루로만 만들어야 한다. 면의 질은 면을 삶았을 때 알게 되는데 좋은 면은 겉이나 속이나 같은 정도로 삶아지며 부스러지거나 들러붙지 않는다. 가장 좋은 품질의 면을 발견할 때까지 여러 회사의 면을 시도해 보는 것도 좋은 방법이지만, 모든 식료품 가게에서 쉽게 구할 수 있는 이탈리아 유명 메이커 제품들이 가장 좋은 면이라고 할 수 있다. 면은 직접 만들거나 건조면을 구입하여 사용한다.

일반적인 배합률: 경밀질 100g + 달걀 1개 + 약간의 소금

(6) 면과 소스의 가장 맛있는 궁합

파스타는 생선이나 해산물, 육류, 달걀, 치즈, 채소, 올리브오일 등 그 어떤 재료로 만든 소스와도 완벽하게 잘 어울린다. 이탈리아에서는 파스타 디자이너라는 직업이 있는데, 그들은 매년 '올해의 신작'이라고

하는 새로운 디자인을 세상에 내놓아 파스타 애호가들을 흥분시킨다. 파스타 디자이너들은 씹었을 때 혀에 닿는 감촉은 어떤지, 소스는 잘 묻어나는지, 먹기는 쉬운지 등을 고려하면서 파스타 모양을 신중하게 디자인한다. 파스타를 디자인할 때 가장 중요한 것은 파스타와 소스의 상관관계이다. 하나의 예로, 이탈리아 사람들은 아라비아타 소스에 펜네라고 불리는 짧은 원통형 파스타만 사용한다. 펜네 표면에 있는 요철의 질감과 빈 깡통 같은 형태가 소스를 많이 묻히는 데 효과적이기 때문이다.

파스타는 수많은 사람들이 각양각색의 소스에 가장 잘 어울리는 형태와 특징을 하나하나 찾아 나서는 동안 그 숫자가 늘어나 오늘에 이르렀다. 한국에서는 스파게티라고 불리는, 길이가 긴 국수 형태의 파스타가 보편적이지만 이탈리아인들은 길이가 긴 파스타보다는 펜네와 같이 짧은 파스타를 즐겨 먹는다. 이는 국수를 삶을 때 길이가 긴 것은 시간이 많이 걸리고 소스가 튈 염려가 있는 반면에, 짧은 것은 조그만 팬에 삶을 수 있을 뿐만 아니라 포크만으로도 쉽게 먹을 수 있고, 소스와 잘 버무려지기 때문이다.

일반적으로 모든 형태의 면은 각각 그에 어울리는 특별한 소스를 가지고 있다. 예를 들어, 크기가 굵은 면들은 기름지고 진한 소스와 맛을 이루고, 달걀을 넣어서 만든 면들(Tagliolini, Tagliardi, Tagliatelle)은 크림을 많이 함유한 섬세한 소스와 완벽한 맛을 이루며 작은 완두콩 또는 가금의 간을 첨가하여 영양을 높인 소스와도 진미를 이룬다. 크기가 굵은 면들(Lasagne, Pappardelle)은 영양이 풍부하고 치즈가 많이 들어간 소스와 잘 어울린다.

A. 가는 면(스파게티류: Spaghetti)

기름을 주성분으로 하는 소스를 사용할 때 그 맛이 일품이 된다. 기름이 면을 꼬들꼬들하게 해주기 때문이다.

B. 면이 크고 굵은 면(페투치니류: Fettucini)

파마산 치즈, 햄 그리고 버터를 주성분으로 하는 아주 진한 소스와 함께 일품이 된다.

C. 짧고 작은 면들 또는 일명 천사의 머리카락만큼이나 가는 면류(Capelini)

맑은 수프와 맛을 이루고, 보통 굵기의 면들은 기름을 주성분으로 하는 소스와 맛을 이루는데 채소를 곁들일 수 있다.

Boats in narrow Venetian water canal, Italy

31 : 연질로 만든 생면 반죽 Paste fresche di grana tenero con nova

이탈리아에서는 밀가루를 '파리나(Farina)'라고 부른다. 파리나는 연질밀(grana tenero)과 경질밀(grana duro)로 구분된다. 연질 밀가루는 '그라나 테네로(Grana tenero)'라 부르고, 경질 밀가루는 '그라나 두로(grana duro)'라고 한다. 연질 중의 강력분을 '파리나 제로제로(Farina 00)'라 하고, 박력분을 '파리나 제로(Farina 0)'라고 한다. 이탈리아에서는 중력분을 생산하지 않는다. 대표적인 경질밀은 건면을 만드는 '세몰라(Semola)'인데, 단백질 함량이 많고 가루가 무척 거칠다.

- 강력 밀가루 100g
- 올리브유 5ml
- 소금 약간
- 중간크기의 달걀 1개

○ 반죽하기

1. 밀가루를 바닥에 모아 놓고 가운데를 우물 모양으로 만들어 그곳에 모든 재료를 넣고 약 10분간 치대어 반죽한다.
2. 비닐봉지나 랩에 포장하여 냉장실에서 약 30분간 휴지시킨 후 원하는 용도로 사용한다.

＊참고

위에서 사용된 생면 반죽은 이탈리아에서 가장 널리 사용되는 반죽법으로 생면 파스타나 만두용 파스타를 만들 때 표준이 되는 다목적용이다.

32 : 연질로 만든 사프란 반죽
Paste fresche di grana tenero con zafferano e uova

리구리아(Liguria) 지방에서 많이 사용하는 반죽이다. 가르가넬라(garganella)를 만들 때 이용하며 달걀 노른자를 이용해 만든 면으로 아주 뛰어난 맛과 향기가 있다. 소를 채운 라비올리용 생면으로 사용해도 좋다.

재료 Ingredienti **완성량: 2인분**

- 강력 밀가루 100g
- 달걀 노른자 3개
- 올리브유 5ml
- 소금 약간
- 물 20ml
- 가루형 사프란 1팩(소형팩 1개당 250g의 밀가루에 사용한다.)

○ 반죽하기

1. 밀가루를 바닥에 모아 놓고 가운데를 우물모양으로 만들어 그곳에 모든 재료를 넣고 약 10분간 치대어 반죽한다.
2. 비닐봉지나 랩에 포장하여 냉장실에서 약 30분간 휴지시킨 후 원하는 용도로 사용한다.

33 : 연질로 만든 시금치 반죽
Paste fresche di grana tenero con spinaci

시금치로 만드는 면은 가장 널리 알려진 방법이다. 이탈리아에서는 주로 생시금치와 삶은 시금치를 함께 사용한다. 한국에서는 시금치잎을 물과 함께 믹서에 갈아서 사용한다. 아래 방법은 삶은 시금치를 이용한 방법이다. 믹서에 갈 때는 깨끗이 다듬은 시금치잎 약간과 물을 넣어 갈다가 계속에서 시금치잎을 넣어가며 갈아야 한다. 물을 너무 많이 넣으면 색이 흐려지기 때문에, 약간의 물에 시금치잎을 조금씩 넣어가며 갈아야 진한 녹색을 얻을 수 있다.

재료 Ingredienti **완성량: 2인분**

- 강력분 100g
- 달걀 23g
- 올리브유 5ml
- 소금 약간
- 줄기를 제거한 신선한 시금치잎 28g

○ 준비하기

1. 신선한 시금치는 깨끗이 씻어 잎만 떼어 물기를 제거하여 준비한다.
2. 1에서 준비한 깨끗이 씻은 잎 중에 5g은 별도로 빼놓고, 나머지 시금치를 모두 끓는 소금물(1리터의 물에 소금 5g)에 살짝만(숨이 죽을 만큼) 데치고, 바로 꺼내어 얼음물이나 차가운 물에 담가 식힌 다음 손으로 물기를 꼭 짠 후 곱게 다져 놓는다.

○ 반죽하기

1. 밀가루를 바닥에 모아 놓고 가운데를 우물모양으로 만들어 그곳에 모든 재료를 넣고 약 10분간 치대어 반죽한다.
2. 비닐봉지나 랩에 포장하여 냉장실에서 약 30분간 휴지시킨 후 원하는 용도로 사용한다.

TIP

시금치 엽록소를 얻기 위한 방법

위의 설명에서 갈아놓은 시금치액을 중탕으로 데우면 위층에 엽록소만 분리되어 뜨게 되는데 이것을 면포에 걸러 사용한다. 주로 테린(Terrine) 음식의 색을 내는 데 이용한다.

34 : 연질로 만든 오징어 먹물 반죽
Paste fresche di grana tenero con nero di seppi

오징어 먹물로 파스타를 만들면 오징어의 맛을 한껏 느낄 수 있다. 현재 오징어 먹물이 건강에 효과적이라는 발표가 있으며, 변비나 항암효과에 좋다는 보고도 있다. 이러한 오징어 먹물을 한국에서는 거의 버리는 실정이며, 어느 부위에 먹물이 붙어 있는지도 잘 모르는 사람들이 많다. 오징어의 몸통 속 내장 아래 가늘게 생긴 검은 먹물주머니가 붙어 있다. 오징어를 잘 살펴보면 쉽게 찾을 수 있을 것이다. 이 먹물을 백포도주에 잘 풀어서 사용하는데, 하나의 먹물주머니로는 색감을 내기에 부족하다. 1인분의 먹물 파스타를 만들기 위해서는 약 2g이 필요한데, 요즘 먹물만 별도로 구입할 수 있도록 많은 회사에서 수입하고 있다. 가격이 조금 비싸지만 적은 양으로도 오랫동안 사용할 수 있기 때문에 크게 부담되지 않을 것이다. 개봉 후에는 냉장이나 냉동 보관을 해야 한다.

- 강력분 100g
- 달걀 1/2개
- 올리브유 5ml
- 소금 약간
- 오징어 먹물 2g

○ 반죽하기

1. 밀가루를 바닥에 모아 놓고 가운데를 우물모양으로 만들어 그곳에 모든 재료를 넣고 약 10분간 주물러 반죽한다.
2. 비닐봉지나 랩에 포장하여 냉장실에서 약 30분간 휴지시킨 후 원하는 용도로 사용한다.

35 : 연질로 만든 비트 반죽
Paste fresche di grana tenero con barbabietora

비트 반죽은 시금치 반죽과 함께 가장 색감이 고운 반죽이다. 하지만 생면일 때와 삶았을 때의 차이가 많이 난다. 생면일 때는 색감이 무척 좋고 먹음직스러워 보이지만, 삶았을 때는 색이 모두 빠져버려 색감이 그리 좋지 못하다. 그 이유는 비트에 들어 있는 색소는 수용성이므로 물과 함께 녹아 빠져버리기 때문이다. 이를 보완하기 위해서는 비트를 푹 삶아 작은 조각으로 자르고 주서기(믹서기는 안 된다)에서 주스를 내어 팬에 올려 다시 1/2로 졸여서 사용해야 하며, 완성된 반죽을 삶을 때에는 반드시 빠른 시간 내에 삶아주어야 한다. 효과적인 색감의 면을 얻기 위해서는 면의 두께가 얇은 만두 등을 만들 때 사용하는 것이 좋고 가늘고 긴 면을 만들 때나, 딸리아뗄레 같은 얇은 면을 만들 때 사용하면 좋다. 일반적으로 모든 면은 용도와 맛에 따라 사용하는 것이 좋다.

재료 Ingredienti **완성량: 2인분**

- 강력분 100g
- 올리브유 10ml
- 달걀(Uova) 1/2개
- 소금 약간
- 비트 농축주스 또는 당근 농축주스 25ml

○ 비트주스 만드는 방법

1. 비트를 깨끗이 씻어 냄비에 비트가 잠길 수 있도록 하여 푹 삶는다. 비트는 오랫동안 삶아야 하므로 물을 많이 넣어야 하며, 뚜껑을 덮고 삶아야 물이 증발되지 않는다. 젓가락으로 푹 찔러보아 잘 들어가면 완전히 삶아진 것인데, 이때 국물이 조금만 남아 있으면 잘 삶은 것이다.
2. 삶아진 비트를 조각내어 주서기에 갈아 주스를 만들고, 삶았을 때 남은 국물과 혼합한다(비트를 삶을 때 남은 국물도 진한 빨간 색소이므로 버리지 않는다).
3. 갈아낸 주스를 1/2로 졸여서 차갑게 식혔다가 파스타를 만들 때 사용한다(사용하지 않을 때는 냉동실에 얼려둔다).

***참고**

소린 비트 원액을 소스 만들 때 이용하면 좋은 효과를 낼 수 있다. 가령 이탈리안 드레싱이나, 식초오일 드레싱에 넣을 때 사용할 수 있다. 또한 올리브유 1컵을 믹서에 넣고 비트 원액 1큰술을 넣고 1단에서 약 30초간 돌리면 아주 좋은 효과의 색감이 있는 비트 오일을 만들 수 있다. 이러한 오일을 드레싱에 응용할 수 있다.

○ 반죽하기

1. 밀가루를 바닥에 모아 놓고 가운데를 우물모양으로 만들어 그곳에 모든 재료를 넣고 약 10분간 주물러 반죽한다.
2. 비닐봉지나 랩에 포장하여 냉장실에서 약 30분간 휴지시킨 후 원하는 용도로 사용한다.

3. 오븐 파스타 개론

(1) 오븐을 이용한 파스타 개론(al forno)

이탈리아에서는 예로부터 화덕이나 장작을 이용해 오븐에 굽는 형태의 요리가 발달되었다. 남은 음식을 활용해 데우던 요리들이 현재의 오븐 요리가 된 것이다. 이탈리아의 모든 음식은 오븐을 많이 사용하는데, 특히 파스타 요리나 라비올리 요리는 오븐이 없으면 안 된다.

(2) 오븐 파스타 이용방법

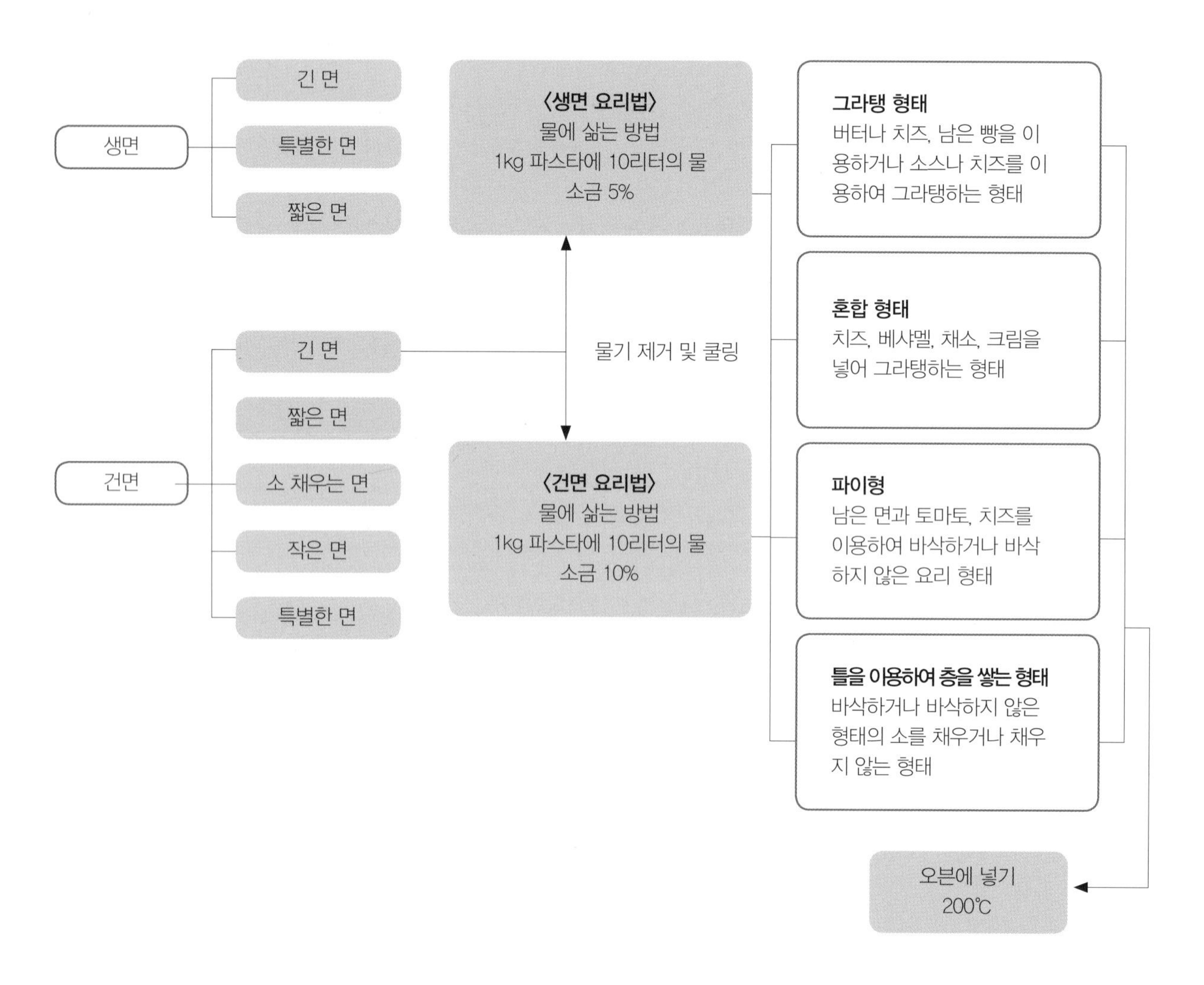

Le paste secche ed i loro condimenti
레 파스테 세께(건조 파스타)

1. 건조 파스타

건조 파스타는 아라비아 상인들이 사막을 횡단하기 위해 부패하기 쉬운 밀가루 대신 밀가루 반죽을 얇게 밀어 매우 가는 원통의 막대 모양으로 말아 건조시켜 실에 꿰어 가지고 다닌 것이 그 유래이다. 그러던 중 11세기경에 아랍인들이 남부 이탈리아와 시칠리아섬을 점령하면서 건조 파스타가 시칠리아섬에 전해졌는데, 시칠리아는 파스타를 건조시키기에 유리한 기후 덕분에 그 생산이 쉬웠다. 이탈리아 시칠리아섬의 팔레르모는 건조 파스타 생산에 관한 최초의 기록이 있는 역사적인 도시이다. 그 예로 1150년에 아랍의 한 지리학자가 "팔레르모에서는 실 모양의 파스타를 대량으로 생산하고 있으나, 이를 칼라브리아 지방과 회교 국가 및 기독교 국가들에 수출하고 있다."라고 언급한 것으로 보아 이미 그 당시부터 이탈리아는 파스타를 수출하였음을 알 수 있다.

그 후 건조 파스타는 바다를 건너 나폴리에서도 생산되기 시작하였고, 이탈리아 북부 리구리아 지방에서도 생산되기 시작했다. 14세기, 15세기에는 남부 이탈리아에서 활발하게 생산되었으며, 리구리아 지방에도 파스타 만드는 기술자들이 많이 생겨나 1574년에는 제노바에 파스타 제조업자들이 조합을 설립하여 품질을 관리하게 되었다.

이탈리아 지역별 전통 파스타의 종류

이탈리아 지역별 전통 파스타	
지역	파스타
valle d'aosta	Pastine, lasagne, tagliatelle
Piemonte	Capellini, tajain, lasagne
Liguria	Corzetti, picagge, troffiette, trenette, trofie, mandilli de sea
Lombardia	Maltagliati, bigoli, pizzocheri
Trentino-Alto Adige	Lasagnette, tagliatelle
Friuli Venezia Gulia	Lasagne
Veneto	Pararele, lassagne, bigoli, bigolimori
Emilia Romagna	Tagliatelle, lasagne, garganelli, pastine, maccheroni, quadrucci, maltagliati, galani o farfalle, paste veri
Toscana	Pappardelle
Umbria	Umbrici, ceriole, stringozzi
Marche	Lasagne
Aburzzo	Maccheroni alla molinara, ciufulitt, lasagne, strengozze
Molise	Maccheroi, molisani, taccozze
Lazio	Fettuccine, pizzelle

Lasagne

Tagliatelle

Pappardelle

Fettuccine

Pizzelle

2. 건조 파스타의 종류

롱 파스타	스파게티(Spaghetti), 레지네테(Reginette), 부카티니(Bucatini), 지티(Ziti), 푸실리 룽기(Fusili Lunghi), 라자냐(Lasagna), 파파르델레(Pappardelle), 딸리아뗄레(Tagliatelle), 딸리올리니(Tagliolini), 카펠리 단젤로(Capeli d'angelo)
다양한 쇼트 파스타	펜네(Penne), 토르틸리오니(Tortiglioni), 리가토니(Rigatoni), 칸넬로니(Cannelloni), 파르팔레(Farfalle), 콘킬리에(Conchiglie), 푸실리(Fusilli), 제멜리(Gemeli), 로텔레(Rotelle)
수프용 미니 파스타	스텔리니(Stellini)
만두형 파스타	또르뗄리니(Tortellini), 라비올리(Ravioli)

Spaghetti / Bucatini / Fusilli / Tagliatelle

Penne / Tortiglioni / Rigatoni / Cannelloni

Farfalle / Conchiglie / Gemeli / Rotelle

36 : 여러 가지 버섯을 곁들인 푸실리 Fusilli e funghi misti

여러 가지 버섯을 곁들일 수 있으며 건강식으로 많이 애호되고 있다.
파스타는 시칠리가 기원이며 다양한 소스를 곁들여 만들 수 있다.
토마토 소스, 크림소스, 해산물, 향초 소스 등으로 다양하다.

재료 Ingredienti **완성량: 4인분**

- 양송이, 표고, 느타리, 만가닥 버섯 등 275g (팽이버섯 포함)
- 버터 25g
- 다진 신선한 다임 5ml
- 다진 마조람, 오레가노 3g
- 마늘 4쪽
- 푸실리 350g
- 후추 약간
- 백포도주 20ml
- 올리브유 80ml
- 다진 파슬리 10g

○ 조리방법 Procedimento

1. 팬에 올리브유를 두르고 잘게 다진 버섯과 크게 자른 버섯을 약한 불에 볶는다(팽이버섯은 남겨둔다).
2. 으깬 쪽마늘과 다진 허브(다임, 마조람, 오레가노)를 곁들여 10분 정도 부드럽게 될 때까지 볶는다.
3. 백포도주를 넣고 조리다가 팽이버섯을 넣고 (삶은) 푸실리를 넣어 버무리듯 볶는다.
4. 푸실리가 신선한 것은 2~3분 정도, 건조된 것은 7~8분 정도 소금, 오일, 물에 부드러워질 때까지 삶아서 사용한다.
5. ③을 소금, 후추로 간한 후 올리브유, 버터를 조금 넣고 부드럽게 몬테한 후 파슬리를 넣고 섞어서 접시에 담는다.

***맛내기 포인트**

삶아서 곧바로 물기를 제거하고 소스에 버무린다.
올리브오일이나 버터를 약간 추가해도 좋다.

37 : 매운맛의 바닷가재 링귀네
Linguine alle aragosta con dragoncello

바닷가재, 새우 등에 타라곤을 다져 넣어 맛을 낸 링귀네로 타라곤은 16세기부터 음식에 사용하기 시작했다. 허브의 여왕으로 불릴 만큼, 달콤한 향기와 약간 매콤하면서도, 씁쌀한 맛이 일품이다. 일명 '작은 용'이라 불린다.

재료 Ingredienti **완성량: 1인분**

- 올리브유 15ml
- 마늘 다진 것 5g
- 양파 다진 것 10g
- 다진 홍고추 5g
- 바질 2g
- 바닷가재 껍질째 150g
- 브랜디 30ml
- 백포도주 40ml
- 생선육수 40ml
- 토마토 소스 150g
- 소금, 후추 약간
- 파슬리 다진 것 2g
- 링귀네 100g
- 버터 30g
- 타라곤 2g

○ 조리방법 Procedimento

1. 재료 준비

① 바닷가재를 1/2로 자른 다음, 내장을 제거한 후 알맞은 크기(3~4cm)로 잘라서 준비한다.

② 마늘, 양파, 홍고추, 파슬리, 바질은 다져 놓는다.

③ 토마토 소스(87쪽 참조)

2. 소스 만들기

① 팬에 올리브유를 두르고 마늘, 양파 다진 것을 볶다가 홍고추 다진 것도 넣어 함께 잘 볶는다.

② 바닷가재 자른 것을 넣고 잘 볶다가 백포도주로 조린 다음, 생선육수(79쪽 참조)를 넣고 조리다가 토마토 소스로 농도를 맞추며 조려서 맛을 낸다.

3. 스파게티 만들기

삶은 스파게티는 물기를 제거한 다음, 소스에 넣고 버무린 후 올리브유와 버터를 한 조각 넣는다. 파슬리 다진 것, 바질 다진 것을 넣고 간을 맞춘 다음 마무리하여 담는다.

***맛내기 포인트**

매운 소스의 갑각류를 이용하여 만들 수 있는 요리이다. 재료를 신선하고 깨끗하게 손질하고 주재료는 너무 많이 익히지 않아야 하며 파스타는 너무 삶지 말아야 소화가 잘 된다.

38 : 매운 토마토 소스를 곁들인 펜네 Penne all arrabbiata

펜네와 토마토 소스는 굵은 고춧가루를 사용해야만 깔끔한 맛을 낼 수 있고, 색을 맑게 만들 수 있다.
마늘과 바질을 사용한 소스로 고춧가루의 종류에 따라 맛이 결정된다.
토마토 소스는 마늘과 양파, 올리브유, 바질향을 기본으로 하여 만든다.

재료 Ingredienti **완성량: 1인분**

- 마른 펜네 100g
- 올리브유 20ml
- 바질 슬라이스 2g
- 파머산 치즈 10g
- 파슬리 다진 것 약간
- 토마토 소스 150g
- 올리브유 2Ts
- 굵은 고춧가루 약간
- 버터 5g
- 마늘 슬라이스 20g
- 홍고추 슬라이스 10g
- 소금, 후추 10g
- 마늘 다진 것 약간

○ 조리방법 Procedimento

1. 재료 준비

① 마늘, 홍고추, 바질은 슬라이스한다.
② 마늘 다진 것, 파슬리 다진 것을 준비한다.
③ 토마토 소스(87쪽 참조)

2. 소스 만들기

팬에 올리브유를 두르고 슬라이스 마늘을 넣고 갈색을 내어 맛을 우려낸 뒤 홍고추와 바질 슬라이스, 굵은 고춧가루를 넣고 토마토 소스를 넣어 한번 끓인다.

3. 펜네 삶기

소금, 오일을 넣은 물에 펜네를 삶아서 물기를 빼고 약간의 마늘 다진 것, 파슬리 다진 것을 넣고 버터 한 조각을 넣어 맛을 부드럽게 만든다.

4. 담기

접시에 담고 파마산 치즈를 얇게 슬라이스하여 예쁘게 장식한다.

＊맛내기 포인트

올리브유와 마늘이 어우러져 맛을 내고 매운맛이 가미된 것으로 충분하게 소스를 줄여주어야 한다.

39 : 마늘, 고추로 맛을 낸 스파게티 Aglio, olio e peperoncino

마늘과 올리브유, 고추로 맛을 낸 스파게티로서 고추는 생홍고추를 사용한다. 말린 고추, 생고추를 이용할 수도 있다.
올리브유는 Extra Vergine을 사용해야만 제대로 맛을 낼 수 있다.
마늘, 고추의 맛이 잘 우러나게 올리브유에 볶고, 바질향을 잘 살려준다.

재료 Ingredienti **완성량: 1인분**

- 마늘 30g
- 홍고추 20g
- 올리브유 100ml
- 굵은 고춧가루 2g
- 파슬리 찹 2g
- 바질 슬라이스 2g
- 스파게티 100g
- 닭육수 100ml
- 소금, 후추 적당량

○ 조리방법 Procedimento

1. 재료 준비

마늘 슬라이스, 홍고추 슬라이스, 바질 슬라이스를 준비한다. 닭육수(75쪽 참조)

2. 소스 만들기

① 팬을 달구어 올리브유를 두르고 마늘 슬라이스를 넣어 갈색을 내서 맛을 우려낸 후 홍고추 슬라이스와 굵은 고춧가루를 넣고 볶는다.

② 바질 슬라이스를 넣고 볶다가 소금, 후추로 간을 한 다음 치킨 스톡을 넣고 1/2로 졸인다.

3. 파스타 마무리하기

① 스파게티면을 끓는 물에 소금, 올리브유 넣고 삶아 물기를 제거한 후 소스의 농도를 보아가면서 버무린다.

② 스파게티에 바질 다진 것과 파슬리 다진 것을 뿌린 다음 마무리한다.

4. 담기

접시에 스파게티를 돌려가며 담고 소스를 골고루 묻힌다.

***맛내기 포인트**

보기에는 재료와 만드는 법이 쉬워 보이지만 올리브유와 마늘, 고추의 맛을 잘 살려야 한다. 파스타를 넣고 버무리는 소스의 농도와 타이밍이 중요하다.

40 : 조개로 맛을 낸 백포도주 소스의 페투치네
Lingune alle vongole veraci

작은 대합조개를 사용하여 만드나 대부분의 레스토랑에서는 모시조개나 바지락조개로 만든다. 마늘과 홍고추 그리고 와인을 잘 조려서 소스를 미리 만들어 놓고 링귀니나 스파게티를 삶아서 함께 버무린다.
대표적인 지중해식으로 링귀니가 가장 잘 어울린다.

재료 Ingredienti **완성량: 1인분**

- 마른 스파게티 100g
- 바지락 200g
- 마늘 20g
- 홍고추 10g
- 바질 2g
- 굵은 고춧가루 약간
- 올리브유 60ml
- 백포도주 100ml
- 이탈리아 파슬리, 소금, 후추 약간

○ 조리방법 Procedimento

1. 재료 준비

바지락, 마늘 슬라이스, 홍고추 슬라이스, 바질 다진 것, 이탈리아 파슬리 다진 것을 준비한다.

2. 소스 만들기

① 팬을 달구어 올리브유를 두르고 마늘 슬라이스를 넣어 갈색을 내서 맛을 우려낸 다음 홍고추 슬라이스, 바질 슬라이스를 넣는다.
② 바지락을 넣고 백포도주로 조린 후 뚜껑을 덮어 놓는다.
③ 조개가 입을 벌리면 국물을 1/4로 졸인다.

3. 파스타 마무리하기

끓는 물에 소금, 올리브유를 넣어 스파게티를 삶은 후 위의 소스와 섞은 뒤 소금, 후추로 간을 하고 올리브유와 버터를 넣고 이탈리아 파슬리, 바질 다진 것을 넣어 마무리한다.

***맛내기 포인트**

조개는 3%의 소금물에 담가 최소 24시간은 해감시켜야 한다. 신선한 조개를 사용하고 파스타는 소스에 넣는 즉시 버무려 요리를 마무리해야 한다.

41 : 앤초비와 고추, 브로콜리로 맛을 낸 푸실리 룽기
Fusilli lunghi e broccoli, acciughe e peperoncino

소스를 만들 때 마늘과 앤초비를 잘 볶아야 향과 맛을 낼 수 있다. 바질과 이탈리아 파슬리로 향을 가미하면 한층 맛을 돋울 수 있다.

재료 Ingredienti **완성량: 1인분**

- 푸실리 룽기 100g
- 브로콜리 60g
- 앤초비 15g
- 굵은 고춧가루 10g
- 버터 10g
- 올리브유 4Ts
- 소금, 후추 약간
- 마늘 20g
- 홍고추 5g
- 바질 2g
- 닭육수 50ml
- 이탈리아 파슬리 3g

○ 조리방법 Procedimento

1. 재료 준비

브로콜리를 소금물에 삶아 준비하고, 앤초비를 잘게 다져 놓는다. 홍고추는 슬라이스하고 버섯과 파슬리는 다진다.

2. 앤초비, 브로콜리, 고추 소스 만들기

① 팬을 달구어 올리브유를 두르고 통마늘 으깬 것을 넣고 충분히 연한 갈색을 내어 맛을 우려낸다.

② 고추 슬라이스한 것, 앤초비 다진 것, 바질 슬라이스를 넣고 볶다가 브로콜리를 넣고 함께 볶아준다.

③ 닭육수를 넣어 살짝 끓여준 다음 소금, 후추로 간을 한다.

3. 파스타 마무리하기

① 끓는 물에 소금을 넣고 푸실리 룽기를 삶아 체에 건져 물기를 뺀 뒤 소스에 넣고 올리브유와 버터를 넣어 마무리한다.

② 이탈리아 파슬리를 다져 위에 뿌려서 마무리한다.

4. 담기

그릇에 상추를 깐 후 파스타를 담아낸다.

***맛내기 포인트**

앤초비와 브로콜리가 파스타와 어울려 고소하고 담백한 맛을 내도록 하는 것이 중요하다. 펜네, 푸실리, 파파르델레 등에 이용할 수도 있다.

42 : 해산물 소스 스파게티 Spaghetti al fruitti di mare

해산물 스파게티는 토마토 소스를 곁들이거나 크림소스로 만들 수 있으며 어패류 또한 종류를 다양하게 선택할 수 있다. 해산물이 풍부한 지중해 연안 요리로 만드는 방법은 유사하나 각기 특색이 있다. 토마토 소스를 사용하기도 하지만 크림소스, 알리올리 소스, 또는 빵을 곁들이기도 한다. 신선한 해산물을 선택하고, 식재료 관리도 요리맛을 좌우한다.

재료 Ingredienti **완성량: 1인분**

- 스파게티 100g
- 홍합 4개
- 새우 4마리
- 바지락 3개
- 모시조개 3개
- 오징어 30g
- 도미살 30g
- 마늘 10g
- 홍고추 20g
- 바질 2g
- 파슬리 다진 것 2g
- 백포도주 10ml
- 토마토 소스 200g
- 올리브유, 소금, 후추 적당량
- 상추 2잎

○ 조리방법 Procedimento

1. 재료 준비

① 홍합은 껍질을 깨끗이 닦은 뒤 털을 제거하고, 새우는 내장을 제거하고, 모시조개는 24시간 해감시킨다.

② 오징어는 껍질과 내장을 제거하여 링 모양으로 자르고, 도미살은 1cm 두께로 잘라 놓는다.

③ 마늘, 홍고추는 슬라이스하고 바질과 파슬리는 다져 놓는다.

④ 토마토 소스(87쪽 참조)

2. 해물 소스 만들기

① 팬을 뜨겁게 달구어 올리브유를 두르고 마늘 슬라이스를 넣고 갈색으로 충분히 색을 내어 맛을 우려낸다.

② 홍고추 슬라이스한 것과 바질 다진 것을 넣고 해산물을 넣는다.

③ 백포도주는 조린 후 토마토 소스를 넣고 농도를 조절하여 간을 약간 맞추어 놓는다.

3. 완성하기

끓는 물에 소금, 올리브유를 넣어 스파게티를 삶은 후 소스에 넣는다.

4. 마무리

소금, 후추로 간을 하고 올리브유와 버터를 넣고 마늘과 파슬리 다진 것, 바질 다진 것을 넣어 마무리한다.

5. 담기

조개볼이나 접시에 건강식 특수채소로 모양을 낸 후 예쁘게 담고 향초류나 바질을 곁들여준다.

43 : 로마와 밀라노풍의 스파게티 Spaghetti ai amatriciana

토마토 소스로 맛을 내고 페코리노 치즈를 곁들인다.
베이컨과 양파, 적포도주가 맛을 결정하며, 로마의 대표적인 스파게티이다.
베이컨, 양파, 홍고추는 잘 볶아주고 와인은 충분히 졸여주어야 한다.

재료 Ingredienti **완성량: 1인분**

- 스파게티 100g
- 양파 슬라이스 50g
- 베이컨 50g
- 홍고추 10g
- 마늘 슬라이스 20g
- 바질 4g
- 올리브유 4Ts
- 토마토 소스 150g
- 적포도주 60ml
- 페코리노 치즈 10g
- 버터 10g
- 파슬리 다진 것 4g

○ 조리방법 Procedimento

1. 재료 준비

양파, 베이컨, 마늘, 바질, 파슬리는 슬라이스하거나 다져 놓는다.

2. 소스 만들기

① 팬을 달구어 올리브유를 두르고 마늘 슬라이스를 넣어 갈색을 내고 맛을 우려낸다.
② 홍고추 슬라이스, 마늘, 파슬리는 다져서 섞은 것을 넣고 볶다가 베이컨을 0.5cm 크기로 썰어서 끓는 물에 데쳐 짠맛을 제거하고 같이 볶는다. 양파 슬라이스를 넣고 볶다가 적포도주를 넣어 조린 다음 완전히 신맛이 나지 않게 한다.
③ 토마토 소스를 넣어 농도를 맞추고 간을 맞춘다.

3. 파스타 넣고 마무리하기

스파게티를 끓는 물에 소금을 넣어 삶아낸 후 위의 소스를 섞어 페코리노 치즈, 버터를 넣고 소금, 후추로 간을 한 후 파슬리 다진 것을 넣고 마무리한다.

4. 담기

접시에 파스타를 예쁘게 돌려 담아주고 페코리노 치즈를 뿌려내도 좋다.

***맛내기 포인트**

이 소스는 양파와 베이컨을 볶을 때 맛이 결정되기 때문에 양파를 잘 볶고 베이컨은 한번 데쳐서 기름기 제거한 것을 사용하는 것이 비결이다.

44 : 베이컨으로 맛을 낸 까르보나라 스파게티
Spaghetti alla carbonara

이탈리아 지하 노동당원들이 만들어 먹었다는 설과 탄광촌에서 유래되었다는 설이 있다.
브랜디로 크림과 베이컨, 후추의 맛에 풍미를 더하는 리치한 맛이다.
프레시 치즈의 맛을 한층 살려준다.

재료 Ingredienti **완성량: 1인분**

- 스파게티 100g
- 생크림 150ml
- 버터 50g
- 달걀 노른자 1개
- 베이컨 50g
- 파슬리 약간
- 후추 3g

■ **소스 만들기**

- 보드카 20ml
- 파마산 치즈 80g

○ 조리방법 Procedimento

1. 재료 준비

베이컨을 1cm 크기로 잘라 약한 소금물에 살짝 데쳐서 짠맛을 제거한다. 파슬리는 다져 놓는다.

2. 크림소스 만들기

① 팬에 약간의 버터를 두르고 1cm 길이로 자른 베이컨을 crispy하게 볶는다.
② 통후추 으깬 것을 넣고 보드카로 플랑베(flambe)한 다음 달걀 노른자, 생크림, 파마산 치즈를 섞어 조려서 농도를 맞추어 놓는다.

3. 파스타 넣고 마무리하기

스파게티를 끓는 물에 소금을 넣고 삶아 물기를 제거하여 소스에 넣고 소금, 후추로 간을 한 후 butter monte한다.

4. 담기

접시에 담고 파마산 치즈를 얇게 슬라이스하여 곁들이거나 가루를 뿌려 마무리한다.

＊맛내기 포인트

베이컨과 크림, 달걀 노른자, 검은 통후추로 맛을 내고 파마산 치즈를 곁들여 맛을 낸다. 검은 후추와 브랜디로 크림소스의 느끼한 맛을 제거할 수 있다.
치즈와 베이컨으로 간이 되어 있으므로 간 맞출 때 고려해야 한다.

Carbonara

숯쟁이, 석탄 광부를 가리키는 이탈리아어이다. 2번 항목에서 다루는 파스타 이름으로 더 유명하다. 19세기 이탈리아에서 비밀리에 활동하며 이탈리아 통일을 지지하던 비밀 결사를 지칭하는 '까르보나리(Carbonari)'는 이 단어에서 비롯되었다. 까르보나리 당원들은 자신들을 까르보나로(Carbonaro, 단수 남성형)라고 불렀다. 이름의 유래에 관하여 단원들이 숯쟁이로 위장하고 활동했었다는 설과, 사회 최하층민을 대표하는 의미를 담아 이 단어를 사용했다는 설이 있다.

45 : 새우와 아스파라거스로 맛을 낸 링귀네

Linguini con gamberi, cipolla e asparagi

아스파라거스와 새우를 마늘과 양파에 잘 볶아서 와인맛을 가미하고 크림소스를 만들어 사용한다.

재료 Ingredienti **완성량: 4인분**

- 링귀네 400g
- 마늘 200g
- 백포도주 80ml
- 토마토 콩카세 100g
- 올리브유 100ml
- 생크림 400ml
- 새우 240g
- 양파 40g
- 아스파라거스 200g
- 이탈리아 파슬리 3g

○ 조리방법 Procedimento

1. 재료 준비

① 새우는 내장과 껍질을 제거하고 등쪽에 칼집을 넣어 준비한다.

② 아스파라거스는 껍질을 제거하고 끓는 물에 소금과 레몬주스를 넣고 삶아 식혀서 알맞은 크기로 잘라 놓는다.

③ 마늘, 양파는 다져서 준비해 놓는다.

④ 이탈리아 파슬리도 거칠게 다진다.

⑤ 토마토도 껍질을 제거하여 작은 주사위 모양으로 잘라 놓는다.

2. 파스타 만들기

① 팬에 올리브유를 두르고 마늘 다진 것과 양파 다진 것을 넣어 볶으면서 새우와 아스파라거스를 넣고 백포도주를 넣어 조리고 생크림을 넣어 농도를 조절한다.

② 소금물에 링귀네를 삶아서 물기를 빼고 위에 얹어 간한다.

3. 담기

접시에 담고 파슬리 다진 것을 섞어 마무리한다.

***맛내기 포인트**

새우와 아스파라거스는 너무 익히지 말아야 하며, 신선한 새우는 껍질은 제거하고 머리는 붙여서 사용한다.

46 : 해산물로 소를 채운 검은 라비올리
Ravioli nere al frutti di mare e verdure

해산물로 소를 채우고 반죽은 오징어 먹물로 검게 만든다. 건강식으로 채소를 생선육수에 삶아 소스로 사용한다.

재료 Ingredienti **완성량: 4인분**

■ **오징어 먹물 반죽**

- 밀가루 200g
- 달걀 2개
- 올리브유 5ml
- 소금 6g
- 오징어 먹물 5g

■ **라비올리 소**

- 새우 50g
- 마늘, 양파 50g
- 달걀 노른자 2개
- 생크림 (또는 크림소스) 50ml
- 훈제연어 50g
- 빵가루 젖은 것 50g
- 신선한 바질 5g
- 대구 200g
- 파마산 치즈 50g

■ **소스**

- 호박 100g
- 셀러리 100g
- 버터 100g
- 소금 약간
- 당근 100g
- 올리브유 200ml
- 생선육수 200ml
- 후추 약간

○ 조리방법 Procedimento

1. 라비올리 반죽 만들기

밀가루, 달걀, 올리브유, 소금, 오징어 먹물을 넣고 반죽을 되게 친 다음 냉장고에 30분 이상에서 하루 정도 보관하여 롤러로 밀어 사용한다.

2. 라비올리 소 만들기

소테팬에 올리브유를 넣어 마늘, 양파를 볶다가, 대구, 연어, 새우 잘게 다진 것을 볶고 적당히 익으면 브랜디로 플랑베를 한다. 빵가루, 생크림(또는 베샤멜)에 달걀 노른자를 넣어 섞고 파마산 치즈를 넣고 볶은 재료를 같이 넣어 소금, 후추로 간을 맞춘 다음 소를 준비해 둔다.

3. 라비올리 소 채우기

반죽을 최대한 얇게 밀어 라비올리 틀이나 바닥에 얇게 밀어 한 장을 깔고 그 위에 달걀 노른자물을 바른 후 소를 넣어 다른 한 장을 덮고 사이사이를 잘 붙인다. 이것을 방망이로 민 뒤 잘라서 밀가루를 뿌려 한 개씩 준비해 놓고 소금물에 삶아 소스에 넣는다.

4. 소스 만들기

팬에 생선육수를 붓고 당근, 호박, 셀러리, 다이스 버터, 올리브유를 넣어 끓인 다음 소금, 후추로 간을 맞춘다. 라비올리를 끓는 물에 삶아 뜨면 건져서 소스에 넣는다.

5. 담기

잘 섞어 맛을 낸 후 접시에 담는다.

***맛내기 포인트**

라비올리는 반죽을 최대한 얇게 만드는 것이 중요하다.

47 : 고소한 크림소스의 또르뗄리니
Tortellini di vitello, tartuffo alla crema

이 파스타는 시금치를 갈아 넣고 만든 것으로 여러 가지 재료를 섞어 다른 색으로 만들 수도 있다. 속재료로 다양한 재료를 이용할 수 있다.

재료 Ingredienti **완성량: 4인분**

■ **시금치 반죽 400g**

■ **소 만들기**

- 송아지고기 또는 닭 가슴살 400g
- 양파 슬라이스 50g
- 브랜디 30ml
- 백포도주 50ml
- 베샤멜 소스 250ml
- 파마산 치즈 100g
- 검은 트러블 15g
- 너트맥 2g
- 밀가루 40g
- 버터 40g
- 스톡 300ml
- 소금, 후추 적당량

■ **소스 만들기**

- 버터 50g
- 생크림 100ml
- 세이지 20잎
- 양파 다진 것 100g
- 프로슈토 120g
- 백포도주 100ml
- 너트맥 0.1g

○ 조리방법 Procedimento

1. 시금치 반죽 만들기(149쪽 참조), 베샤멜라 소스(85쪽 참조)

2. 소 만들기

팬에 오일을 두르고 양파 슬라이스를 볶다가 송아지고기 간 것 또는 닭 가슴살 간 것을 넣어 함께 볶은 뒤 브랜디로 플랑베하고 백포도주로 데글라세한 다음 조려서 베샤멜 소스를 섞고 파마산 치즈, 검은 트러플(양송이, 표고버섯 대체 가능)을 넣은 뒤 너트, 소금, 후추로 간을 맞추어 준비해 둔다.

3. 또르뗄리니 만들기

누들을 얇게 밀어서 사각으로 자른 다음 가운데 소를 놓고 가장자리에 달걀물을 발라서 붙인 뒤 반을 접어서 뒤로 돌려 붙여서 모양을 내어 만든다.

4. 삶기

소금, 오일물에 삶아서 소스에 넣는다.

5. 소스 만들기

팬에 올리브유를 두르고 양파 다진 것을 볶다가 세이지, 프로슈토 슬라이스를 넣어 살짝 볶고 백포도주와 생크림을 넣어 조린 다음 너트, 소금, 후추로 간을 한다.

6. 마무리

또르뗄리니를 삶아 넣고 파마산 치즈를 넣은 후 소금, 후추로 맛을 내서 접시에 담는다.

***맛내기 포인트**

또르뗄리니는 반죽을 얇게 밀어 자른 뒤 손으로 접어 만든다. 최근에는 기계로 만들어서 판매된다.

48 : 아티초크 라비올리 Ravioli di carciofi

우리나라에는 흔하지 않은 재료지만 서양에서는 아티초크를 많이 사용하는데 청갈색과 녹색 종류가 있으며 주요리나 수프, 소스의 가니쉬로 사용할 수 있다. 원산지는 프랑스이다.

재료 Ingredienti **완성량: 4인분**

- 달걀 반죽 400g

■ 소 만들기

- 아티초크 300g
- 달걀 노른자 1개
- 파마산 치즈 50g
- 소금, 후추 적당량
- 프로슈토 100g
- 너트 1g

■ 소스 만들기

- 버터 20g
- 세이지 2잎
- 파마산 치즈 20g
- 닭육수 240ml

○ 조리방법 Procedimento

1. 달걀 반죽

에그 누들을 기계에 얇게 밀거나, 손으로 얇게 민 다음 가로, 세로 10cm로 잘라 준비해 둔다.

2. 소 만들기

① 아티초크를 끓는 물에 데쳐서 식힌 다음 믹서기에 갈아 준비해 놓는다.
② 파마산 치즈와 달걀 노른자, 너트, 프로슈토 슬라이스, 소금, 후추를 섞고 간을 맞춘다.
③ 달걀 노른자를 파스타에 바르고 속을 넣어 양쪽을 붙여서 만든다.

3. 소스 만들기

닭육수에 간을 한 다음 삶은 라비올리를 넣고 한번 토스트한 다음 접시에 담는다.

4. 담기

팬에 버터를 녹이면서 세이지를 넣고 약간 갈색이 나면 라비올리 위에 뿌려주고 파마산 치즈를 뿌려서 마무리한다.

49 : 바닷가재로 소를 채운 라비올리
Ravioli dastice e beluga al salmone e asparagi

바닷가재는 굽거나 찌거나 프라이하여 조리할 수도 있으나 라비올리 속에 넣어 조리할 수도 있다. 바닷가재는 지중해, 덴마크, 노르웨이에서 많이 잡힌다. 새우나 게살로도 만들 수 있다.

재료 Ingredienti **완성량: 4인분**

- 시금치 누들 400g

■ 소 만들기

- 신선한 바닷가재 250g
- 캐비아 20g
- 차이브 20g
- 달걀 흰자 2개
- 농어살 100g
- 소금, 후추 적당량
- 달걀 노른자 3개
- 코냑 20ml

■ 소스 만들기

- 아스파라거스 200g
- 생크림 400ml
- 양파 다진 것 60g
- 파슬리 다진 것 4g
- 보드카 100ml
- 훈제연어 150g
- 신선한 바질 4g
- 버터 80g
- 통후추 10g

○ 조리방법 Procedimento

1. 라비올리 반죽 만들기

강력 밀가루에 달걀, 소금, 올리브유를 섞어 믹서기에 돌린다. 2시간 동안 냉장고에 보관하였다가 얇게 밀어서 사용한다.

2. 소 만들기

① 랍스터(바닷가재) 살을 농어살과 섞어서 소금, 후추로 간하고 달걀 흰자를 넣어 가면서 믹서에 곱게 갈아 체에 내린다(믹서에 갈 때 생크림을 약간씩 부어가며 곱게 간다).

② Beluga Caviar와 차이브 다진 것을 곱게 체에 내린 생선살과 섞으면서 코냑을 약간 넣은 후 나머지 밑간(소금, 후추)을 맞춘다.

3. 라비올리 만들기

파스타(누들)에 달걀물(달걀 노른자+물)을 바른 뒤 소를 넣고 남은 한 장을 그 위에 덮어 삼각모양 또는 꽃무늬모양으로 찍어내어 놓는다.

4. 삶기

삼각으로 자르거나 찍어낸 후 끓는 물에 소금을 약간 넣고 삶는다.

5. 맛내기

팬에 올리브유를 두르고 양파 다진 것을 볶다가 아스파라거스를 3~4cm 크기로 잘라서 함께 볶는다.

6. 담기

5의 간을 맞추고 접시에 담아 맨 위에 훈제연어를 줄리엔(가는 성냥개비 크기)으로 10조각 올려주고 그 위에 Caviar(Beluga)를 올린 다음 4의 라비올리를 올리고 신선한 바질 또는 파슬리 다진 것을 뿌려준다.

50 : 리코타 치즈로 소를 채운 라비올리

Agnolotti di barbabietoia con ricotta e tartufi

라비올리는 리코타 치즈로 소를 만들어 채운 것으로 쉽게 조리할 수 있어서 좋다.

재료 Ingredienti **완성량: 4인분**

■ **비트 반죽**

- 강력 밀가루 350g
- 비트 100g
- 채소유 50ml
- 소금 20g
- 세몰리나 150g
- 달걀 5개

■ **소 만들기**

- 삶은 시금치 150g
- 파마산 치즈 50g
- 육두구(너트맥) 적당량
- 소금, 후추 적당량
- 프레시 리코타 치즈 150g

■ **소스 만들기**

- 프레시 리코타 치즈 100g
- 생크림 100ml
- 파마산 치즈 5g
- 흙딸기버섯 20g
- 프로슈토 50g
- 버터 30g

○ **조리방법** Procedimento

1. 비트(Barbabietola) 반죽 만들기(153쪽 참조)

2. 소 만들기

시금치를 삶아서 살짝 물기를 뺀 뒤 잘게 다져 준비해 놓고 리코타 치즈를 체에 내려 섞은 후 파마산 치즈, 너트, 소금, 후추를 넣어 간을 맞춘다.

3. 아뇰로띠 만들기

반죽을 얇게 밀어서 원형틀로 찍어 달걀 노른자와 물을 섞어서 바르고 소를 채워 반으로 접어 양 끝부분을 붙인다.

4. 소스 만들기

냄비에 버터를 넣고 녹인 다음 파르마 햄 줄리엔을 넣고 생크림, 리코타 치즈를 추가로 데워서 준비하여 놓는다.

5. 삶기 · 담기

소금, 오일과 물에 Agnolotti Barbabietola를 삶아서 1에 넣고 불 위에 올려서 소금, 후추를 넣어 간을 한 다음 맛을 내고 버터와 Tartufi 오일을 조금 넣어 잘 섞은 다음 접시에 담아 그 위에 파마산 치즈를 조금 뿌리고 Salamander에 glace한다.

***맛내기 포인트**

Barbavietola의 반죽은 삶으면 원래의 색이 변하므로 진하게 반죽해야 한다.

51 : 치즈, 소고기, 채소로 소를 채운 까넬로니
Cannelloni dello chef

까넬로니는 파스타에 소를 채워서 만드는데, 반죽을 밀어서 삶고 소를 채워 사용하기도 한다. 고기나 생선, 채소 등을 소로 사용하여 만든다.

재료 Ingredienti **완성량: 10인분**

■ **까넬로니 반죽**

- 강력 밀가루 500g
- 우유 500ml
- 물 1리터
- 소금 15g
- 달걀 8개

■ **소 만들기**

- 다진 소고기 600g
- 양송이 50g
- 양파 100g
- 육두구(너트맥) 적당량
- 당근 100g
- 소금, 후추 적당량
- 마늘 30g
- 표고버섯 100g
- 햄 250g
- 신선한 바질 5g
- 파슬리 다진 것 5g

■ **소스**

- 화이트 소스 500ml
- 토마토 소스 500ml

○ 조리방법 Procedimento

1. 반죽 만들기

① 밀가루와 소금을 섞고 달걀을 한 개씩 깨어서 넣고 섞는다.

② 물을 섞고 우유는 데워서 함께 섞은 후 덩어리가 지지 않게 잘 풀어서 체에 내려 준비한다.

③ 프라이팬에 정제버터를 바르고 반죽물을 넣어 양쪽을 붙인 후 식혀서 준비하여 놓는다.

2. 소스 만들기 : 크림소스, 토마토 소스(87쪽 참조)

화이트 소스와 토마토 소스를 1:1 비율로 믹스한 다음 생크림을 약간 첨가해서 사용한다.

3. 소 만들기

① 소고기, 당근, 호박, 표고버섯, 햄을 줄리엔으로 썰어 준비해 놓는다.

② 마늘, 양파, 파슬리는 다져서 준비해 놓는다.

③ 프라이팬에 오일을 두르고 양파, 마늘 다진 것을 볶다가 소고기 줄리엔, 당근, 호박, 표고버섯을 볶으면서 햄 줄리엔을 넣고 볶는다.

4. 까넬로니 만들기

까넬로니에 소를 예쁘게 배열하여 넣고 둥글게 만다.

5. 담기

꼬꼬떼에 토마토 소스와 크림소스를 1/2씩 깔고 까넬로니를 알맞은 크기로 잘라 담아 오븐에서 한번 데운다.

52 : 남부 이탈리아식의 해물 라자냐

Lasagnette di crostacei al gusto di prezzemolo

라자냐는 반죽 사이에 내용물을 채우고 다시 덮어 만드는 것으로 해산물의 종류를 다양하게 이용할 수 있으며 크림소스로 맛을 내는데 토마토 소스로 대체하여 만들 수도 있다. 고기류의 라자냐는 볼로냐에서 유래하였고 해산물은 남부 지방 또는 해안 부근에서 만든다. 근대에는 전역에 걸쳐 레스토랑에서 볼 수 있다.

재료 Ingredienti **완성량: 4인분**

- 생선육수 500ml
- 새우 100g
- 관자 100g
- 홍합 100g
- 바지락 100g
- 생선 크림소스 400ml
- 홀랜다이즈 소스 200ml
- 라자냐 반죽 400g
- 시금치 300g
- 양파 50g
- 생크림 100ml
- 버터 40g

○ 조리방법 Procedimento

1. 해산물 손질하기

조개는 24시간 해감시킨 후에 사용한다. 생선육수에 홍합, 새우, 조개, 굴, 게를 넣고 삶아 준비한다.

2. 소스 만들기

생선 크림소스에 홀랜다이즈 소스와 생크림을 넣고 섞는다.

3. 라자냐 만들기

① 라자냐를 얇게 밀어 사방 7cm 정도 크기로 잘라 소금과 기름을 넣은 물에 삶아 팬에 오일을 바르고 펴서 준비한다.

② 라자냐볼 바닥에 버터를 얇게 붓으로 바르고 소스를 깔아 에그 누들 삶은 것 1장을 그 위에 얹고 시금치와 버터, 양파 다진 것을 볶은 것과 해산물 삶은 것을 놓고 그 위에 소스와 라자냐 1장을 다시 덮고 시금치와 해산물을 올리고 소스와 라자냐를 세 번째 덮은 후 홀랜다이즈 소스를 덮듯이 뿌린 다음 샐러맨더에 갈색이 나게 하고 주변에 새우와 조개 등으로 가니쉬한다.

***맛내기 포인트**

해산물은 너무 삶지 말아야 하며 반죽은 건조 파스타나 생면을 사용할 수 있다. 색상별로 다양하게 만들 수도 있다.

53 : 건강식 버섯 라자냐 Lasagne ai funghi trifolati

이 라자냐는 건강식으로 채식주의자들에게 아주 좋다. 여러 종류의 버섯을 이용하여 만들고 맛도 좋다.

재료 Ingredienti **완성량: 4인분**

- 라자냐 반죽 400g
- 양파 100g
- 마늘 30g
- 파슬리 30g
- 자연송이 80g
- 표고버섯 80g
- 양송이 80g
- 이탈리아 말린 버섯 80g
- 백포도주 200ml
- 올리브유 100ml
- 캔 토마토 1000g
- 파마산 치즈 15g
- 모짜렐라 치즈 200g
- 소금, 후추 적당량

○ 조리방법 Procedimento

1. 달걀 반죽 토마토 소스(87쪽 참조)

자연송이, 표고버섯, 양송이버섯, 이탈리아 말린 버섯은 잘 씻은 후 얇게 썰어 준비해 놓는다.

2. 양송이 소스 만들기

팬에 올리브유를 두른 후 마늘과 양파 다진 것을 넣고 잘 볶다가 말린 버섯 불린 것부터 표고버섯, 양송이버섯, 이탈리아 버섯을 순서대로 볶고 백포도주로 조려 소금, 후추 간을 한 다음 토마토 소스를 넣고 끓인다.

3. 라자냐 만들기

① 라자냐 용기에 버터를 바르고 양송이 소스를 60ml 정도 뿌린 뒤 삶아낸 라자냐 한 장을 깔고 소스를 뿌린 후 파마산 치즈와 모짜렐라 치즈를 뿌린다. 같은 방법으로 3~4회 반복해서 쌓아 올린다.

② 맨 위에 소스를 뿌리고 파마산 치즈와 모짜렐라 치즈를 뿌려 오븐에서 황금색으로 굽는다.

***맛내기 포인트**

버섯을 잘 볶아야 하고 소스의 농도가 중요하다.

일인분씩 만들어 보관하여 사용할 수도 있다.

Il riso
일 리조(쌀요리)

1. 쌀(Riso)

리조는 아랍에서 건너와 시칠리아에서 재배하기 시작하여 현재는 피에몬테에서 주로 재배한다. 종류가 다양하고 유럽까지 수출하고 있다. 리조또를 만들 때는 amido를 제거하지 않게 하기 위해 쌀을 씻지 않는다.

(1) 쌀의 가공

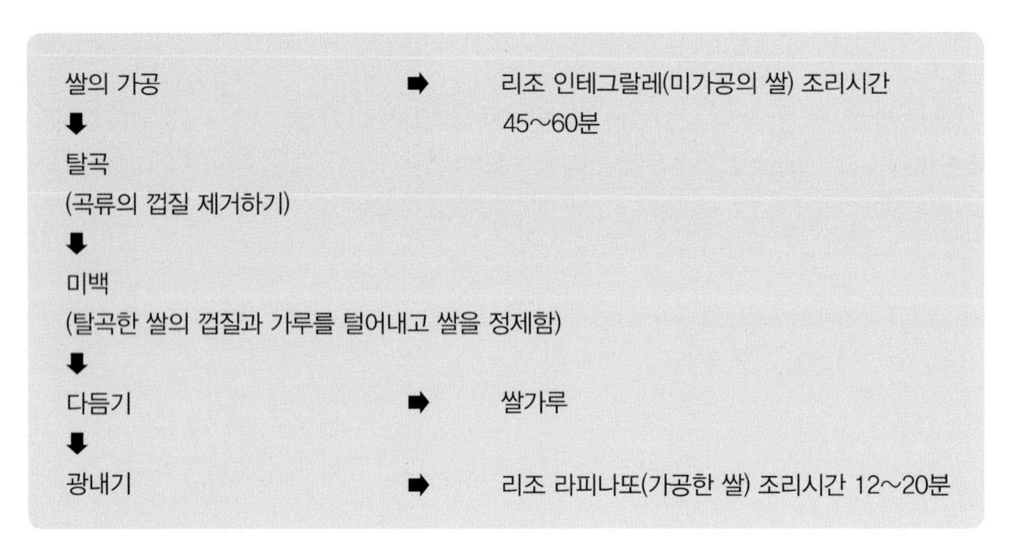

(2) 쌀에 따른 사용의 분류

1. 꼬무니 – '오리지나리' 가공하지 않은 쌀(메니스트레, 돌체나 묽은 수프용)
2. 세미피니 – 반가공쌀
3. 피니 – 가공쌀(리조또, 틀에 넣어 만드는 쌀요리, 소를 채우는 쌀요리)
4. 슈페르피니 – 특별 가공쌀(리조또, 샐러드)

2. 리조또의 조리방법

• 리조또 요리순서

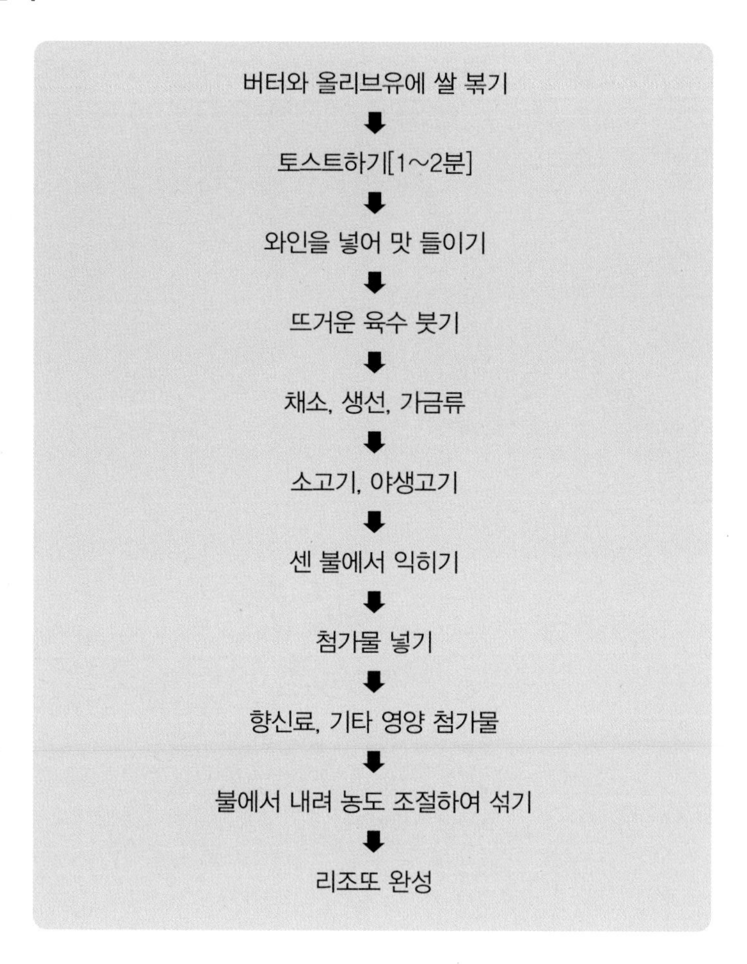

54 : 송로버섯과 사프란향의 리조또

Tortico di riso alla milanese con tartufo estivo

이 쌀요리는 사프란의 향과 색, 맛을 이용하여 만든 것이다. 사프란은 꽃의 암술에서 얻어지는 것으로 100g을 얻으려면 6~8만 송이가 필요하다.

재료 Ingredienti **완성량: 4인분**

- 쌀 320g
- 대파 흰 부분 80g
- 마늘 10g
- 올리브유 80g
- 사프란 1g
- 흑딸기버섯 4g
- 백포도주 200ml
- 닭육수 400ml
- 생토마토 200g
- 파마산 치즈 100g
- 월계수잎 1장
- 송로버섯유 약간

○ 조리방법 Procedimento

리조또 만들기

① 쌀은 찬물에 잘 씻어서 체에 밭쳐 물기를 빼서 준비한다.

② 양파, 마늘은 다져서 준비하고 토마토는 콩카세하고 송로버섯은 준비한 양의 반은 다지고 반은 슬라이스한다.

③ 냄비에 올리브유를 두르고 마늘과 양파 다진 것을 볶다가 쌀, 사프란, 월계수잎을 넣고 10분 정도 볶아 백포도주로 조린 다음 닭육수를 넣고 끓이면서 저어준 다음 소금으로 간을 맞추고 흑딸기버섯 다진 것, 송로버섯유, 버터를 넣고 맛을 낸 다음 접시에 담고 위에 파마산 치즈를 뿌려 오븐에 넣어 색을 내어 완성한다.

가니쉬

접시 가장자리에 토마토 웨지를 뿌려주고 송로버섯 슬라이스 한 장을 올린다.

***맛내기 포인트**

이탈리아의 쌀과 우리나라의 쌀은 매우 다르다. 아밀로펙틴 함량의 차이에 의해 우리나라 쌀은 끈기가 있고 이탈리아 쌀은 끈기가 없다. 그래서 Indica형으로 밥을 만들 때 씻지 않고 깨끗이 손질하여 바로 볶아서 만든다. 하지만 우리나라 쌀은 끈기가 있으므로 한번 씻어 바로 물기를 뺀 후 리조또를 만드는 것이 좋다.

55 : 여러 가지 버섯을 넣은 리조또 Funghi misto risotto

재료 Ingredienti **완성량 : 4인분**

- 쌀 320g
- 양송이 100g
- 월계수잎 1장
- 포르치니버섯 50g
- 백포도주 100ml
- 마늘 10g
- 표고버섯 100g
- 닭육수 400ml
- 올리브유 약간

1. 기본 준비

① 쌀은 씻어서 물기를 빼놓는다.

② 버섯은 여러 가지를 준비하여 마른 재료와 프레시 재료를 선별하여 깨끗이 손질하여 준비한다. 가능한 프레시 버섯은 씻지 않고 흙이나 먼지는 털어서 사용하는 것이 좋다.

③ 마늘, 양파, 파슬리, 바질은 다져 놓는다.

2. 요리 만들기

① 프라이팬에 올리브오일과 양파를 잘 볶는다. 불린 쌀을 넣어 잘 볶고 화이트 와인 데글라세하여 주고 스톡을 4번에 나누어 부어주면서 쌀을 익힌다.

② 팬에 마늘과 양파를 넣고 버섯을 볶다가 화이트 와인 데글라세하여 쌀에 넣고 함께 조려준 다음 생크림을 넣어 맛을 내고 마지막에 버터와 올리브오일을 넣고 맨 위에 치즈를 갈아서 올려준다.

56 : 완두콩과 조개로 맛을 낸 리조또 Risotto con vongole e fiselli

이탈리아 쌀은 끈기가 없어 씻지 않고 조리해야 하며, 우리나라 쌀은 끈기가 있어 씻어서 조리해야 한다. 쌀요리는 쌀의 특성과 재료를 잘 배합하고 원리를 이해해야 한다.

재료 Ingredienti **완성량: 4인분**

- 완두콩 200g
- 모시조개 400g
- 대파줄기 200g
- 버터 50g
- 파슬리 20g
- 마늘 2쪽
- 올리브유 50ml
- 백포도주 50ml
- 닭육수 1000리터
- 파마산 치즈 80g
- 쌀 400g
- 양파 g
- 이태리 파슬리 g

○ 조리방법 Procedimento

리조또 만들기

① 팬에 올리브유를 두르고 통마늘 으깬 것을 넣고 볶아 갈색으로 맛을 우려낸 뒤 양파 다진 것, 대파 가늘게 채썬 것, 쌀을 넣고 볶다가 백포도주로 완전히 조린 다음 닭육수를 넣고 10분 정도 불 위에서 주걱으로 저으면서 리조또를 만든다.

② 통마늘을 으깨어 올리브유에 갈색으로 우려낸 다음 바지락을 넣고 볶다가 백포도주로 조린 다음 닭육수를 넣고 끓이다가 조개가 벌어지면 1에 넣는다. 이때 완두콩도 함께 넣어 간을 맞추고 마지막에 버터와 이탈리아 파슬리 다진 것을 넣어 섞은 뒤 접시에 담는다.

곁들임

파마산 치즈를 곁들여 먹는다.

***맛내기 포인트**

조개와 콩은 미리 전처리하여 준비해 두고 리조또가 완성단계에 왔을 때 넣어 맛을 내서 마무리하는 것이 좋다.

57 : 새우와 라디치오로 맛을 낸 리조또 Risotto ai gamberi e radicchio

새우와 라디치오의 씁쌀한 맛이 어우러져 리조또의 맛을 한층 돋우어주는데, 라디치오는 상추의 일종으로 건강식 채소이다. 새우의 콜레스테롤을 저하시켜 준다.

재료 Ingredienti **완성량: 4인분**

- 쌀 500g
- 중하 20마리
- 라디치오 150g
- 생선육수 1.5리터
- 대파 슬라이스 60g
- 월계수잎 5장
- 백포도주 100ml
- 파마산 치즈 100g
- 생크림 100cc
- 상추 4잎
- 소금, 후추 적당량

○ 조리방법 Procedimento

① 올리브유를 넣고 달군 팬에 양파 다진 것을 넣고 깨끗이 손질한 씻지 않은 쌀과 함께 색깔이 나지 않게 볶는다.

② 백포도주의 신맛이 없어지도록 조린 뒤 생선육수를 넣고 10분 정도 나무주걱으로 저으면서 리조또를 만들고 새우, 소금, 후추, 생크림, 버터, 올리브유를 넣고 약한 불에 끓인다. 되직한 농도로 저어준다.

라디치오 볶기

① 올리브유, 버터에 양파, 마늘 다진 것을 넣고 붉은 상추를 넣어 볶는다.

② 소금, 후추로 간을 한 후 백포도주를 붓고 끓여 리조또에 넣고 파마산 치즈, 생크림을 넣어 완성한다.

담기

볼에 라디치오를 넣고 그 위에 리조또를 담은 후 슬라이스한 바질과 바질잎을 얹는다.

Gnocchi
뇨끼

1. 뇨끼 개론

뇨끼는 이탈리아 북부지방에서 즐겨 먹는 요리로서, 첫 번째 코스에 해당된다. 대표적인 것이 감자를 이용한 뇨끼이다. 촉감이 부드럽고 쫄깃한 맛과 함께 버터와 향채의 향기를 즐기는 음식으로 감자를 잘 선택해야 한다. 감자 뇨끼가 가장 많이 발달한 곳은 베네토 지방과 롬바르디아 지방이다.

뇨끼는 떡이라는 뜻이며 감자나 치즈를 이용해 반죽을 떼어 삶아 먹는 한국의 수제비 형태의 요리이다. 하지만 끓여먹지는 않고 감자, 곡물, 옥수수가루 등 다양한 재료를 이용하여 만드는 요리로 토마토 소스 등과 함께 제공된다.

기본적인 조리방법은 감자를 껍질째 삶거나 찐 다음 껍질을 제거하고 감자 분쇄기(Potato Press)를 이용하여 미세하게 분쇄한다. 이것을 달걀, 밀가루와 함께 혼합하여 반죽을 완성한다. 형태에 따라 자른 다음 끓는 물에 넣고 삶는다. 표면에 떠오른 것은 체로 건져서 준비한 소스와 함께 접시에 담아 파마산 치즈 또는 그라나 파다노를 뿌려 제공한다.

(1) 피에몬테의 전통적인 방법으로 만드는 기본 뇨끼(Gnocchi Crochetta classica–Piemonte)

뇨끼의 반죽에 달걀이 들어가는 것과 들어가지 않는 것이 있는데 이에 따라 뇨끼의 맛과 촉감이 달라지므로 요리에 따라 다양하게 쓰인다.

감자는 수분이 적어야 하며, 빨간색이 나는 감자일수록 좋다. 이탈리아의 고급식당에서는 고산지에서 생산된 감자를 특별 주문해서 사용하기도 한다.

(2) 요리과정

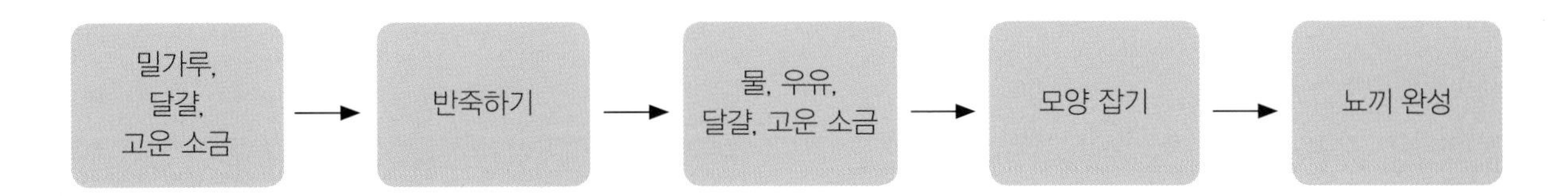

(3) 뇨끼(Gnocchi)에 사용되는 주재료와 만드는 과정

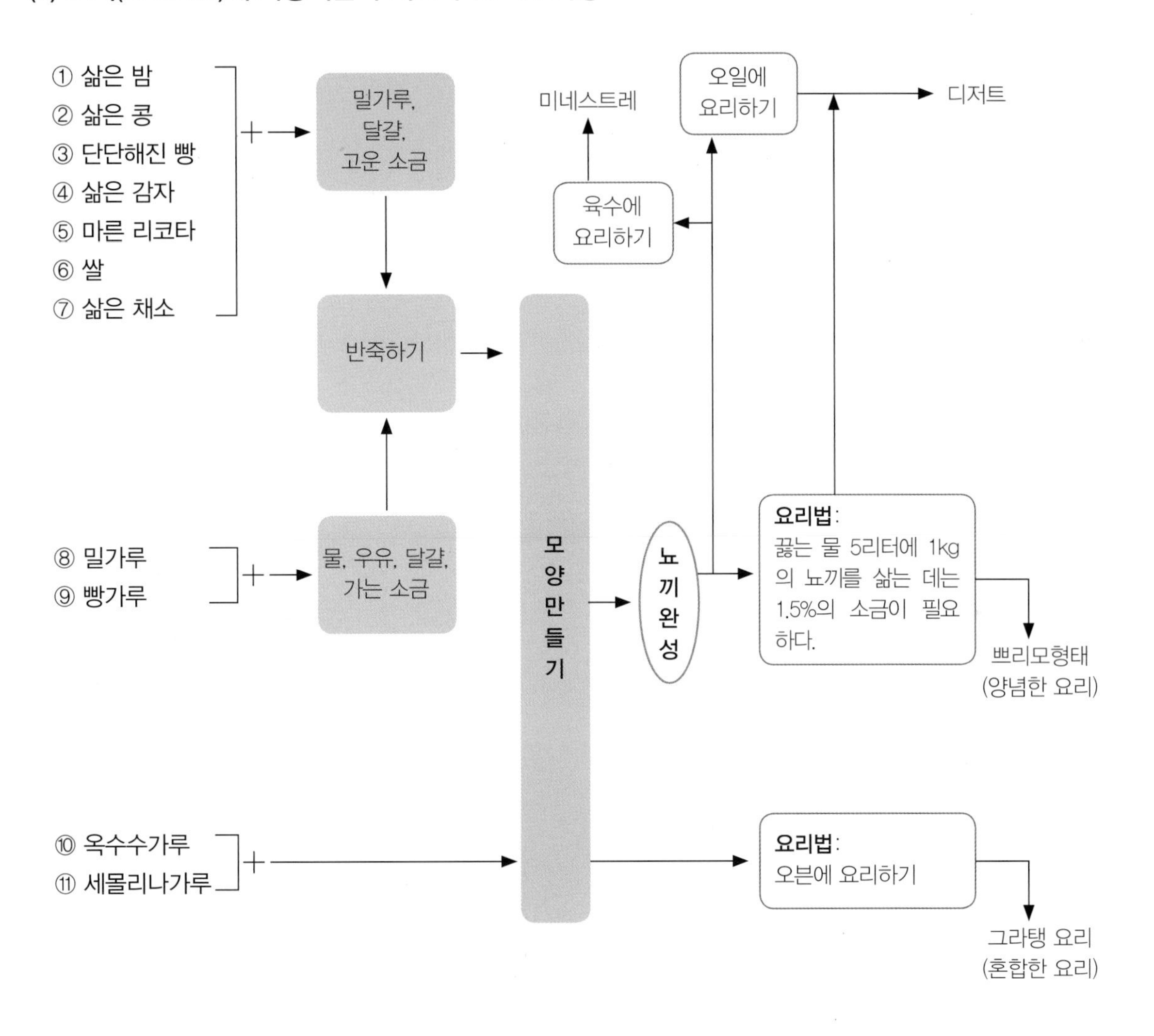

58 : 시금치를 곁들인 고르곤졸라 치즈 소스의 감자 뇨끼

Gnocchi di patate al gorgonzola e spinaci

뇨끼는 우리나라의 수제비와 같은 종류의 요리로 감자와 치즈를 섞어 만든다. 여러 재료를 이용하여 만들 수 있으며 소스도 변형시킬 수 있다. 치즈 소스의 맛이 아주 깊고 좋다.

재료 Ingredienti **완성량: 4인분**

- 감자(중) 2개
- 달걀 노른자 2개
- 파마산 치즈 100g
- 너트맥, 올리브유, 소금, 후추 약간

■ **소스**

- 다진 양파 20g
- 생크림 120ml
- 백포도주 30ml
- 고르곤졸라 치즈 30g
- 소금, 후추 약간

■ **겯들임**

- 시금치 20g

○ 조리방법 Procedimento

뇨끼 반죽하기

① 감자를 껍질째 깨끗이 씻어 푹 익힌다. 다 익은 감자의 껍질은 벗기고 고운체에 내려 식힌다.

② 감자와 달걀, 파마산 치즈, 소금, 후추를 넣어 골고루 잘 섞으면서 반죽을 한다.

③ 두께 1cm, 길이 2cm 정도의 크기로 떼어내 포크의 날 끝으로 세 줄 무늬를 낸다. 팬에 밀가루를 뿌려서 떼어낸 반죽에 묻힌 후 끓는 물에 소금과 올리브유를 넣어 삶아 놓는다.

소스 만들기

① 팬에 올리브유를 두르고 양파 다진 것을 볶다가 백포도주를 넣어 조린다.

② ①에 생크림을 넣고 데운 후 고르곤졸라 치즈를 넣고 조린 다음 농도를 맞춘다.

③ 뇨끼를 넣고 소금, 후추로 간을 맞춘 후 섞는다.

겯들임

접시에 뇨끼를 담고 파마산 치즈를 뿌린 후 시금치를 슬라이스하여 얹어준다.

＊맛내기 포인트

감자는 껍질째 삶아서 사용하고 재료의 비율에 따라 부드럽고 맛있는 뇨끼를 만들 수 있다. 다양한 색을 낼 수도 있다.

59 : 치즈 뇨끼 Gnocchi di fromaggio

재료 Ingredienti **완성량: 4인분**

- 감자 2개
- 소금 약간
- 토마토 소스
- 달걀 노른자 1개 / 흰자 1개
- 후추 약간
- 리코타 치즈 100g
- 너트맥 약간

1. 기본 준비

① 감자를 소금물에 껍질째 1시간 정도 삶아서 체에 내린다.

② 리코타 치즈와 밀가루, 페코리노 치즈, 노른자, 소금, 후추, 너트맥을 섞는다.

③ 달걀 흰자를 휘핑하여 적당히 섞어준다.

④ 소금물에 올리브유를 넣고 끓인 다음 뇨끼를 넣고 10분 정도 익힌 뒤 건져서 물기를 제거하고 토마토 소스 위에 담는다. 위에 페코리노 치즈가루나 그라나 파다노 치즈가루를 뿌려준다.

◇ 토마토 소스(87쪽 참조)

＊참고

흰자의 기포가 꺼지지 않도록 100℃ 이상의 물을 넣으면 절대 안 된다.

Minestre e zuppe

미네스트레 에 주뻬(맑은 수프와 걸쭉한 수프)

1. 미네스트레와 미네스로네(Minestre e Minestrone)

이탈리아의 수프는 맑은 장국 형태의 '미네스트레(Minestre)'와 찌개처럼 탁하며 걸쭉한 형태의 콩과 채소류의 수프인 '미네스트로네(Minestrone)', 재료에서 나온 수분만으로 되어 있어 국물이 적어 떠먹을 수 있을 정도가 아닌 '주뻬(Zuppe)'로 구분된다.

2. 지역별 특징

미네스트레에 들어간 재료들을 보면 그 지역의 특색을 알 수 있다. 지역에 따라 걸쭉하지 않게 먹는 곳도 있으며 치즈를 많이 넣는가 하면 'Zuppa di conie(Valle d'Aosta 지방의 요리)'처럼 양배추나 폰티 또는 검은 빵을 넣어 국물이 하나도 없이 해서 먹기도 한다. 남쪽으로 내려올수록 미네스트레와 미네스트로네를 별로 많이 먹지 않는다. 미네스트레(Minestre)와 미네스트로네(Minestrone)는 주로 중 · 북부 지방에서 많이 먹는데, 특히 북쪽에서 가장 즐겨 먹는다.

Piemonte: 콩 종류가 다양하게 들어간다. 빠니시아(Paniscia)는 쌀과 콩이 많이 들어가고 특히, 돼지 피하지방과 껍질 사이에 있는 지방을 많이 넣는다.

Lombardia: 채소를 많이 넣는 것이 특징이다.

Milano: 쌀과 돼지고기를 많이 넣는 것이 특징이다.

Emiglia Romagna: 또르뗄리니(Tortellini)와 육수를 많이 사용하는 것으로 유명하다.

Toscana: 기장을 많이 사용한다.

Lazio: 파스타면을 많이 사용하며, 콩류는 사용하지 않는다.

Campagna: 고깃국물을 많이 사용하며, 몸이 아플 때 많이 먹는다.

3. 미네스트레와 주뻬 제조방법 및 주재료

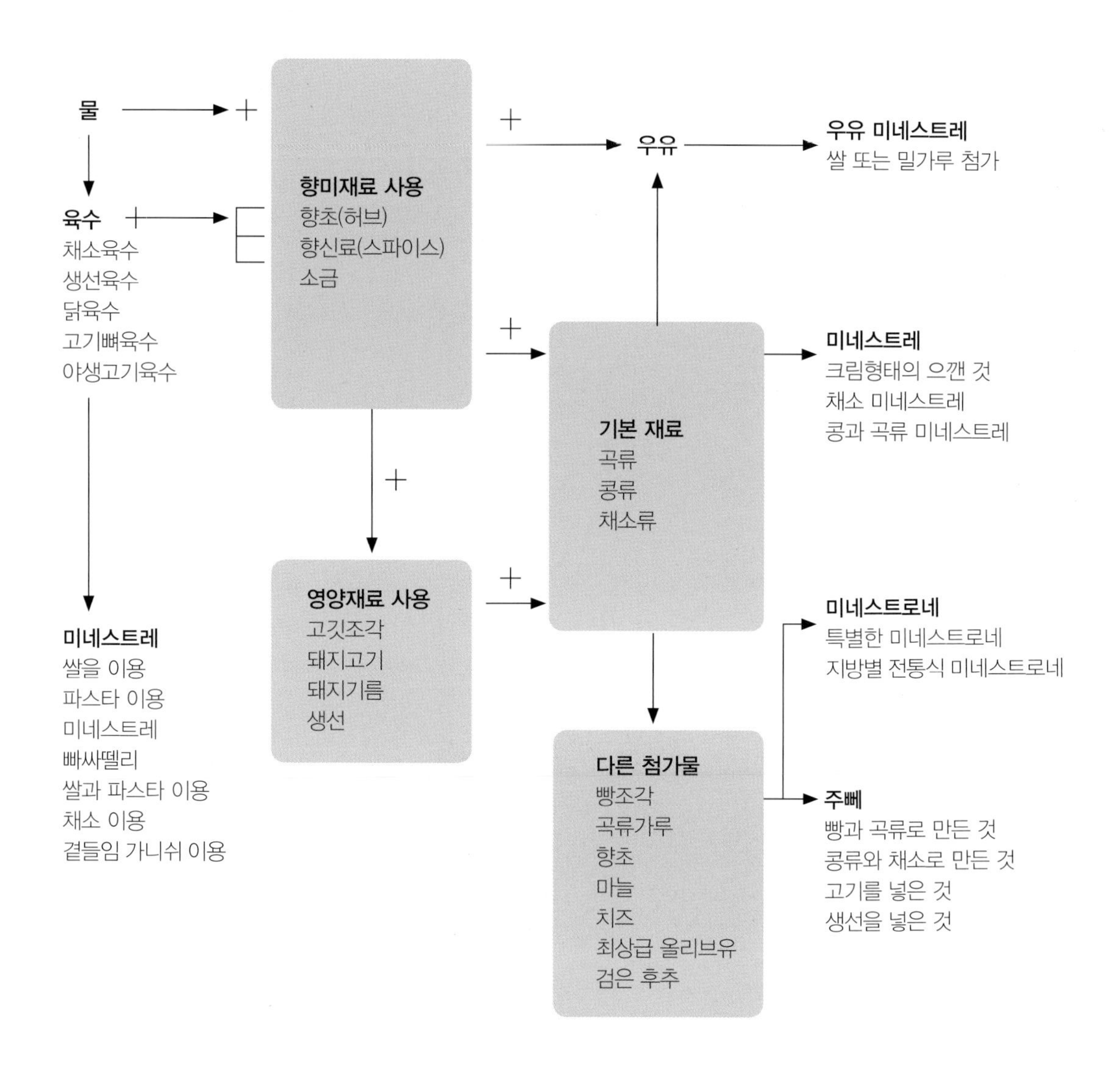

60 : 비프 콩소메 수프 Manzo consomme

재료 Ingredienti **완성량: 4인분**

- 양파 500g
- 셀러리 250g
- 당근 250g
- 토마토 홀 100g
- 토마토 페이스트 50g
- 통후추 20g
- 월계수잎 1장
- 달걀 2개
- 소고기 뼈 구운 것 500g
- 레드 와인 50ml

1. 기본 준비

① 소고기 방심 간 것은 물기를 제거하여 준비한다.

② 채소는 모두 슬라이스하거나 다져서 준비한다.

③ 토마토 페이스트, 와인을 같이 섞어서 준비한다.

④ 달걀 흰자는 휘핑한다.

⑤ 먼저 ①+②하여 잘 섞어준 다음 흰자와 다시 섞는다.

2. 만들기

① 차가운 육수에 넣고 끓을 때까지 저어준다.

② 중요한 포인트는 절대 100℃를 넘으면 안 된다는 것이다.

③ 내용물이 끓기 직전에 떠오르면 불을 완전히 줄이고 한가운데 홀을 만든다. 구멍에 보글보글 끓는 정도로 시머링하여 양에 따라 40분~4시간 정도 끓여준다.

④ 불을 끄고 가라앉으면 위에 콩소메를 망이나 거름천에 걸러서 차가운 물에 식힌 뒤 냉장이나 냉동 보관하여 사용한다.

***맛내기 포인트**

위에 기름은 차갑게 식으면 그때 체로 걷으면 되니 중간에 너무 많은 것을 건질 필요가 없다. 콩소메는 쉬운 것 같지만 절대 쉽지 않고 많은 경력과 노하우가 필요하다.

주재료의 기본 향과 맛 그리고 색, 고유한 맛을 살리지 못하면 콩소메는 결코 잘 만든 것이라 할 수 없다.

61 : 맑은 양송이 수프 Zuppa di funghi misti

여러 가지 버섯을 넣어 만든 건강식 수프로 이탈리아 수프의 깊은 맛을 느낄 수 있으나 우리 재료와 다른 면을 고려해서 만들어야 한다.

재료 Ingredienti **완성량: 4인분**

- 소고기 콩소메 800ml
- 양송이버섯 60g
- 새송이버섯 60g
- 느타리버섯 40g
- 버터 50g
- 모짜렐라 치즈 50g
- 파마산 치즈 50g
- 양파 다진 것 50g
- 통마늘 20g
- 이탈리아 파슬리 다진 것 20g
- 생민트잎 5장
- 바게트빵 20g
- 올리브유 50ml
- 바질잎 20g
- 브랜디 30ml
- 백포도주 20ml

○ 조리방법 Procedimento

콩소메 만들기

① 팬에 올리브유를 두르고 마늘 으깬 것을 넣어 갈색을 내다가 양파 다진 것을 넣어 볶은 후 버섯(양송이, 새송이, 느타리버섯)을 넣는다.
② 토마토 콩카세를 넣고 소금, 후추로 간을 맞춘다.
③ 브랜디와 백포도주를 넣어 조린 다음 계속 저어준다.
④ 민트와 바질을 넣는다.
⑤ 콩소메(consomme)를 넣고 끓인다.
⑥ 바게트빵을 잘라 모짜렐라 치즈와 파마산 치즈를 뿌리고 그 위에 파슬리 다진 것을 뿌려 오븐에 굽는다.
⑦ 그릇에 수프를 담고 바게트빵을 얹어 낸다.

***맛내기 포인트**

올리브유에 마늘과 버섯을 잘 볶아야 깊은 맛이 나고 와인은 완전히 조려주어야 신맛이 없어진다.

62 : 맑은 마늘 수프 Zuppa di aglio

마늘의 우수성이 돋보이는 수프로 콩소메 수프에 마늘향이 매력을 느끼게 한다. 채식주의자들이 건강식으로 선호한다. 콩소메는 닭이나 소고기 등 다양한 콩소메를 사용해도 무방하다.

재료 Ingredienti **완성량: 4인분**

- 마늘 40g
- 바게트빵 2쪽
- 세이지 7~8잎
- 콩소메 또는 닭육수 800ml
- 올리브유 4Ts
- 브랜디 30ml
- 백포도주 60ml
- 소금, 후추 약간

○ 조리방법 Procedimento

① 냄비에 올리브유를 두르고 데운 후 통마늘을 넣어 갈색으로 색을 낸다.

② ①의 냄비에 2cm 크기로 썬 바게트빵을 넣고 갈색을 낸다. 중간에 올리브유를 조금씩 넣어준다. 세이지잎을 넣는다.

③ 브랜디와 백포도주를 넣고 소금, 후추로 간을 맞춘 후 끓인다.

④ 콩소메를 넣고 조금 더 끓이다가 불을 끈다.

◇ 콩소메 또는 닭육수(75쪽 참조)

*맛내기 포인트

마늘의 양념맛과 올리브유, 세이지향이 잘 어우러지게 볶아야 하고 콩소메는 진할수록 좋다.
빵을 갈색으로 잘 볶는 것이 중요하다.

63 : 매운 후추맛의 홍합 수프 Mepata di cozze zuppa

홍합 특유의 향과 후추의 매운맛이 잘 어울리는 수프로 토마토 소스를 넣어 만든 정통 이탈리아 수프이다.

재료 Ingredienti **완성량: 4인분**

- 홍합 200g
- 조개 70g
- 마늘 슬라이스 5g
- 후추 3g
- 올리브유 30ml
- 파슬리 2g
- 바질 2g
- 백포도주 2Ts
- 브랜디 20ml
- 홍고추 2g
- 통후추 2g
- 토마토 소스 100ml
- 토마토 콩카세 20g
- 생선육수 800ml
- 소금 적당량

○ 조리방법 Procedimento

① 팬에 올리브유를 두르고 마늘 슬라이스를 넣어 갈색으로 색을 낸 후에 홍고추와 통후추를 넣고 볶다가 홍합, 조개를 넣고 볶는다.
② 브랜디를 넣어 플랑베한 후 파슬리 다진 것을 넣는다.
③ 토마토 소스와 생선육수를 넣어 끓이다가 소금, 후추로 간을 맞춘다.
④ 바질 슬라이스를 넣고 토마토 콩카세를 넣는다.
⑤ 완성되면 접시에 담아 낸다.

◇ 생선육수(Fish Stock) (79쪽 참조)

***맛내기 포인트**

홍합은 벌어지면 너무 오래 끓이지 않는다. 고추의 매운맛과 후추 맛이 잘 어우러지게 만드는 것이 중요하다.

64 : 해산물 수프 Zuppetta marinara

지중해 연안의 여러 가지 해산물을 이용하여 만든 수프로 담백한 맛이 일품이다. 뻬르노 와인의 향이 돋보이는 수프이다. Perno는 회향과 감초 등으로 만든 술로 생선요리와 소스에 깊은 맛을 부여해 준다.

재료 Ingredienti **완성량: 4인분**

- 새우 4마리
- 바지락 8개
- 도미살 120g
- 바질 4장
- 마늘 다진 것 2g
- 올리브유 100ml
- 오징어 80g
- 모시조개 12개
- 바닷가재 1마리
- 홍고추 20g
- 통마늘 으깬 것 8pc
- 뻬르노 와인 60ml
- 홍합 4개
- 게 1마리
- 생선육수 800ml
- 파슬리 다진 것 2g
- 토마토 소스 150ml
- 소금, 후추 약간

○ 조리방법 Procedimento

① 팬에 올리브유를 두르고 마늘 으깬 것을 넣어 갈색으로 색을 낸 후 홍고추와 바질 슬라이스를 넣고 볶는다.
② 조개를 넣고 볶다가 조개가 벌어지면 바닷가재, 게, 새우, 오징어를 순서대로 넣는다(오래 익히는 순서대로).
③ 뻬르노 와인을 넣고 조린 후 토마토 소스와 생선육수를 넣고 끓인다.
④ 끓이는 중간에 다진 마늘과 파슬리를 넣고 소금, 후추를 넣어 간을 맞춘다.

***맛내기 포인트**

해산물을 너무 오래 끓이면 질겨지고 스펀지 현상이 일어나게 되므로 지나치게 끓이지 않는다.

65 : 호박크림 수프 Zuppa di crema di zucca

재료 Ingredienti **완성량: 4인분**

• 단호박 300g	• 생크림 200g	• 우유 100g
• 치킨육수 800ml	• 감자 100g	• 양파 50g
• 대파 50g	• 샐러드 오일 30ml	• 버터 50g
• 바게트빵 200g	• 파마산 치즈 100g	• 이태리 파슬리 2줄기
• 소금, 후추 약간		

○ 조리방법 Procedimento

기본 준비

① 비프스톡 준비

② 호박, 감자, 양파, 대파는 슬라이스하여 준비한다.

③ 소스팬에 오일을 두르고 대파, 양파, 감자, 호박을 순서대로 색이 안 나게 볶는다. 버터를 넣고 볶다가 스톡을 넣고 1시간 정도 끓인 뒤 믹서기에 간 다음 우유를 데워 섞고 마지막에 생크림을 넣고 소금, 후추로 간하여 버터몬테하고 휘핑크림을 쳐서 올려 완성한다.

④ 바게트에 치즈, 파슬리를 올려 구워서 곁들인다.

***맛내기 포인트**

스톡에 주재료만 넣고 갈아서 만들고 농도와 간을 맞추면 퓌레수프이고 거기에 우유와 크림이 더해지면 크림수프가 된다. 즉 퓌레수프와 크림수프는 농도와 색으로 구별이 가능하며 주재료의 맛과 향이 구별된다.

66 : 콜리플라워 아스파라거스 수프
Zuppa di crema di cavolfiore, asparaji

재료 Ingredienti 완성량: 4인분

- 아스파라거스 200g
- 우유 100ml
- 쌀 50g
- 소금, 후추 약간
- 콜리플라워 100g
- 토스트빵 50g
- 생크림 100g
- 닭육수 800ml
- 버터 50g
- 오일 50ml

○ 조리방법 Procedimento

기본 준비

① 비프스톡 준비

② 아스파라거스, 콜리플라워, 양파를 슬라이스하여 준비한다. 쌀은 따로 씻어서 물기를 없애고 준비한다.

③ 소스팬에 오일을 두르고 양파, 쌀, 호박을 순서대로 색이 나지 않게 볶는다. 버터를 넣고 볶다가 스톡을 넣고 1시간 정도 끓인다.

④ 믹서기에 간 다음 우유를 데워서 섞고 마지막에 생크림을 넣고 소금, 후추로 간을 하여 버터몬테하고 휘핑크림을 쳐서 올려 완성한다.

⑤ 토스트 브레드를 토스트하여 곁들인다.

Pizze e calzone

핏짜 에 깔조네, 포카차(핏짜와 반달형 핏짜, 포카차빵)

1. 이탈리아 핏짜(Pizza)

핏짜의 시작

기본적으로 붉은색의 토마토 소스가 바탕이 되는 오늘날의 핏짜가 등장한 시기는 미국으로부터 유럽에 토마토가 건너온 지 대략 150년이 지난 1700년대로 추측된다. 핏짜는 1700년대 말기부터 모레툼에서 변형된 눌린 형태의 다른 빵들과 구별되기 시작했다. 초기의 핏짜들 중에는 토마토 소스 핏짜가 중심이 되었으며 그 외의 다른 형태로는 마늘과 생올리브 또는 구운 올리브와 모짜렐라, 소금과 올리브에 절인 멸치를 넣은 핏짜 등이 있었는데, 이는 일종의 커다란 라비올리 형태로서 '깔조네'였다. 1830년경에는 진정한 의미의 전문 핏짜점이 등장한다. 그 이전에는 요리사가 길거리 노점에서 요리했다.

나폴리에서 처음으로 등장한 전문 핏짜점은 포르토 알바였는데, 벽돌로 만든 화덕에 나무로 불을 지피는 형태의 핏짜집이었다. 그 후로 벽돌보다는 베수비오(Vesuvio: 화산의 돌)로 제작한 화덕이 유행했는데 이것이 핏짜에 더 적합했기 때문이었다. 근대에도 시인, 작가, 음악가들이 계속해서 핏짜의 미학을 노래했다. 『삼총사』의 작가인 알렉상드르 뒤마는 여행을 하면서 '코지콜로'에 그 소감들을 수집했다. 핏짜는 성 데니스에서 만든 것처럼 일종의 둥근 형태의 얇게 만든 빵반죽 음식이었다. 이 핏짜는 보기와는 다르게 복잡한 구조와 맛의 균형을 이룬 음식이었다. 19세기 초반에 가장 대중적이었던 핏짜로는 올리브 핏짜, 라르도 핏짜, 수냐 핏짜, 치즈 핏짜, 토마토 소스 핏짜, 페스콜리니 핏짜 그리고 '8일 핏짜'라는 것이 있었다. 그중 8일 핏짜는 먹기 일주일 전에 요리한 것으로 매우 크고 오래 보관할 수 있어 붙여진 이름이다. 다른 한편으로는 가격이 비싸서 8일 후에 돈을 지불한다고 해서 붙여진 이름이라는 설도 있다.

핏짜는 밀가루 반죽을 넓게 펴고 이를 둥근 막대기나 손바닥으로 눌러서 둥글게 펴며 그 위에 생각나는 대로 재료들을 올려놓고 기름을 바른 다음 불 위에 올려놓고 요리한다. 핏짜에는 올리브유와 마늘 외에도 오레가노 향신료와 소금을 첨가하고 가루로 된 치즈, 돼지기름, 바실리코, 또는 작게 자른 생선, 모짜렐라,

프로슈토, 섭조개를 첨가하기도 하지만, 그래도 제일 중요한 것은 '토마토'였다.

지역적으로 남부 이탈리아 요리는 풍경만큼이나 다양하지만, 그 중심지는 역시 나폴리이다. 나폴리 사람들은 얇은 핏짜를 즐겨 먹는다. 시칠리아의 요리는 소박하다고 할 수 있으며 파스타가 유명하다. 파스타가 유명해진 이유는 빈곤했기 때문이다. 파스타는 전역에서 즐기는 음식이지만 풀리아의 손으로 만든 오레키에테는 그 지역만의 음식이다. 해산물, 올리브유, 백포도주 등으로 만들면서 녹색 채소와 커다란 토마토가 곁들여져 영양도 만점인 것이 특징이다.

핏짜 이야기

이탈리아의 나폴리가 발생지로 알려진 핏짜. 그러나 핏짜의 어원에 대해서는 의외로 이탈리아의 권위 있는 요리사전에서도 '분명하지 않다'라고 써 있다. 이름의 유래는 잘 알 수 없지만 핏짜의 초기 형태는 아직도 먹는 포카차(focaccia)라는 것이 유력하다. 포카차는 주로 이탈리아 중남부에서 먹었던 빵과 흡사한 것으로 소맥분에 이스트, 소금, 올리브유 등을 섞어 발효시켜 아무것도 얹지 않고 구운 단순한 것이다. 'foca'라는 라틴어의 'focas(불(火)의 뜻)'에서 연유한 것으로 '불로 구운 것'이라는 의미인 것 같다.

중세의 라틴어에도 'focaccia'라는 말이 있는 것으로 보아 중세에서 르네상스 시기에 이미 먹었다고 볼 수 있다. 담백한 포카차는 여러 요리와도 잘 어울린다. 더욱이 불에 구웠기 때문에 보존하기가 쉽고 가지고 다니기 편리해 식사 때 여러 식재료와 함께 즐겨온 듯하다. 예를 들면, 육류나 남부 이탈리아의 항구에서 잡힌 신선한 해산물을 얹어 먹었던 것이다. 이처럼 각지 특산물의 맛을 활용해서 먹었던 포카차는 전역으로 확대되었다.

핏짜의 이름과 현재의 모양

'핏짜'의 이름이 확인된 가장 오래된 문헌은 16세기경의 것으로 발견되었다. 그것은 당시의 시인 카로 안니바레(1507~1566)의 책이다. 단지 이 당시의 핏짜는 포카차에 가까운 것으로 생각된다. 그 이유는 소스에 필수적인 토마토가 아직 이탈리아에 등장하지 않았기 때문이다. 토마토가 이탈리아에 상륙한 것은 신대륙 발견 이후의 일이다. 16세기 중반에는 이탈리아에서 재배된 듯하지만 이때는 관상용이었고, 요리에 사용된 시기는 18세기가 되어서부터이다. 18세기 초 시칠리아에서 세계 최대의 토마토 생산지로 알려진 곳에서 현재의 핏짜에 가까워진 것이 나타났다.

19세기 나폴리의 명물, 그리고 핏짜의 일화

핏짜가 역사의 무대에 등장한 것은 19세기 이후이다. 1830년에는 이미 나폴리에 피쩨리아(pizzeria)가 등장하여 핏짜가 상품으로서 경쟁력을 갖기 시작했다. 나폴리 근교 베수비오산의 화산암을 사용한 요(窯)가 등장한 것도 이즈음인데, 고온을 유지하는 이 요 때문에 나폴리 핏짜가 이탈리아 전 지역에 퍼진 듯하다. 그리하여 유명한 '핏짜 마르게리타(Pizza Margherita)'의 일화가 탄생되었다. 움베르토 1세의 왕비인 마르게리타(Queen Margherita)가 서민이 먹는 핏짜에 관심을 보였다. 그래서 1889년 6월 나폴리의 유명한 핏짜점의 '돈 라파엘 에스폰트'를 불러 핏짜를 만들게 했다. 에스폰트는 왕가에 경의를 표하기 위해 토마토 소스, 바질, 모짜렐라 치즈로 이탈리아 국기의 적 · 녹 · 백을 표시, 이것을 핏짜 마르게리타(Pizza Margherita)로 불렀다고 한다. 이야기의 진위를 떠나서 이런 일화가 나올 정도로 핏짜는 일반적인 요리였음이 확실하다.

이탈리아 이민자에 의해 미국에 핏짜 전래

핏짜가 역사의 무대에 나타난 19세기 후반은 이탈리아가 격동의 시기였다. 이탈리아가 근대화를 추진함에 따라 남북의 빈부 격차가 극심해져 미국으로 대량의 이민자가 건너가게 되었다. 이때쯤 핏짜가 새로운 시장을 형성하게 되었다. 가난했던 이탈리아 이민자들은 미국에서는 빵을 살 수 없어 집에서 생면을 반죽하여 빵집에 가져가서 굽곤 했다. 그 반죽을 납작하게 펴서 소스를 덮고 햄 등을 넣어 구워 먹었다. 이렇게 한 것이 미국 핏짜의 원형으로 변하여 미국 핏짜는 빵 반죽 스타일이 기본형으로 되었다고 한다. 핏짜점은 1905년 제나로 론바르디가 뉴욕에 처음 개업하였고, 1920년대부터 많은 이탈리아 이민자들이 미 북부를 중심으로 핏짜점을 개업했다.

본가를 제치고 세계 제1의 핏짜 대국으로

미국에서 핏짜 시장이 비약적으로 발전하게 된 것은 제2차 세계대전 후, 이탈리아에 종군했던 미국의 병사들이 현지에서 먹은 핏짜의 맛에 감동해 귀국해서 핏짜를 먹게 되면서부터이다. 더욱이 1940년대 중반, 오븐 제작자인 아이라, 네우인 씨에 의해 가스 오븐이 개발되면서 비약적으로 발전하게 되었다. 이전까지 미국의 핏짜점에서는 거대한 석탄 오븐을 사용하였다. 이 가스 오븐은 315~371℃를 항상 유지하는 핏짜 전용으로서 내구성도 뛰어나고 더욱이 한번에 많은 핏짜를 구울 수 있어 빠르게 미국 전역으로 확대되었다. 1950년대에는 공장에서 핏짜를 대량으로 생산하게 되었고 60년대에는 냉동반죽(도우)도 등장해 슈퍼마켓에서도 판매되었다.

핏짜(Pizza)

이탈리아 중남부 지역에서 사용하는 용어이다. 일반적으로 압착된 통밀가루의 포카차 또는 다른 밀가루를 사용해 짜거나 달콤하게 만든 접시모양의 납작한 형태이거나 부풀어오른 형태인데, 보통은 동그란 형을 가리킬 때 사용된다. 14세기로 거슬러 올라가면, 토마토 소스나 올리브유를 넣어 만들거나 정어리, 모짜렐라 치즈, 버섯, 오레가노, 바질, 햄 등을 추가로 넣어 풍부하게 만든 것이 나폴리 핏짜로서, 전 이탈리아 지역뿐만 아니라 다른 많은 외국에 널리 알려진 것은 나폴리 핏짜인들에 의해서이다. 이뿐만 아니라, 이탈리아 전 지역에도 수많은 종류의 핏짜가 있다. 포괄적인 의미로 포카차, 파이 또는 그 비슷한 종류를 의미하기도 한다.

전통적인 요리법의 핏짜

핏짜의 이름도 여러 가지 발음으로 다양화되고 있다(예를 들어 베니스풍 핏짜, 칼라브리아풍의 핏짜). 여기 몇 가지 이탈리아 전통 요리법에 나와 있는 다양한 핏짜 만드는 법을 소개하고자 한다.

단 핏짜

리코타 치즈로 만든 단 핏짜(6인분)

500g의 밀가루에 약간의 소금, 50g의 설탕을 혼합하고, 80g의 녹인 버터를 넣는다. 이 반죽을 잘 혼합하여 미지근한 장소에 두 배로 부풀어오를 때까지 헝겊을 잘 덮어둔다. 버터 바른 팬에 반죽을 놓고 손으로 잘 밀어 펼친다. 150g의 리코타 치즈를 포크로 잘 으깨면서 80g의 설탕과 약간의 양념, 1스푼의 건포도(미지근한 물에 불려 짠 것), 1스푼의 잘게 썬 아몬드를 넣어 혼합한다. 잘 혼합한 리코타 치즈를 핏짜 반죽 위에 펼쳐서 220℃로 예열한 오븐에서 30분간 굽는다.

과일로 만든 핏짜(6인분)

리코타 치즈 핏짜와 같은 방법으로 반죽을 한다. 배 한 개와 사과 한 개, 살구 한 개를 껍질을 벗기고 씨를 빼내어 잘게 썬다. 버터 바른 팬에 반죽을 놓고 손으로 잘 편다. 그 위에 약간의 살구잼을 한 겹 바른다. 다시 그 위에 빵가루와 아몬드, 과자, 아마레띠와 위에 준비한 과일을 얹고 약간의 설탕과 1스푼의 호두가루와 아몬드 가루를 뿌린다. 220℃로 예열한 오븐에 40분간 굽는다.

쇼트(짠) 핏짜

안드레아 핏짜(양파로 만든 핏짜), 캄포프랑코 핏짜(6인분)

쟌 카롤라 프란체스코의 나폴리안 요리를 소개하는 레시피이다. 150g의 부드러운 밀가루로 핏짜 반죽을 해서 25g의 이스트와 약간의 물을 첨가하여 1시간 정도 발효시킨다. 다른 큰 용기를 준비하여, 350g의 밀가루에 4개의 달걀을 넣는다. 200g의 부드러운 버터와 약간의 소금을 넣는다. 그리고 발효된 반죽에 미지근한 물을 약간 넣어 반죽이 도미판 위에서 한 조각으로 떨어질 때까지 손으로 잘 치대어 탄력 있는 반죽이 되도록 한다. 위의 반죽을 직경 23~24cm의 라드를 약간 바른 핏짜팬에 골고루 펼쳐 미지근한 장소에서 약 2시간 정도 발효시킨다. 잘 부풀어오르면 오븐에 넣어 170℃에서 50분간, 겉은 노르스름하게 속은 잘 익게 굽는다(젓가락으로 찔러보아 아무것도 묻어 나오지 않아야 함). 잘 구워진 핏짜를 오븐에서 꺼내 10분 후에 수평이 되도록 자른다. 600g의 토마토 소스를 준비하여 수분이 많지 않도록 조리한다. 프라이팬에 2스푼의 올리브유와 양파 반쪽을 잘게 다져 위의 토마토를 넣어 조리한 후 마지막에 바질을 넣는다. 400g의 모짜렐라 치즈를 썰어 파이 안쪽에 반쯤 채워 넣는다. 약간의 토마토 소스로 덮고, 2스푼의 파마산 치즈를 뿌린다. 그리고 정확하게 반으로 갈라 나머지 반쪽으로 잘 접는다. 다음에 위의 순서 그대로 모짜렐라 치즈, 토마토 소스, 파마산 치즈를 얹는다. 250℃ 오븐에서 15분간 구워 뜨거울 때 접시에 내놓는다.

꽃상추 핏짜, 감자 핏짜(풀리아 지방, 4인분)

양파를 잘게 썰어 프라이팬에 올리브유를 넣고 노랗게 타지 않게 15분간 조린다. 작은 토마토 6개를 껍질째 썰어 넣어 약 반시간 정도 조린다. 1kg의 감자를 껍질째 삶아 익으면 껍질을 벗기고 소금과 2스푼의 올리브유를 넣어 으깬다. 오븐 용기에 기름을 바르고, 으깬 감자 반을 밑에 깔고, 그 위에 토마토 소스와 익힌 양파를 깐다. 다시 그 위에 풀리아산 검은 올리브 100g을 잘게 썰어 얹는다. 소금기 없는 염장멸치 2마리를 뼈를 추려 잘게 썰고, 한 줌의 케이퍼는 소금기를 털어내어 얹는다. 그다음에 남은 반의 으깬 감자로 덮고, 그 위에 올리브유를 바른다. 180℃의 오븐에 약 30분간 굽는다. 오븐을 열고 약 10분 정도 두었다가 접시에 낸다.

리구리아 지방 피살라디아의 변형된 한 형태

나폴리 핏짜는 이탈리아 전통 핏짜 중 가장 잘 알려진 핏짜로서, 제2차 세계대전 후 전 세계에 퍼져 실질적으로 '이탈리아식'의 한 상징이 되었고 '핏짜링'이라고 하는 형태의 음식점에서도 가장 많이 만들고 있다. 나폴리 핏짜의 반죽은 가장 단순한 형태인 원형으로 되어 있다. 가장 보편적인 핏짜에는 모짜렐라 치즈와 올리브유, 토마토 소스와 바질을 사용한다. 또는 염장멸치와 오레가노를 사용하여 전통적인 화덕에 굽는다.

역사적 자료에 의하면 핏짜의 형태는 '둘러싸다', '에워싸다'에서 유래되어 토마토의 출현과 함께 18세기 초로 거슬러 올라간다. 사실상 아폴리또 까발깐티의 대중적인 나폴리 요리를 연구한 요리이론과 실습 부록(1839)에 의하면, 두말할 나위도 없이 루스틱한 시골풍의 파이형 핏짜이다. 나머지는 여전히 오늘날까지도 나폴리 골목골목에서 여러 가지 속(프로볼라, 체체니엘리, 살라미, 돼지비계 등)을 채운 핏짜를 만들어 파는 것을 볼 수 있다. 그리고 라드에 튀긴 것 등이 아마도 현재 핏짜의 원조일 것으로 추정된다.

나폴리 핏짜[기본 조리법]

쟌 카롤라 프란체스코의 나폴리 요리에서 발췌(델피노출판사)한 것으로 20cm 직경의 핏짜 6개를 만드는 방법이다. 700g의 밀가루와 미지근한 물, 소금, 50g의 이스트로 반죽한다. 반죽은 6개로 등분하여 발효될 때까지 둔다. 평평한 도마에 밀가루를 묻히고 두께 5mm 정도로 평평하고 둥글게 밀어낸다. 만일 가스 오븐을 사용할 경우, 플레이트나 코팅된 용기에 밀가루를 뿌린 후 사용한다. 핏짜 종류마다 그 요리법이 다르지만, 여러 재료를 균일하게 얹고 약 2cm 정도의 가장자리는 양념하지 않고 하얗게 두며 마지막에 올리브유나 라드를 뿌린다. 핏짜팬을 오븐에 넣어(뜨거울수록 더 맛있게 구워질 것이다) 5~10분 정도 구워내면 된다. 핏짜 반죽이 약간 노르스름하게 될 때까지 굽는다. 구울 때는 한 번에 하나씩 구워내고, 구워낸 것은 따뜻하게 유지시켜 준다. 만약 전통 화덕시설이 있다면, 벽돌 바닥이 하얗게 되면 핏짜를 넣어 굽고 핏짜삽으로 뒤집는다.

마르게리타 핏짜

전통적인 나폴리식(나폴레따노) 핏짜의 표본으로서, 1889년 당시 마르게리타 왕비를 위해 라파엘 에스폰트가 만들었다. 익히기 전에 모짜렐라 핏짜(가능하면 젖소 치즈인 버펄로)를 찢어 넣고 껍질 벗긴 토마토의 물기를 약간 빼고 잘게 잘라서 사용하며 소금, 후추, 바질잎과 올리브유를 얹어 굽는다. 약간의 변형된 방법으로 토마토 소스는 넣지 않고 대신 파마산 치즈를 뿌리기도 한다.

마늘과 올리브유 핏짜

1~2쪽의 마늘 간 것, 오레가노, 소금, 후추, 올리브유 또는 라드를 사용해서 만든 핏짜이다.

하얀 핏짜

신선한 페코리노 양치즈, 약간의 양파 썬 것, 후추와 올리브유 또는 라드를 사용해서 만든 핏짜이다.

양파 핏짜

– **마리나라 핏짜 Ⅰ**: 마늘과 올리브유 핏짜의 재료와 동일하며, 추가로 토마토 껍질을 벗겨 물기를 약간 뺀 것을 잘게 썰어 넣는다.

– **마리나라 핏짜 Ⅱ**: 가에타산 올리브와 토마토 소스, 케이퍼, 염장멸치 몇 마리와 올리브유를 넣는다.

– **로마식 핏짜**: 모짜렐라 치즈, 토마토 소스, 소금기 떨어낸 멸치 몇 조각, 소금, 후추, 오레가노와 올리브유를 넣는다. 핏짜를 만들기 위한 토핑 재료는 수없이 많다. 홍합과 토마토 또는 체체니엘리, 햄, 치즈, 버섯을 넣을 수 있다. 또는 핏짜가 다 구워졌을 때에도 신선한 재료를 얹을 수 있다(기름에 절인 버섯, 아티초크(양엉겅퀴), 삶은 달걀, 참치 등). 나폴리를 제외한 다른 많은 나라에 '사계절'이라는 핏짜가 있는데, 4가지 재료를 사용한 데서 유래되었다. 미국에서는 오븐에 넣기 전 스파게티와 여러 재료를 넣어 초콜릿으로 장식한 핏짜를 만들어서 화제가 되기도 했다.

발텔리나 지방의 피조케리(4인분)

180g의 호밀(사라체노) 가루로 반죽을 한다. 60g의 흰 밀가루(가운데 동그란 원을 만들기 전에 잘 혼합한다), 약간의 소금과 물로 반죽한다(반죽이 탄력 있고 균일하게 될 때까지 힘있게 하는데, 너무 오랫동안 하지 않는다). 반죽을 3mm 두께의 밀대로 밀어서 길이 6~7cm, 넓이는 1~2cm로 페튜체로 썬다. 파스타 크기로 큰 감자는 껍질을 벗겨 자른다. 500g의 양배추도 길게 썬다. 냄비에 약 3리터의 찬물을 붓고 소금을 넣어 약 반시간 정도 끓인다. 감자를 넣어 익으면, 파스타를 넣어 5분간 데친다(신선한 파스타일 경우 알덴떼로 익혀야 함). 파스타가 익는 동안 프라이팬에 40g의 버터(붉은 버터)를 빨갛게 되도록 녹여 마늘 한 개를 썰어 넣고 샐비어 4잎을 넣는다. 적당한 그릇을 데워 맨 아래에 파스타와 채소 한 겹을 얹고 그다음에 발텔리나산 치즈(카세라 또는 쉬무드)를 한 겹 넣는다. 향초를 넣어 조린 버터를 얹고, 상기와 같이 반복한다(치즈는 200g 정도 필요). 파스타양이 많으면 자연히 겹수도 많아진다. 접시에 낼 때는 뜨겁게 해서 낸다(응용법: 발텔리나산 치즈 대신 파마산 치즈를 넣을 수 있다).

핏짜 용어

- **핏짜아르다**: 이탈리아 북쪽의 노란 도요새가 많은 지역의 도요새 핏짜
- **핏짜**: 나폴리식 튀긴 핏짜. 단순하게 하거나 살라미를 채우거나 프로볼로네 치즈 또는 채소를 채워 튀긴 핏짜
- **피쩨타**: 빵 반죽으로 만들어 핏짜와 같은 토핑 재료를 사용하지만 크기는 약간 작아 스낵용으로 적합하다. 오늘날 식품업계에서는 프라이팬이나 오븐, 전자레인지에 간단히 데워 먹을 수 있도록 진공 포

장 또는 냉동 포장된 제품들을 내놓고 있다.

- **피조케리:** 이탈리아 북부 발텔리나 지방의 특식으로, 검고 큰 딸리아뗄레 파스타로서 사라센 호밀가루를 이용해 만들었다. 먹기 직전에 만들어야 맛있지만 냉가공 식품으로 포장되어 나온다. 급속 가열로 끓는 물에 5분 동안 두었다가 먹는 형태도 있다. 가공된 피조케리는 일반 건조 파스타와 같이 12~15분 정도 익힌다.

2. 이탈리아의 전통식 핏짜

Le Classiche 이탈리아 전통식 핏짜 14가지	
핏짜명	**기본재료**
Margherita	Pomodoro, mozzarella, basilico
Napoletana	Pomodoro, mozzarella, acciughe, capperi, origano
Marinara	Pomodoro, origano, aglio
Quattro stagioni	Pomodoro, mozzarella, funghi, basilico, prosciutto, olive, carciofini
Capricciosa	Pomodoro, mozzarella, funghi, basilico, prosciutto, olive, carciofini, salamino piccante
Vegetarina	Pomodoro, mozzarella, melanzane, peperoni, spinaci, zucchine
Frutti di mare	Pomodoro, origano, prezzemolo, cozze, vongole, gamberetti
Calzone	Pomodoro, mozzarella, ricotta, basilico, prosciutto cotto
Calzone vegetariano	Pomodoro, mozzarella, melanzane, peperoni, spinaci, zucchine
Bismark	Pomodoro, mozzarella, prosciutto, origano, uovo
Quattro formaggi	Pomodoro, mozzarella, fontina, gorgonazola
Prosciutto	Pomodoro, mozzarella, prosciutto
Prosciutto e funghi	Pomodoro, mozzarella, prosciutto, champignon
Diavola	Pomodoro, mozzarella, salamino piccante

3. 핏짜에 첨가할 수 있는 재료

Scegili gli ingredienti per la tua pizza **핏짜에 첨가할 수 있는 선택 재료**		
■ **Verdure(채소류)**	■ **Funghi(버섯류)**	■ **Pesci(생선류)**
– Pormodoro 토마토	– Porcini 포르치니 버섯	– Acciughe 앤초비
– Pomodoro fresco 생토마토	– Champignon 양송이	– Tonno 참치
– Cipolla 양파	– Uovo 달걀	– Gamberetti 새우
– Radicchoi 라디치오		– Cozze 홍합
– Carciofi 아티초크	■ **Formaggi(치즈류)**	– Vongole 조개
– Peperoni 피망	– Mozzarella 모짜렐라	– Salmone affumicato 훈제연어
– Rucola 루콜라	– Mozzarella di bufala 물소젖 모짜렐라	
– Melanzane 가지	– Ricotta 리코타	■ **Salami(햄과 살라미류)**
– Asparagi 아스파라거스	– Fontina 폰티나 치즈	– Prosciutto cotto 프로슈토 익힌 것
– Spinaci 시금치	– Parmigiano/Parmesan 파마산 치즈	– Prosciutto crudo 프로슈토 생것
– Zucchine 호박	– Emmental 에멘탈 치즈	– Pancetta 삼겹살
– Travisana 트라비사나	– Gorgonzola 고르곤졸라 치즈	– Salamino Piccante 매운 살라미
– Patate 감자	– Stracchino 스트라끼노 치즈	– Salame 살라미
		– Salsiccia fresca 소시지류
		– Lardo 돼지 피하지방

Cityscape aerial image of medieval city of Matera, Italy during beautiful sunset.

67 : 향초를 넣은 핏짜 반죽 Pasta per pizza con erbe aromatiche

전통적인 핏짜 반죽과 같으나 향초를 넣어 만든 반죽으로 상큼한 허브향이 난다. 소스 없이 이용하는 핏짜나 포카차(Focaccia)를 만들기에 알맞은 반죽이다.

재료 Ingredienti **완성량: 4인분**

- 강력 밀가루 1kg
- 미지근한 물 560ml
- 맥주 효모 15g
- 가는 소금 25g
- 설탕 40g
- 올리브유 50ml
- 다진 바질 30g
- 다진 로즈메리 20g
- 다진 파슬리 20g

○ 조리방법 Procedimento

1. 반죽하기

계량된 정확한 미지근한 물에 생이스트를 풀어준다. 밀가루에 소금을 혼합한다. 반죽기에 넣는다. 처음 1단에 3분간 반죽을 시작한다(반죽기에 하지 않고 믹싱볼에서 해도 되며, 다만 오랫동안 반죽을 힘껏 치대어준다). 반죽통 주위의 가루가 모두 반죽으로 뭉쳤을 때 스톱시키고 반죽을 만져보면 말랑말랑한 느낌이 있다. 2단으로 기어를 바꾸고 올리브유와 다진 바질, 다진 로즈메리, 다진 파슬리를 조금씩 넣어가며 13분 동안 돌린다. 완성된 반죽의 상태를 보기 위해 조금만 떼어서 손가락으로 천천히 펴주었을 때 얇은 층의 막이 형성되면 완성된 것이다.

2. 분할 성형하여 발효하기

완성된 반죽을 180g으로 분할한다(7~8개 정도 만들어진다). 둥글게 성형하여 비닐을 덮고 발효실에 넣거나 실온에서 1.5배로 부풀 때까지 발효시킨 후에 사용한다.

＊참고

발효시킨 후 사용하지 않는 남은 반죽은 다시 둥글게 성형하여 올리브유를 바른 후 랩으로 포장하여 냉동실에 보관한다. 사용 시 3시간 전에 실온에 두었다가 사용한다.

68 : 핏짜 소스 Salsa pizza

재료 Ingredienti **완성량: 4인분**

- 캔 토마토 홀 500ml
- 토마토 퓌레 50ml
- 오레가노 프레시 또는 드라이 20g
- 바질 프레시 또는 드라이 50g
- 마늘 찹 100g
- 양파 찹 50g
- 소금, 후추 약간

기본 준비

① 토마토 홀을 손으로 으깨거나 믹서기에 간다. 토마토 퓌레와 섞는다.

② 마늘과 양파는 날것으로 다져서 섞고 나머지 재료를 다 섞는다.

③ 일반 업소에서는 깊은 맛을 내기 위해 마늘과 양파를 볶다가 소스를 넣고 끓인 다음 식혀서 사용한다.

④ 장기간 사용 가능하며 부패율을 늦출 수 있다.

69 : 나폴리풍의 앤초비 핏짜 Pizza alla napoletana

나폴레옹의 핏짜로 토마토와 앤초비, 바질, 아루굴라가 어우러진 전통적인 핏짜이다.

재료 Ingredienti **완성량: 1팬**

- 핏짜 반죽 180~200g
- 핏짜 소스 100~120ml
- 모짜렐라 치즈 150g
- 앤초비 30g
- 오레가노 3g
- 바질 5잎
- 아루굴라 2잎

○ 조리방법 Procedimento

핏짜 도우 만들기

① 핏짜 반죽을 12인치 사이즈로 늘려 밀가루를 충분히 바르고 핏짜망(팬)에 올려 놓는다.
② 늘린 반죽에 핏짜 소스를 골고루 바른다.
③ 핏짜 치즈 간 것을 반죽 위에 골고루 편다.
④ 앤초비를 콩알만 하게 적당히 잘라 치즈 위에 골고루 놓는다.
⑤ 오레가노와 바질을 뿌리고 치즈를 약간 덮은 후 320~350℃의 오븐에서 12분 정도 굽는다.
⑥ 먹을 때 6~8등분으로 잘라서 제공한다.

***맛내기 포인트**

오븐온도와 굽는 시간, 기술적인 노하우가 중요하다.

70 : 해산물 핏짜(새우) Pizza al frutti di mare

여러 가지 해산물을 이용하여 만든 핏짜로 토마토 소스와 해산물의 어우러짐이 좋다. 올리브유를 곁들여 먹는다.

재료 Ingredienti 완성량: 1팬

- 핏짜 반죽 180~200g
- 핏짜 소스 120g
- 올리브유 20ml
- 마늘 1쪽
- 바지락 50g
- 도미 50g
- 오징어 50g
- 홍합 50g
- 새우 60g
- 모짜렐라 치즈 200g
- 백포도주 적당량
- 파슬리 5g
- 오레가노 1g
- 신선한 바질 5잎

○ 조리방법 Procedimento

해산물 손질

바지락은 3%의 소금물에 담가서 하루 정도 해감시키고 홍합은 껍질과 털을 제거하고 소금물에 담가서 준비해 놓는다. 오징어는 내장과 껍질을 제거하여 안쪽으로 칼집을 넣고 너비 1cm, 길이 5cm 정도로 잘라서 준비한다. 농어나 도미는 내장, 생선뼈, 껍질을 제거하여 너비 1cm, 길이 5cm로 잘라서 준비해 놓는다. 새우는 내장을 제거하고 껍질을 벗겨 준비해 놓는다.

해산물 소스 만들기

① 팬을 데워서 올리브유를 두른 뒤 마늘 으깬 것을 넣어 갈색을 내서 맛을 우려내고, 준비해 놓은 해산물을 볶다가 바질 슬라이스, 파슬리 다진 것을 넣어 같이 볶으면서 백포도주로 조려 놓는다.

② 백포도주의 신맛이 증발되도록 센 불에서 생선이 너무 익지 않도록 조린다.

③ 소금, 후추를 넣어 간을 맞춘다.

핏짜 토핑하기

◇ 핏짜 반죽 만들기(237쪽 참조)

① 밀가루를 핏짜 반죽에 묻혀 늘려 핏짜팬에 올려 놓는다.

② 소스를 바른 뒤 해산물 볶은 것을 골고루 펴서 보기 좋게 올려 놓는다.

③ 320~350℃의 오븐에서 10분 정도 굽고 올리브유를 약간 바른 뒤 6~8등분한다.

71 : 버섯과 햄을 넣은 반달형 핏짜 Pizza calzone

반달모양의 핏짜로 버섯의 맛과 케이퍼의 향이 일품이다. 건강식 핏짜로 선호한다.

재료 Ingredienti **완성량: 1팬**

- 핏짜 반죽 180~200g
- 핏짜 소스 50ml
- 모짜렐라 치즈 100g
- 케이퍼 30g
- 버섯 100g
- 본레스 햄 100g
- 오레가노 5g
- 양파 100g
- 화이트 와인 g
- 파슬리 g

○ 조리방법 Procedimento

핏짜 반죽 만들기(237쪽 참조)

소 준비하기

① 양송이는 껍질을 제거하여 슬라이스하고 프라이팬에 올리브유를 두르고 다진 양파를 볶다가 양송이를 넣어 센 불에 잘 볶아서 준비해 놓는다.

② 햄은 폭 0.5cm×길이 4cm로 잘라서 준비해 놓는다.

반죽 펴기

① 핏짜 반죽의 가장자리를 적당한 크기로 얇게 늘려 바닥에 밀가루를 발라 펴 놓는다.

② 늘린 반죽의 중앙 반쪽에 핏짜 소스를 골고루 바른다.

소 넣기

① 핏짜 치즈 간 것을 핏짜 소스 바른 곳에 골고루 펴 놓는다.

② 케이퍼의 물기를 제거하고 치즈 위에 골고루 얹어 놓는다.

③ 볶은 버섯을 치즈 위에 골고루 놓는다.

④ 본레스 햄을 치즈 위에 골고루 놓는다.

⑤ 핏짜 소스를 얹는다.

⑥ 그 위에 치즈를 약간 놓은 후 오레가노를 뿌리고 초승달 모양으로 반으로 접어 붙인 부분을 꼭꼭 눌러 속의 치즈가 나오지 않도록 끝맺음한다.

⑦ 핏짜를 초승달 모양으로 만들어 바닥에 밀가루를 뿌리고 핏짜망 위에 올려 놓는다.

핏짜 굽기

320~350℃의 오븐에서 10분 정도 굽다가 색깔이 어느 정도 나오면 핏짜 윗부분에 소스를 약간 바르고 치즈를 약간 올린 후 다시 오븐에 넣어 핏짜 위의 치즈가 갈색이 나도록 조심스럽게 굽는다.

담기

자르지 않고 통째로 접시에 담는다.

72 : 양송이 핏짜 Pizza funghi

토마토 소스와 양송이, 치즈의 어우러짐과 맛, 향이 뛰어나고 채식주의자들이 선호한다.

재료 Ingredienti **완성량: 1팬**

- 핏짜 반죽 200g
- 핏짜 소스 80g
- 모짜렐라 치즈 100g
- 버섯 120g
- 파슬리 5g
- 마늘 5g
- 양파 30g

○ 조리방법 Procedimento

핏짜 반죽, 핏짜 소스 만들기(237, 239쪽 참조)

반죽 늘리기

① 바닥에 밀가루를 뿌리고 핏짜 반죽에 밀가루를 조금씩 묻혀가면서 가장자리를 0.5cm 정도 세워 벽을 만들면서 늘리고 양손으로 당기면서 납작하고 동그랗게 만든다.

② 스크린(또는 팬)에 오일을 살짝 바르고 얇게 만든 반죽을 깔고 가장자리를 정리한다.

③ 소스를 바르고 치즈를 얹는다.

④ 프라이팬에 올리브유를 두른 뒤 다진 양파를 넣고 볶다가 버섯 슬라이스를 넣고 잘 볶아서 ③에 골고루 펴서 놓고 치즈를 얹는다.

핏짜 굽기

320~350℃의 오븐에서 10분 정도 갈색이 날 때까지 굽는다.

핏짜 담기

6~8쪽으로 잘라서 접시에 담아 마무리한다.

73 : 콰트로 핏짜 Pizza quattro stargioni

재료 Ingredienti **완성량: 3L**

- 핏짜 반죽 800g(237쪽 참조)
- 밀가루 200g
- 앤초비살 8쪽
- 마늘 50g
- 핏짜 소스 320ml(239쪽 참조)
- 양송이버섯 200g
- 햄(또는 살라미) 200g
- 바질 10g
- 프레시 모짜렐라 치즈 400g
- 새우 200g
- 양파 50g
- 올리브유 100ml

1. 기본 준비

① 양송이는 껍질 벗겨 슬라이스해서 마늘과 양파 다진 것과 소테한 뒤 소금, 후추를 약간 넣어 준비한다.

② 새우는 껍질을 벗기고 양파와 마늘, 바질과 볶아서 화이트 와인으로 데글라세하여 준비한다.

③ 햄 또는 살리미는 슬라이스하여 폭 1cm×길이 5cm로 잘라서 준비한다.

④ 앤초비살은 길이 1cm로 잘라 놓는다.

2. 핏짜 만들기

① 핏짜도우를 대리석 테이블에 밀가루를 뿌리고 동그랗게 가장자리 틀을 만든 다음 밀가루 200g은 팬이나 망에 올리고 도우를 올린 다음 그 위에 소스를 바른다

② 치즈를 얇게 뿌리고 사각으로 양송이, 새우, 앤초비, 살라미를 올리고 치즈를 한 번 더 덮어서 오븐온도 300~600℃에서 구워 낸다.

TIP

핏짜의 종류와 메뉴에 따른 차이

이탈리아식과 미국식 핏짜는 도우와 오븐의 온도, 레시피의 차이, 그리고 전통적으로 가마의 차이가 크게 난다.

Pesci

이 프로도띠 이띠치(생선요리)

1. 민물생선과 이주한 생선

민물고기에는 단백질 함량이 높으며, 아미노산의 양도 풍부하고 그 조직을 모두 분해하지 못할 정도로 함유된 미네랄, 불소, 인, 철분, 비타민 A, D, B_{12}, P 등이 풍부하다. 그러므로 요리뿐만 아니라 영양 면에서도 바다생선과 구분할 필요가 있다. 그리고 이러한 이유 때문에 민물생선은 바다생선보다 더 많이 선택하지만 가급적이면 바로 잡은 생선이나 살아 있는 생선을 구입하는 것이 좋다. 이탈리아는 해안길이 약 9,000km로 발달되어 있어 강물과 크고 작은 호수 등이 전 지역에 분포되어 있다. 이러한 지형학적 상황으로 인해 강이나 호수에서 잡은 민물생선의 양이나 그 종류의 다양성으로 인해 요리에도 많은 영향을 미친다. 사실상 민물생선요리의 레시피는 이탈리아 해변지역뿐만 아니라 육지 등 전 지역에서 쉽게 찾을 수 있다.

• 이탈리아 민물생선(담수어) •

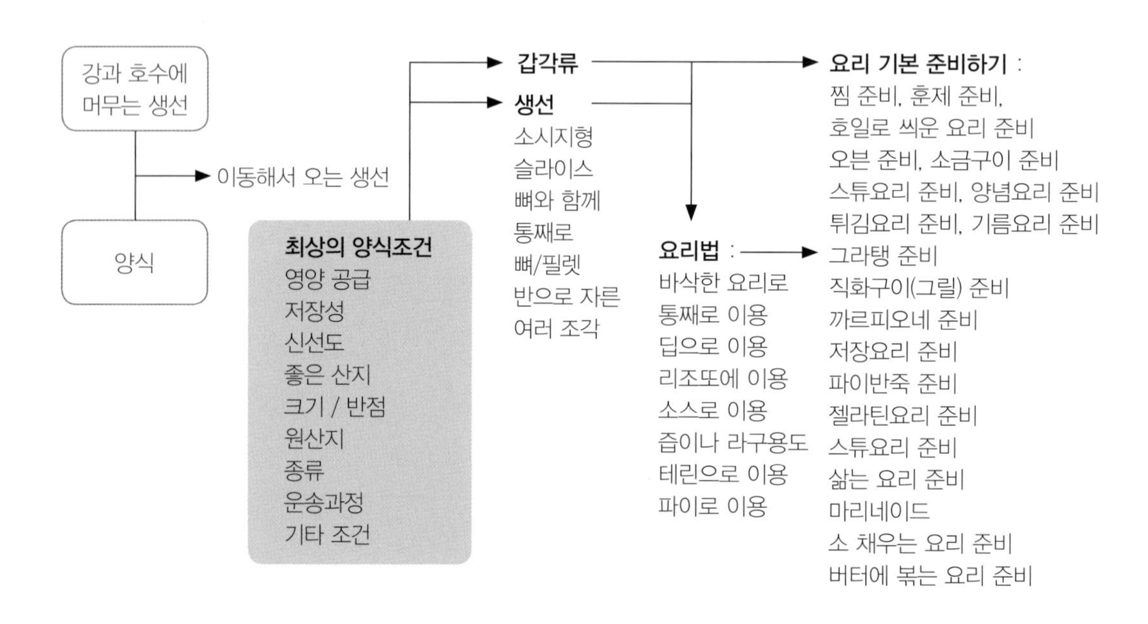

2. 이탈리아의 생선요리

생선은 이탈리아 요리에서 매우 큰 비중을 차지한다. 보관방법, 더욱더 빨라지는 운송법 덕분에 요즘에는 신선한 생선을 매일같이 우리 식탁에 올릴 수 있게 되었다. 옛날 고대로마에서는 생선제품을 언제든 확보하기 위해 도심 근처에 양어장을 만들기도 했고, 시장에 있는 큰 통을 사용하기도 했으며, 소금에 절여서 보관하기도 했다. 옛날부터 전통적으로 지중해에 접한 나라의 민족들은 거의가 생선을 가장 중요한 영양공급원으로 여겨왔다. 그리스에서는 150여 가지의 생선을 알고 있어 신들의 아들들이라 불렸다. 로마인들은 일반적으로 매운 소스로 양념한 전채로, 중세뿐만 아니라 르네상스 시대까지 계속해서 사용해 왔다. 생선은 구이뿐만 아니라 삶은 생선요리법에도 계속 사용했었고, 가장 중요한 연회장에선 보통 이쑤시개로 꽂은 파슬리나 달걀을 기본으로 한 꼬치가 빠지지 않았다.

3. 바다생선

이탈리아 연근해에서는 예부터 '아주르(푸른)'로 불리는 생선이 풍부했는데, 그 이름이 일치하지 않는 색이나 과학적인 분류도 있으나 여러 가지 면에서 공통적인 것을 찾아볼 수 있다. 크기가 작거나 등이 검푸른 색이고 배가 은색인 것, 높은 단백질 함량, 낮은 지방률(11%) 등이다. 보통 여름철에 많이 잡히는 정어리는 가격 면에서 경제적이어서 사시사철 찾을 수 있는 덕택에 로마시대부터 전통적인 레시피에서도 신선한 것뿐만 아니라 저장한 것도 많이 사용되었다.

• 이탈리아 바다생선(해수어) •

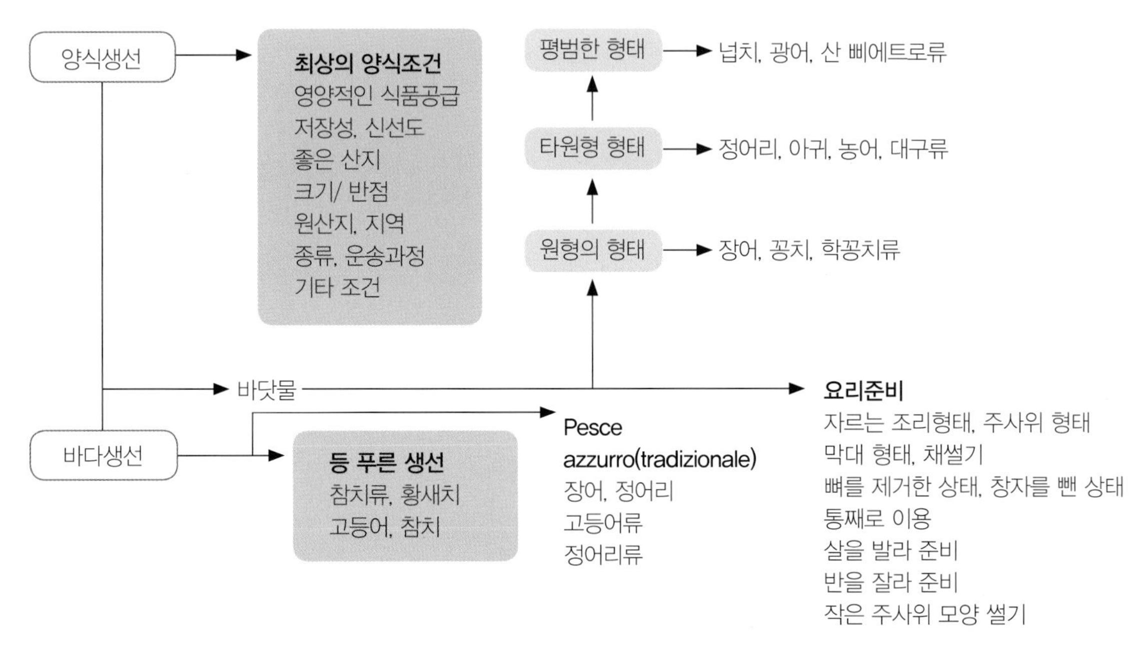

74 : 구운 가지 소스의 연어구이
Salmone scotlato all passata di melanzane

가지를 구워 만든 소스와 연어의 향이 잘 어울린다. 담백하면서도 생선 특유의 맛을 살려준다.

재료 Ingredienti **완성량: 4인분**

- 올리브유 80ml
- 연어살 600g

■ **가지 라구 소스**

- 가지 6개
- 후추 약간
- 발사미코 식초 20ml
- 마늘 10g
- 소금 약간
- 올리브유 20ml
- 레몬주스 10ml
- 다임 2g

■ **곁들임**

- 애호박 30g
- 당근 30g
- 바질 2g
- 토마토 1/4개

○ 조리방법 Procedimento

연어살 준비

① 연어의 뼈와 껍질을 제거하고 150g씩 자른다.

② 연어살에 소금, 후추, 밀가루를 묻혀 올리브유를 두르고 팬에 프라이한다.

가지라구 만들기

① 가지에 소금, 후추, 올리브유로 밑간하고 다임과 슬라이스한 마늘을 올려준다.

② 220℃의 오븐에 12분간 구워낸 후 속을 파내 칼로 잘게 다진다.

③ 다진 가지에 소금, 후추로 간하고 발사믹 식초와 레몬주스를 넣어 믹서에 갈아 준비한다.

담기

① 가지라구를 데워 접시에 담고 그 위에 연어를 올린다.

② 해산물 와인버터 소스에 토마토 콩카세를 넣어 연어 위에 뿌려준다.

가니쉬

① 가니쉬로는 호박, 당근을 올리베토하거나 볼모양으로 만들어 육수에 설탕, 버터, 소금, 레몬주스를 넣은 물에 삶는다.

② 당근과 가지는 튀겨서 곁들인다.

75 : 허브향의 새우튀김 Scampi croccanti profumati alle erbe

새우튀김의 종류는 많지만 부드러운 반죽에 향신료가 곁들여져 향기와 맛이 일품이다. 새우의 부드러움과 향신료의 조화 속에 새우튀김의 진수를 느낄 수 있다.

재료 Ingredienti **완성량: 4인분**

- 새우(중하) 20마리
- 밀가루 200g
- 달걀 4개
- 백포도주 40ml
- 신선한 바질 3잎
- 소금, 후추 약간
- 레몬 1/2개
- 방울토마토 4개
- 이태리 파슬리 5g

○ 조리방법 Procedimento

새우 손질

① 머리와 꼬리를 남기고 껍질을 벗겨 배 쪽에 칼집을 낸다.

② 소금, 후추와 레몬즙으로 밑간한다.

반죽하기

① 밀가루에 소금, 달걀 노른자, 와인, 다진 바질을 넣어 휘퍼로 저어준다.

② 달걀 흰자는 휘핑하여 ①의 반죽과 섞어준다.

③ 파슬리는 다져서 반죽에 넣고 가니쉬로 사용한다.

담기

접시에 튀긴 새우를 가지런히 놓고 바질 슬라이스 튀긴 것, 레몬, 방울토마토 등으로 가니쉬한다.

＊맛내기 포인트

튀김기름의 온도와 반죽의 농도, 흰자의 머랭상태가 매우 중요하다.

76 : 주방장 특선 바닷가재 요리 Aragosta alla "fra diavolo"

디아볼로는 팽이모양으로, 바닷가재를 절반으로 자르면 요리하면서 익을 때 둥글게 말려 생기는 모양을 말한다. 토마토 소스와 향신료의 맛이 어우러져 입맛을 한층 돋우어준다.

재료 Ingredienti **완성량: 4인분**

- 바닷가재 4마리
- 양파 100g
- 마늘 60g
- 올리브유 120ml
- 레몬 1개
- 감자 400g
- 신선한 바질 10잎
- 신선한 차이브 10g
- 파슬리 10g
- 코냑 60g
- 백포도주 120ml
- 토마토 소스 400ml
- 소금 약간
- 후추 약간
- 생선육수 100ml
- 너트맥 약간
- 딜 4잎

○ 조리방법 Procedimento

가재 손질

① 바닷가재는 길이로 2등분하고, 집게부분은 해머로 두드려둔다.

만들기

① 팬에 올리브유를 두르고 다진 마늘을 색이 나게 볶고 다진 양파를 넣어 볶는다.
② 바닷가재는 안쪽부분이 아래로 가게 하여 볶다가 코냑과 백포도주로 플랑베하여 조려준다.
③ 토마토 소스를 넣고 바닷가재를 뒤집어 다진 파슬리와 생선육수를 넣어 익힌다.
④ 바질과 다진 파슬리, 딜을 넣는다.

가니쉬

① 감자를 삶아 으깬다.
② 차이브와 바질 다진 것과 너트맥, 소금, 후추, 올리브유, 버터와 섞어 퀜넬형태로 모양을 낸다.

담기

① 바닷가재는 안쪽이 위로 가게 담고 남은 소스를 올려준다.
② 모양낸 감자, 레몬, 파슬리로 가니쉬한다.

77 : 감자, 올리브, 로즈메리로 맛을 낸 도미

Dentice al fcrno, patate, olive nere e rosmarino

감자를 올리브유와 로즈메리로 맛을 내어 도미구이의 부드러운 맛을 돋우고 붉은 양파로 맛을 낸 담백한 요리이다.

재료 Ingredienti **완성량: 4인분**

• 도미 560g	• 올리브유 100ml	• 대파 20g
• 당근 50g	• 마늘 20g	• 다임 4줄기
• 오이 50g	• 붉은 양파 80g	• 토마토 1개
• 홍피망 40g	• 검은 올리브 20g	• 로메인 상추 4잎
• 청피망 40g	• 껍질콩 20g	• 로즈메리 4줄기

○ 조리방법 Procedimento

재료 준비

① 당근, 오이, 청 · 홍 피망은 길게 채썰고, 껍질콩과 소금물에 데친다.

② 도미는 껍질에 칼집을 내고 소금, 후추로 밑간한다.

③ 붉은 양파는 원형으로 슬라이스하여 넣어준다.

만들기

① 팬에 올리브유를 두르고 마늘을 넣어 뭉근하게 익히다가 붉은 양파를 넣는다.

② 양파가 색이 나면 건져내고 검은 올리브와 껍질콩, 대파, 다임, 토마토 채썬 것과 볶다가 버터를 넣는다.

③ 소금, 후추로 간하고 바질 슬라이스를 넣어준다.

④ 도미는 팬에 구워준다.

담기

① 접시에 로메인 상추와 채소 볶은 것을 깔고 도미를 올려준다.

② 붉은 양파와 다임, 향신료 튀긴 것으로 가니쉬한다.

＊맛내기 포인트

도미는 최대한 부드럽게 익힌다.

78 : 가리비구이와 새우찜
Capesante alla griglia egamberetti al vapore

재료 Ingredienti **완성량:4인분**

- 가리비 300g
- 방울토마토 4개
- 바질 4잎
- 버터 50g
- 처빌 약간
- 마늘 10g
- 발사믹 식초 100ml
- 생크림 50ml
- 새우 300g
- 잡곡 100g
- 화이트 와인 100ml
- 처빌 약간
- 차이브 3g
- 레몬주스 100ml
- 로즈메리 1줄기
- 달걀 흰자 1개
- 돼지호박 100g
- 엔다이브 1개
- 올리브오일 80ml
- 처빌 약간
- 에샬롯 2개
- 양파 1개
- 꿀 100ml
- 발사미코 소스(103쪽 참조)

○ 조리방법 Procedimento

1. 기본 준비

① 가리비 새우와 채소는 깨끗히 씻어 손질하고 에샬롯 마늘은 다지고 잡곡은 씻어서 물기를 제거하여 놓고 가리비에 양파, 마늘, 올리브오일과 마리네이드하여 그릴에 굽거나 소테팬에 소테한다.

② 새우는 팬에 버터를 바르고 에샬롯찹을 깔고 새우에 돼지호박을 슬라이스하여 말아서 와인을 붓고 뚜껑 덮어 7분 정도 찐다.

③ **잡곡 리조또** : 가니쉬 팬에 오일, 버터 넣고 잡곡을 볶다가 스톡, 와인 데글라세하여 리조또를 만든다.

엔다이브 : 엔다이브는 팬에 버터를 넣고 소금, 후추하여 갈색을 내고 레몬주스를 살짝 뿌려 간을 맞춘다.

토마토 : 버터, 소금물에 2분간 포칭한다.

양파튀김 : 양파는 곱게 슬라이스하여 기름에 갈색으로 튀겨놓는다.

발사믹 크림소스 : 발사믹 식초, 레몬주스, 꿀, 로즈메리를 섞고 농도를 맞춘다.

크림머랭 만들기 : 생크림 레몬주스 휘핑한 후 흰자를 휘핑하여 섞는다.

2. 담기

가니쉬를 순서대로 담고 가리비 올리고 새우 놓고 소스는 곁들이거나 뿌려준다.

79 : 바질향의 진한 토마토 소스의 모둠 해산물 찜요리
Guazzetto di pesci e crostacei alla livornese

이탈리아 남부지방의 대표적인 요리로 호일에 해산물과 채소, 향신료를 넣고 봉하여 오븐에서 구워 익힌 찜요리로, 해산물의 향과 향신료의 향이 감미롭다. 재료는 신선해야 한다.

재료 Ingredienti **완성량: 4인분**

- 도미 120g
- 새우 4마리
- 게 2마리
- 오징어 200g
- 버터 10g
- 홍합 12개
- 가리비 12개
- 감자 120g
- 토마토 1개
- 파슬리 4잎
- 바질 4잎
- 모시조개 8개
- 토마토 소스 160ml
- 올리브유 100ml
- 양송이버섯 40g
- 백포도주 80ml
- 딜 4잎

○ 조리방법 Procedimento

재료 준비

① 은박지를 동그랗게 잘라둔다.

② 안쪽에 버터를 바른다.

만들기

① 감자를 원형으로 잘라 은박지에 넣고 위에 토마토를 얇게 슬라이스하여 올린다.

② 도미, 게, 홍합, 모시조개, 가리비 관자, 새우를 사이사이에 넣어준다.

③ 위에 바질잎과 파슬리, 맛송이버섯을 올리고 올리브유와 화이트 와인, 토마토 소스를 올린다.

④ 은박지를 덮고 오븐에서 15분간 구워준다.

담기

① 오븐에서 꺼내 가운데 부분을 여러 갈래로 갈라 벌려준다.

② 가운데에 딜과 바질로 가니쉬하고 올리브유를 뿌려낸다.

◇ 토마토 소스 만드는 법(87쪽 참조)

80 : 포르치니버섯 소스의 농어구이

Brangino alla griglia e porcini salsa

재료 Ingredienti 완성량: 4인분

- 포르치니버섯 50g
- 바롤로 와인 100ml
- 마늘 30g
- 느타리버섯 100g
- 아스파라거스 4개
- 바질 4잎
- 농어 1마리
- 생크림 80ml
- 에샬롯 100g
- 방울토마토 4개
- 노란 파프리카 80g
- 식용꽃 4잎
- 올리브유 100ml
- 생선스톡 100ml(79쪽 참조)
- 죽순 1개
- 감자 160g
- 다임 4줄기

○ 조리방법 Procedimento

1. 기본 준비

① 주요리 : 농어를 손질하여 에샬롯 슬라이스, 다임과 바질 찹하여 올리브오일 와인에 마리네이드하여 그릴에 굽는다. 생선은 95%만 익히고 맨 마지막에 그릴에 한 번 더 데운다.

② 가니쉬 : 감자, 죽순, 아스파라거스, 노란 파프리카는 껍질을 제거하여 기다랗게 잘라서 오일, 다임, 소금, 후추, 마리네이드하여 그릴한다.

③ 포르치니버섯 소스 : 생선스톡에 마른 포르치니버섯을 불려서 향을 내고 에샬롯을 소스팬에 볶다가 와인 데글라세하여 1/10은 조리고 생크림 넣고 농도를 맞춰 간을 한다.

2. 담기

가니쉬를 순서대로 담고 농어를 놓고 소스를 곁들인다.

Le carni
레 까르니(육류 주요리)

1. 가금류(Pollame)

인류는 유사 이래로 많은 동물을 길러 왔지만 그 목적에 맞지 않은 동물은 가축으로서 후대에 남기지 않았다. 주로 달걀과 고기를 얻기 위해 집 또는 농장에서 기르는 가축으로는 개, 고양이, 소, 물소, 말, 당나귀, 낙타, 라마, 염소, 양, 순록, 돼지, 토끼, 닭, 거위, 집오리 등이 있다.

닭, 칠면조, 오리(Pollame)

가금류를 반으로 갈라 분리하면 크게 2부분으로 구성되는데, 살과 살을 구성하고 있는 뼈로 분리할 수 있다. 앞쪽 부분은 날개와 가슴으로 구성되어 있고, 뒤쪽 부분은 다리와 둔부로 구성되어 있다.

2. 육류(Carni)

(1) 소고기(Manzo)

우육(牛肉)이라고도 한다. 소고기는 양질의 동물성 단백질과 비타민 A, B_1, B_2 등을 함유하고 있어 영양가가 높은 식품이다. 소의 나이, 성별, 부위에 따라 고기의 유연성, 빛깔, 풍미가 다르다. 소고기는 고기를 얻기 위해 사육한 소[肉牛]로서 4~5세의 암소고기가 연하고 가장 좋으며, 그다음에는 비육한 수소, 송아지, 늙은 소의 순으로 맛이 떨어진다고 알려져 있다. 약간 오렌지색을 띤 선명한 적색으로서 살결이 곱고 백색이면서 끈적거리는 느낌의 지방이 있는 것이 좋다. 지방이 붉은 살 속에 곱게 분산된 것일수록 씹는 촉감이 좋고 가열 · 조리해도 단단해지지 않는다. 이유는 고기의 단백섬유는 급속히 가열될 때 수축되어 단단해지는 성질이 있으나 지방은 열의 전도가 느려 붉은 살 부분의 급속한 온도 상승을 막아주기 때문이다.

등심은 갈비뼈의 바깥쪽으로 붙어 있는 것이고 갈비의 안쪽에 붙어 있는 것은 안심이다. 등심은 안심보다 길고 크다. 이 부위의 외부에서 볼 수 있는 특징은 갈비가 붙어 있던 부분에 가로로 지방이 끼어 있어 희

끗희끗한 줄무늬가 보이는 것이다. 등심을 얇게 썰었을 때의 특징은 반달모양의 황색 인대가 있는 것이다. 서양에서는 등심을 갈비뼈가 붙은 채 갈비뼈 두께로 잘라 판매한다. 목에 가까운 등심을 리브(rib)라 하고 허리 부분을 로인(loin)이라고 한다. 갈비뼈 몇 개를 함께 큰 덩어리로 자른 것은 큰 덩어리째로 오븐에 로스트로 굽고, 갈비 하나씩 두께로 자른 것은 스테이크용이다.

소는 도살한 후 큼직하게 절단하는데, 방법은 나라에 따라 조금씩 다르다. 소고기의 고소한 맛은 주로 이노신산 때문인데 이것은 소를 도살한 후 4~5℃ 되는 곳에 약 10일간 보존하는 숙성기간 중에 다량으로 생긴다. 숙성이 끝난 고기는 장기간 보존할 수 없으므로 급속냉동시켜 －20℃ 이하에서 보존한다. 또 소고기를 공기에 접촉시키면 적색의 육색소인 미오글로빈이 산화되어 갈색의 메트미오글로빈으로 변화되고, 지방도 산화되어 산패(酸敗)되므로 바로 사용하지 않을 경우에는 공기에 접촉되지 않도록 포장하여 냉장고 안에 보관해야 한다.

쇠기름의 녹는점은 40~50℃이므로, 쇠기름으로 조리하면 음식이 식으면서 기름이 굳어져 음식의 촉감이 좋지 않게 된다. 그러나 지방이 근육 사이에 대리석 모양으로 끼여 있으면, 고기를 익혔을 때 용해되어 고기가 부드러워지므로, 미국에서는 대리석 같은 고기(marbled meat)라 하여 그 고기의 질을 높이 평가한다.

소고기에서 스테이크용으로 사용하는 부분은 소의 어깨부분부터 등쪽으로 가면서 갈비, 허리, 허리 끝까지이다. 어깨부분에서 잘라낸 것에 블레이드 스테이크(Blade steak)가 있고, 갈비부분에서 잘라낸 것에 리브 스테이크(Rib steak)가 있고, 허리에서 잘라낸 것에는 포터하우스 스테이크(Porterhouse steak), 티본 스테이크(T-bone steak), 클럽 스테이크(Club steak)가 있다. 허리 끝에서 잘라낸 것에는 서로인 스테이크(Sirloin steak)와 핀본 서로인 스테이크(Pinbone sirloin steak)가 있다. 이러한 연한 부분 외에 넓적다리 부분에서 떼어낸 라운드 스테이크(Rounde steak)가 있다.

스테이크의 조리법으로는 고기를 석쇠에 올려놓고 불에서 직접 굽는 브로일드 스테이크(Broiled steak), 두꺼운 철판이나 프라이팬에서 굽는 팬브로일드 스테이크(Pan-broiled steak), 브로일링한 스테이크를 오븐 속에서 데운 사기접시나 금속제 접시에 담은 후 버터를 바르고 소금과 후춧가루를 뿌린 플랭크트 스테이크(Planked steak), 고기 두께를 1.3cm 정도로 얇게 저민 미뉴트 스테이크(Minute steak), 간 고기를 둥글넓적하게 만들어 구운 햄버거 스테이크(Hamburger steak), 라운드 스테이크같이 약간 질긴 부분의 고기를 칼등이나 두꺼운 접시로 두들겨 고기를 연하게 한 후 프라이팬에 기름을 두르고 고기의 양쪽을 (연한) 갈색이 나게 구워 약간의 물을 붓고 약한 불로 뚜껑을 닫고 익힌 스위스 스테이크(Swiss steak) 등이 있다.

스테이크를 구울 때는 강한 불로 굽는데, 기호에 따라 굽는 정도를 달리한다. 겉만 갈색 나게 익혀 썰었을 때 피가 흐르게 익힌 정도를 레어(Rare)라 하고, 겉은 익었으나 속에 약간 붉은색이 남아 있는 정도를 미디엄(Medium), 그리고 속까지 잘 익힌 것을 웰던(Welldone)이라 한다. 음식점에서 스테이크를 주문받을 때는 반드시 고기의 익히는 정도를 웨이터가 묻는다. 비프 스테이크는 감자, 당근, 콩, 옥수수, 마카로니, 시금치 같은 채소요리를 2~3가지 곁들여서 대접한다. 스테이크를 위한 소스는 없어도 된다.

부위별 요리법

등 부위(Sella o Rognonata)

신선한 상태로 준비해야 맛이 좋고 통째로 굽거나 두껍게 잘라서 요리할 수 있다.

늑골/갈비 부위(Costolette)

버터를 이용해서 요리하거나 그릴에 굽거나 빵가루를 묻혀서 익힌다. 뼈를 적당히 제거하거나 남겨두어 오븐에서 익혀도 된다.

머리 부위(Testa)

머리 부분은 삶거나 인살라타에 넣어서 사용하는 것이 적당하다.

목 부위(Collo o Collare)

근육을 제거하고 잘라서 스톡(육수)에 사용하거나 스튜요리를 할 수 있고 갈아서 쓸 수도 있다.

배의 끝 부위(Punta)

아주 적게 사용하는 부위로 요리할 때 국물이 있게 익혀주는 것이 좋다.

넓적다리 부위(Coscia)

몇 개의 부분으로 나뉘어 있는데 노체(Noce)가 있고, 그 안에 소또노체(Sottonoce)가 있으며 요리방법은 굽는 것이 좋다.

정강이 부위(Garretto o Sinco)

오소부코(Osso buco)를 요리할 때 쓰인다.

발 부위(Zampe o Piedi)

육수(fondo)를 만드는 데 쓰이거나 기름 부위를 굳혀서 사용한다. 요리방법으로 특별한 것은 끓여서 인살라타에 넣을 수도 있다.

옆구리 부위와 뱃살 부위(Fianchetto o Pancia)

이 부분은 일반적으로 롤로 말아서 익힐 수 있고 끓여서 사용할 수도 있다.

(2) 돼지고기(Maiale)

저육(猪肉)이라고도 한다. 멧돼지를 가축으로 기른 것이 돼지이다, 일찍부터 식용으로 사용한 곳은 중국이며 중국요리에서 요리명에 러우[肉]라는 말이 붙은 것은 돼지고기를 가리킨다. 돼지의 종류는 한국에 수십 종이 있으나 크게 흰 돼지와 검정 돼지로 나눌 수 있다. 흰 돼지는 비계가 두꺼워 살이 많이 찌고 빨리 크는 데 비해 검정 돼지는 사료효율(飼料效率)이 나빠 빨리 크지 않지만 살이 단단하고 맛이 좋다.

돼지고기는 잡은 지 3~4일 지난 것이 가장 맛있다고 하며, 시간이 길어지면 색이 변하고 변형된다. 원래 고기의 빛깔은 소고기보다 연한 분홍색이고 소고기에 비해 지방 함량이 많고, 지방이 희고 견고한데, 방향이 있는 것이 우량품이다. 돼지고기는 대체로 연하고 지방질이 많아 열량을 많이 얻을 수 있는 식품이므로 여러 가지 요리에 폭넓게 이용된다.

다만 돼지고기에는 갈고리촌충 등의 기생충이 있을 염려가 많으므로 날로 먹는 것은 피하고 반드시 충분히 익혀서 먹어야 한다. 그러나 너무 익히면 고기맛을 잃게 되므로 구이를 할 경우는 우선 센 불로 양쪽 면을 완전히 익힌 다음 불을 낮추어 속까지 익도록 뚜껑을 덮어 익히는 것이 좋다. 한국의 돼지고기 요리로는 삶아 눌러 만든 제육을 양념하여 구이나 볶음을 하고, 갈비나 족으로는 찜을 하며, 돼지머리는 삶아 돼지머리 편육을 만든다. 돼지고기의 부위는 소고기만큼 자세히 분류하지 않고 대체로 어깨살, 등심, 삼겹살, 방아살, 뒷다리 등으로 구분한다. 등심, 방아살을 최상육(最上肉), 뒷다리를 상육, 어깨살을 중육, 삼겹살을 하육으로 친다. 다른 육류와 마찬가지로 돼지고기에는 단백질의 함량이 높고, 비타민 B_1의 함량은 월등히 많다. 100g당 열량은 125kcal이다.

베이컨은 원래 돼지의 옆구리살을 이르는 말이다. 제법 햄과 거의 같으나 소금절임의 방법이나 사용하는 부위가 조금 다르다. 원료로서 지방질이 적은 돼지의 옆구리살에서 갈비뼈를 제거하고 직육면체로 자른 다음 피를 모두 짜내고 소금에 절인다. 고기 10kg에 대하여 소금 300~400g, 발색제로서 질산칼륨 25g을 섞어 고기에 잘 스며들게 한다. 소금절임이 끝나면 물에 담가 과잉의 염분을 빼내고 15~30℃의 훈연실에서 1~2일간 냉훈(冷熏)시킨다.

베이컨에는 돼지의 옆구리살을 사용한 정상적인 제품 외에 옆구리살을 원통형으로 만든 롤드 베이컨, 훈연하지 않고 삶기만 한 보일드 베이컨, 로스 고기를 사용한 로스 베이컨(덴마크식 베이컨), 뼈 있는 로스를 사용한 캐나다식 베이컨 등 여러 가지가 있다. 베이컨과 같이 지방질이 많은 식품에서는 훈연에 의하여 독특한 풍미와 지방질의 산화방지작용이 이루어지므로 조리에 널리 이용된다. 베이컨의 품질은 지방질에 의

하여 좌우된다.

돼지고기의 등심은 한국에서는 제육용으로 사용하고, 서양에서는 역시 갈비뼈째 잘라 판매하는데 갈비 하나 두께로 자르는 것은 포크 찹(pork chop)용이고 갈비 몇 개를 함께 자른 것은 로스트용이다.

부위별 요리법

안심과 등심 부위(Lombo o Filetto)

돼지 갈비 앞부분에 위치하고 통째로 익힐 수 있으며, 뼈를 제거하거나 다른 방법으로 얇게 저며서 커틀릿을 하거나 구이를 한다. 안심 부위는 돼지 넓적다리 위쪽 끝부터 갈빗대의 시작 부분까지이고, 가장 좋은 요리법은 굽거나 얇게 저미는 것이다.

목 부위(Collo)

돼지의 목 부분은 근육이 매우 많다. 소시지를 만들거나 염장 처리하여 사용한다. 목 윗부분과 목덜미로 구성된다.

머리 부위(Testa)

머리 부분은 소금에 절여서 이용할 수 있다.

어깨 부위(Spalla)

어깨 부위는 소금에 절이거나 숙성시킬 수 있고, 프로슈토 햄을 만드는 데 사용하기도 한다. 신선한 부위는 뼈를 제거한 후 구이에 사용한다.

넓적다리 부위(Cosciao Cosciotto)

이 부위는 거의 소금에 절이거나 훈제 처리해서 사용한다. 프로슈토를 만들거나 신선한 재료는 그대로 구워서 요리하는 것이 최상이다.

종아리, 발 부위(Stimco e Zampetto)

거의 구워서 요리하며, 섞어서 끓이거나 샐러드에 넣는다. 다리부분의 살을 빼내고 순대 만들기를 한다.

볼살, 가슴, 뱃살 부위(Guanciale, Petto e Pancetta)

대부분 기름이 많은 부분으로 많은 종류의 햄을 만든다. 염장을 주로 하며, 편편한 모양, 롤로 만든 모양,

훈제한 것 등 많은 요리에 이용한다.

(3) 양(Agnello)

어린 양의 고기는 새끼양고기(lamb)라 하여 구별한다. 양은 외국에서는 유사 이전부터 길렀으나 한국에서는 백제 때부터 사육한 것으로 알려졌고, 최근에는 털 생산용으로 사육되고 있을 뿐 식육용으로는 사육하지 않는다. 양고기는 섬유질이 연하므로 돼지고기의 대용으로 사용되지만 특이한 냄새가 난다. 냄새를 없애는 데는 생강, 마늘, 후춧가루, 카레가루, 포도주 등이 사용되며 끓는 물로 한번 데쳐도 된다. 양고기 요리로는 징기스칸 요리, 바비큐, 불고기, 스튜 등이 좋다. 또 점착력이 강하므로 햄, 소시지의 결합제로도 널리 사용된다. 고기 빛깔이 밝고 광택이 있으며 지방질이 적당히 섞인 백색의 것을 선택하는 것이 좋다.

(4) 토끼(Coniglio)

토끼는 먹이가 고기의 육질을 결정한다. 강낭콩, 풀 등을 먹으며 곡류는 좋지 않다. 섬유소를 많이 먹어야 육질이 좋으며, 특히 여러 가지 풀을 먹어야 한다. 토끼는 3~4개월 키워서 식용해야 질기지 않고 탄력성과 맛이 있다. 1년생, 2년생 토끼를 요리할 때에는 오랜 시간 가열해서 사용한다.

토끼 손질하기

– 머리를 제거한다.
– 가슴부터 양쪽을 발라낸다. 갈비뼈를 발라낸다.
– 잔뼈가 많으므로 주의한다.
– 뼈를 제거한 등심부분은 골고루 펴서 롤을 마는 데 적합하게 한다.

81 : 신선한 토마토와 바질향의 송아지 커틀릿
Costoletta alla milanese con pomodoro e basilico

밀라노 스타일의 송아지 커틀릿으로 고기에 빵가루만 입혀서 고소한 맛이 일품이다. 토마토 소스와 잘 어울리며 어린이들이 좋아한다.

재료 Ingredienti **완성량: 4인분**

- 송아지 고기 600g
- 빵가루 30g
- 토마토 30g
- 감자 60g
- 토마토 소스 120ml
- 그뤼에르 치즈 40g
- 발사미코 식초 30ml + 올리브유 30ml + 레몬 1/2개 = 발사믹 소스
- 채소류 30g
- 바질 2잎
- 버터 약간

○ 조리방법 Procedimento

만들기

① 송아지살에 소금, 후추로 간하여 빵가루를 골고루 묻힌다.

② 팬에 버터를 두르고 송아지살을 굽는다.

③ 그뤼에르 치즈를 올려 오븐에 갈색이 나게 굽는다.

가니쉬

① 토마토를 링모양으로 잘라 그 안에 채소를 끼워 샐러드를 만든다.

② 오븐에 감자를 구워 사선으로 반 잘라 접시에 놓고 버터와 다진 파슬리를 뿌려준다.

소스 만들기

① 토마토 소스를 체에 걸러 바질 슬라이스와 올리브유, 소금, 후추를 넣어 데운다.

② 토마토 콩카세를 섞어준다.

담기

① 접시에 소스를 뿌리고 위에 송아지살을 올려놓는다.

② 구운 감자와 샐러드를 담고, 샐러드 위에 발사미코 소스를 뿌려준다.

***맛내기 포인트**

송아지 고기는 우리나라에서 도축하지 않으므로 수입하여 요리한다. 만약 없으면 돼지고기, 닭고기 등을 대신 사용해도 좋다.

82 : 바롤로 레드 와인 소스의 소안심 구이

Filetto di manzo al Barolo con verdure di stagione

바롤로 지방의 와인으로 만든 소스로 소고기에 아주 잘 어울린다. 양고기나 토끼고기에도 잘 어울리는 소스이다. 바롤로 와인은 와인의 왕이라 불릴 정도로 유명하다.

재료 Ingredienti **완성량: 4인분**

- 소안심(4pc) 600g
- 돼지호박 100g
- 가지 100g
- 토마토 100g
- 맛송이버섯 100g
- 죽순 2개
- 당근 100g
- 바질 4잎
- 파슬리 4줄기
- 다진 양파 100g
- 다진 마늘 30g
- 바롤로 와인 200ml
- 갈색 고기 소스 200ml
- 다임 1줄기

○ 조리방법 Procedimento

소안심 만들기

① 소안심에 소금, 후추로 간하고 모양을 만들어 팬에 갈색이 나게 굽는다.

② 안심 위에 토마토 줄리엔과 바질잎, 다진 파슬리를 올린다.

가니쉬

① 호박, 가지, 토마토, 맛송이버섯을 비슷한 크기로 잘라 다임과 소금, 후추로 간한다.

② 그릴에 구워 모양을 내고 오븐에 굽는다. 고구마는 구워 껍질을 벗겨둔다.

③ 소스를 체에 거른 후 버터를 약간 넣어 윤기와 풍미를 더한다.

소스 만들기

① 팬에 버터를 두르고 다진 마늘과 양파를 넣고 볶는다.

② 바롤로 와인을 넣어 1/10로 졸이고 갈색 고기 소스도 넣어 졸인다.

③ 소스를 체에 거른 후 버터를 약간 넣어 윤기와 풍미를 더한다.

담기

① 접시에 소스를 뿌리고 위에 구운 안심을 올린다.

② 가니쉬를 담는다.

***맛내기 포인트**

적포도주를 사용하지만 다른 포도주도 가능하다. 소스가 중요하며 가니쉬는 어느 것이든 선택하여 사용해도 무방하다. 고기의 익히는 정도에 따라 소고기의 맛이 달라진다.

껍질 부분만 갈색이 나게 익히는 정도는 Rare, 2/3 정도 익히는 것은 Medium, 완전히 익히는 것은 Welldone이다.

83 : 립 아이 스테이크 Griglia per controfiletto

재료 Ingredienti **완성량: 4인분**

- 등심(립아이) 800g
- 아스파라거스 4개
- 셀러리 60g
- 레드 와인 100ml
- 올리브유 100ml
- 양파 60g
- 갈색 고기 소스 200ml
- 마늘 20g
- 각종 콩 100g
- 파슬리 10g
- 에샬롯 4개
- 당근 100g
- 브로콜리 100g
- 감자 퓌레 100g
- 다임 4줄기

○ 조리방법 Procedimento

기본 준비

① 등심 립아이 스테이크를 손질하여 올리브오일, 양파, 셀러리, 마늘 슬라이스와 마리네이드하여 1일 정도 냉장고에 놓는다.

② **소스** : 채소는 소테하여 갈색 소스와 함께 끓여서 조리고 간을 맞춘 뒤 와인을 조려서 맛을 낸다.

③ 채소도 그릴하거나 팬에 올리브오일, 마늘, 다임을 올려 오븐에서 20분 정도 굽는다. 감자는 삶아서 퓌레를 만들고 콩은 삶아서 감자 퓌레에 섞는다.

담기

가니쉬를 순서대로 담고 스테이크를 담고 소스를 뿌린다.

84 : 감자를 곁들인 양 안심구이 Carre di agnello e patate

양고기 안심과 뼈 붙은 양갈비를 이용하여 만들며 향신료를 빵가루에 섞어 고기 위에 올려 굽는다. 향신료 프로방살은 5가지 이상의 향신료를 섞은 것을 말한다.(바질, 다임, 차이브, 세이지, 오레가노 등)

재료 Ingredienti **완성량: 4인분**

- 양 안심 800g

■ **향초 빵가루**

- 올리브유 20cc
- 빵가루 100g
- 달걀 노른자 2ea
- 바질 5g
- 파슬리 5g
- 세이지 5g
- 다임 5g
- 차이브 5g
- 파마산 치즈 10g
- 마늘 5g

■ **양갈비 소스**

- 갈색 고기 소스 100ml
- 다임 2g
- 타라곤 2g
- 버터 20g
- 차이브 2g

■ **가니쉬**

- 방울토마토 4개
- 마늘 40g
- 양파 60g
- 물 60ml
- 다임 2g
- 차이브 30g
- 아티초크 200g
- 감자 300g
- 라디치오 200g
- 방울토마토 8개
- 버터 6g

양고기 준비

① 안심의 껍질과 질긴 부분을 제거하고 소금, 후추로 간한다.
② 1.5cm 두께로 둥글게 자른다.
③ 팬에 오일을 두르고 갈색이 나게 구운 후 오븐에서 익힌다.

향초 빵가루 파슬리, 빵가루, 달걀, 다임, 바질, 차이브를 다져 섞는다.

가니쉬

① 감자는 1cm 두께로 잘라 놓는다.
② 물에 버터와 소금, 후추를 넣은 곳에 감자를 넣어 물이 졸아들어 바닥이 갈색이 나게 한다.
③ 불을 끄고 약간 식힌 후 떼어 놓는다.
④ 방울토마토는 꼭지를 자르고 속을 파내 향초 빵가루로 채워 오븐에 구워낸다.

소스 갈색 고기 소스에 다임, 타라곤, 차이브를 다져 넣고 끓여낸다. 버터는 소스 마지막에 넣어준다.

담기

① 삼각접시에 감자, 방울토마토로 가니쉬한다.
② 양 안심을 담고 소스를 뿌린 후 차이브와 향신료를 올려준다.

＊맛내기 포인트

양갈비 소스의 농도에 유의하고 양갈비는 알맞게 익힌다.

85 : 타라곤으로 맛을 낸 닭요리 Pollo al'dragoncello

타라곤으로 맛을 낸 닭요리로, 타라곤 맛이 중요하다. 타라곤은 유럽이 원산지이며 몽골에서 재배되는 정원초의 일종으로 프랑스에서 최초로 식용으로 재배하였다.

재료 Ingredienti **완성량: 4인분**

- 닭 600g
- 타라곤 50g
- 화이트 와인 500ml
- 와인 식초 50ml
- 발사미코 식초 100ml
- 닭 육수 1000ml
- 양파 300g
- 생표고 200g
- 밀가루 100g
- 체리토마토 100g
- 소금, 후추 약간
- 갈색 고기 소스 160ml

○ 조리방법 Procedimento

1. 닭 손질하기

영계를 4등분으로 잘라서 뼈를 발라내고 소금, 후추로 간을 한 후 밀가루를 묻혀서 준비한다.

2. 닭 익히기

① 프라이팬에 익힌 다음 백포도주로 졸인다.

② 갈색 육수(Brown stock)에 넣고 졸인 다음 소스를 넣는다.

3. 맛내기

영계가 다 익어갈 무렵 표고버섯을 큰 주사위 모양으로 썰어서 넣고 영계가 다 익으면 꺼낸다. 체리토마토의 껍질을 벗기고 5~6개 넣는다.

4. 소스

영계와 토마토, 표고버섯을 건져 놓고 소스에 타라곤을 넣어 맛을 내고 농도를 맞춘다.

5. 갈색 고기 소스(Fondo bruno)

92쪽 참조

6. 가니쉬

여러 종류의 가니쉬를 곁들일 수 있다.

7. 담기

오목한 볼이나 라자냐 볼에 담는다.

＊맛내기 포인트

팬에 소테하여 와인으로 데글라세한다.

소스에 익힐 때가 중요하다.

86 : 버섯으로 맛을 낸 영계 가슴살 요리
Suppema di pollo fracico alla fracassea di funghi

버섯을 넣어 만든 영계 가슴살 요리로 토마토와 잘 어울린다.
단백질이 우수한 가슴살 요리는 어린이 메뉴로 추천할 만하다.

재료 Ingredienti **완성량: 4인분**

- 닭 가슴살 600g
- 소금, 후추 약간
- 밀가루 30g
- 달걀 3개
- 빵가루 150g
- 다진 양파 50g
- 다진 마늘 10g
- 다진 파슬리 5g
- 양송이 슬라이스 100g
- 생다임 2g
- 백포도주 50ml
- 생크림 50ml
- 모짜렐라 치즈 100g
- 레몬 2개
- 토마토 콩카세 400g
- 바질 10g

○ 조리방법 Procedimento

만들기

① 닭 가슴살을 손질하여 한쪽 끝에 구멍을 내 주머니를 만든다.
② 다진 마늘과 양파를 볶다가 백포도주에 생크림을 넣어 조리고 파슬리를 섞어 ①에 넣어준다.
③ 가슴살에 빵가루를 묻힌 후 달걀물에 넣었다가 빵가루를 묻혀 팬프라이한다.
④ 색이 나면 오븐에 넣어 익힌다.

가니쉬

① 레몬은 1/4 웨지로 잘라서 준비한다.
② 토마토를 작은 주사위 모양으로 썰고 다진 양파, 마늘, 바질, 줄리엔, 소금, 후추, 올리브유를 넣고 버무린다.

담기

① 접시에 토마토를 담고 위에 닭 가슴살을 슬라이스하여 담는다.
② 바질과 레몬을 곁들인다.

*맛내기 포인트

닭 가슴살 주머니에 속을 채울 때 빠져 나오지 않도록 하여 빵가루를 입힌다.
기름의 온도가 중요하며 170℃에서 3~4분 정도 튀긴다.

87 : 향초를 곁들인 구운 오리가슴살 Petto d'amatra arrosto con erbe

재료 Ingredienti **완성량: 4인분**

- 오리가슴살 4개(150~200g 기준) 600g

■ 소스

- 갈색 고기 소스 100g
- 오렌지 주스 200ml
- 올리브유 50ml
- 무화과 5개
- 그라파술 200ml
- 꿀 20g
- 버터 50g

■ 향초 빵가루

- 로즈메리 4잎
- 바질 10장
- 오레가노 5줄기
- 처빌 5줄기
- 이태리 파슬리 2줄기
- 겨자 100ml

■ 가니쉬

- 아스파라거스 4개
- 토마토 4개
- 꼬마 당근 4개
- 감자 1개
- 브로콜리 100g
- 노란 파프리카 1개

■ 마리네이드

- 양파 100g
- 당근 50g
- 검은 통후추 10알
- 마늘 20g
- 월계수잎 3장
- 올리브유 50ml
- 셀러리 50g

○ 조리방법 Procedimento

1. 기본 준비

① 오리가슴살은 껍질에 칼집을 넣어 마리네이드한다.

2. 마리네이드 재료 사용

팬에 오일을 두르고 팬을 달군 후 칼집 낸 껍질 부분이 갈색이 나고 기름이 완전히 빠질 때까지 천천히 익혀야 하고 살 쪽으로 뒤집어서 약중불로 익힌 뒤 갈색이 나면 180℃의 오븐에서 10분 정도 익힌 뒤 꺼내서 위에 꿀과 겨자를 바른 후 빵가루를 뿌린 다음 샐러맨더에서 갈색을 내어 마무리한다.

3. 담기

가니쉬를 돌려 담고 오리가슴살을 통째로 담거나 슬라이스하여 담는다.
슬라이스할 경우 육즙이 빠질 수 있으니 참고해야 하고 많은 양을 할 때는 두툼하게 슬라이스하는 것이 좋다.

88 : 햄으로 맛을 낸 세이지향의 돼지고기 Saltimbocca al romana

햄과 세이지 향신료로 요리한 대표적인 이탈리아 요리이다. 레몬소스가 세이지와 어울려 돼지고기 맛을 돋우어준다.

재료 Ingredienti **완성량: 4인분**

- 돼지고기(등심) 480g
- 세이지 10g
- 프로슈토 햄 80g
- 마늘 10g
- 양파 30g
- 백포도주 80ml
- 발사미코 식초 40ml
- 홍피망 80g
- 바질 4잎
- 로즈메리 4줄기
- 고구마 4개
- 파슬리 5g
- 레몬주스 30ml
- 소금 약간
- 후추 약간
- 느타리버섯 200g

○ 조리방법 Procedimento

1. 돼지고기 등심 만들기

돼지고기 위에 세이지와 얇게 썬 프로슈토 햄을 올리고 해머로 두드린다.

2. 고기 요리하기

팬에 올리브유를 두른 후 고기에 밀가루를 묻혀 소테하고 백포도주로 조린 다음 농도가 날 때 소금, 후추로 약하게 간을 한 후 다진 파슬리와 레몬주스를 넣는다. 농도가 나면 접시에 담고, 나머지 국물은 소스로 뿌려준다.

3. 가니쉬

① 팬에 올리브유를 두르고 다진 마늘, 양파를 볶은 뒤 버섯을 볶는다. 백포도주를 넣고 조린 후 발사미코 식초와 소금, 후추, 다진 파슬리를 넣는다.

② 고구마를 구워 작은 크기로 썰어둔다. 홍피망을 반으로 잘라 바질, 로즈메리를 넣고 올리브유를 발라 오븐에 굽는다. 안에 느타리버섯 볶은 것과 고구마 간 것을 채워둔다.

4. 담기

가니쉬를 접시에 담고 요리한 돼지고기를 담는다.

＊맛내기 포인트

팬에 익힐 때 햄의 맛과 세이지향이 돼지고기에 배어 깊은 맛을 낸다.

Dolci

돌치(디저트)

1. 디저트 개론

Dolci란 부드러움과 달콤함을 뜻하는 식사의 마지막을 장식하는 요리로, 이탈리아의 Dessert(데세르트: 디저트)는 중부와 북부, 남부 지역의 특산물에 따라 다양하다. 이탈리아에서 디저트가 가장 발달한 곳은 시칠리아로, 다양한 과일과 포도주 등을 이용하여 디저트의 왕국이라고도 할 수 있을 정도로 일반인들이 접할 수 있는 것이 다양하고, 북부로 올라가면서 화려한 테크닉이 담겨 있는 디저트를 볼 수 있다. 북부지방은 프랑스와 스위스의 영향을 받아 데커레이션이 보다 화려하고 기능성 있는 디저트가 많다.

초콜릿

카카오 나무의 갈색 열매 카카오 빈에 밀크, 설탕, 향료를 첨가해서 만든 것으로 독특한 향기와 맛을 가진 기호식품이다. 카카오 나무는 서아프리카, 남아메리카 등의 열대지역에서 재배된다.

초콜릿의 탄생지는 아즈텍인이 살았던 고대 멕시코였다. 카카오 빈의 가루에 옥수수나 후추를 넣고 삶거나 갈아 으깨거나 한 것에 바닐라향을 첨가해 만든 것을 쇼콜라토르(쓴 물이라는 뜻)라 하는데, 초콜릿(chocolate)이라는 말은 쇼콜라토르(chocolatre)로부터 온 것으로, 처음에는 음료였다. 아즈텍의 왕 몬테즈마는 이 걸쭉하고 쓴 쇼콜라토르를 매우 좋아해서 하루에 50잔 이상을 마셨다고 전해진다. 이 당시에는 무척 귀하고 비쌌기 때문에 일반 시민은 자주 마실 수 없었다. 카카오 빈은 화폐 대신으로도 쓰였는데 100알이면 상등의 노예를 살 수도 있었다고 한다. 훗날 스웨덴의 식물학자 칼 폰 린네는 이 카카오를 데오블로마 카카오라고 칭했는데 이것은 신들의 음식 카카오라는 뜻이다.

1519년 스페인의 페르난도 코르테스라는 사람이 아즈텍과 몬테즈마 왕의 부를 차지하게 되어 궁에 있는 카카오 빈을 가질 수 있었으나 그것에 대한 흥미가 없어 사용하지 않다가 1926년 본국에 돌아온 코르테스가 스페인 국왕에게 쇼콜라토르를 헌상하여 세상에 공개되었다. 그 후 스페인 사람들도 조리법을 익혀 즐겨 먹게 되었다.

1606년 스페인 궁정에서 근무하던 이탈리아인에 의해 이탈리아에 전해졌고 1615년에는 스페인의 안느 드 트리슈 공주가 루이 13세에게 시집감으로써 프랑스에 전해졌다. 이것을 계기로 프랑스의 왕실과 상류사회에서 유행하기 시작했다. 이후 유럽에서는 다양한 연구가 병행되면서 차차 사람들의 입맛에 맞는 음료가 되었다. 1876년 스위스 사람들에 의해 고형화되었고, D. 피터가 여기에 벌꿀, 밀크 등을 넣어 밀크 초콜릿을 개발했다. 또 네덜란드도 초콜릿이 성행한 나라 중 하나로, 1828년에 네덜란드인 반 호텐은 카카오 빈에서 카카오 버터를 추출하여 코코아 분말을 만드는 데 성공했다.

푸딩의 유래

푸딩은 영국에서 유래되었다. 긴 항해가 잦았던 당시 영국 선원들은 남은 빵부스러기, 밀가루, 달걀, 우유 등을 섞어서 쪄먹곤 했는데 이것이 푸딩의 시초이다. 그 뒤 디저트 개념에서 커스터드 푸딩이나 초콜릿 푸딩인 푸딩 오 쇼콜라 등이 만들어지게 되었다. 푸딩은 차게 해서 먹는 것이 일반적이다.

파이

파이의 어원은 마그파이 즉 까치의 속성과 관계가 있다고 한다. 까치는 쓸데없이 잡동사니를 잔뜩 둥지에 물어다 놓는 습성으로 유명하기 때문이다. 그래서 속에 여러 음식을 섞어 뒤범벅한 스튜 형태의 파이를 브리티시 파이라 한다. 파이는 파이, 타르트, 플랑으로 나누어진다. 일정하게 민 반죽을 틀에 넣고 충전물을 채워 1차 가공한 것을 파이라 하며, 여러 반죽을 사용하여 신선한 과일을 채워 넣은 것을 타르트라 한다. 플랑은 반죽을 틀에 채우고 달걀, 크림, 채소 등을 넣어 굽는다.

우리나라의 제과점에 가보면 파이와 페이스트리의 구분이 잘 안 되어 전부 파이라고 하기도 하는데 잘못된 것이다. 페이스트리는 반죽이 겹겹이 싸여 있고 구우면 바삭바삭한 것이 특징이다. 파이는 껍질이 중요한데, 이를 위해 밀가루의 선택이 중요하다. 밀가루는 글루텐 함량이 너무 높거나 낮아서는 안 된다. 글루텐 함량이 높은 밀가루인 강력분은 물을 빨리 흡수하여 글루텐을 발달시키므로 단단한 제품이 되기 쉽고, 박력분은 수분 흡수량과 보유력이 약하기 때문에 죽처럼 끈적거리는 반죽을 형성하는데 이것을 이용해야 파이를 성공적으로 만들 수 있다.

타르트

타르트의 발상지는 독일이라고 알려져 있으나 확실하지는 않다. 가장 유력한 설에 따르면, 독일에서 토르테가 처음 구워진 때는 16세기였다고 한다. 고대 게르만족이 태양의 모양을 본떠서 하지 축제 때 평평한 원형의 과자를 구운 것이 시초였고, 중세가 되자 교회에서 행하는 축제 때마다 타르트류가 등장했다고 한다. 프랑스에서 타르트가 만들어진 때는 15세기 후반부터 16세기 후반에 걸쳐서이며, 현재와 같이 인기 있는 제품이 된 것은 19세기부터이다. 특히 프랑스에서 타르트가 많이 만들어진다. 반죽으로 파트 쉬크레, 파트 퓌이테 등이 사용되며 과자의 명칭은 사용한 과일의 이름을 따서 붙이는 경향이 많다. 타르트 오 프레즈, 타르트 오 카시스가 그 예이다.

프랑스에서 타르트를 만들 때는 2가지 방법을 이용한다. 하나는 반죽을 틀에 깔아 구워내어 과일이나 크림류를 채우고 다시 굽는 방법이고, 또 하나는 틀에 반죽을 깔고 그 상태에서 크림류를 채우고 굽는 방법이다. 타르트는 비스킷의 생지에 속을 충전물로 채워 만든 과자이며 토르테란 스펀지형의 생지에 잼이나 크림을 바른 것을 말한다. 스펀지 케이크가 나오기 전에는 비스킷 모양의 타르트를 중심으로 여러 가지 크림이나 잼, 또는 과일 등으로 속을 채웠으며 지금도 그 형태에 따라 여러 가지 타르트로 이름지어져 있다. 지금의 과자는 색상이 대체로 진한 편이지만 옛날에는 대체로 흰 것이 많았으며 생지도 점차 부드러운 쪽으로 새롭게 바뀌어갔다. 이것을 토르테의 시초라고 할 수 있다. 그러므로 토르테라고 불리는 과자군은 대부분 잼이나 크림 등을 샌드한 형태로 되어 있다. 이 토르테가 19세기에 이르러 여러 가지 형태와 맛의 변화를 겪으며 발전하여 오늘에 이르렀고, 타르트는 별 변화 없이 그대로의 형태로 오늘날까지 전해져 폭넓게 애용되고 있다.

카스텔라(Castera)

카스텔라는 일본에서 한자로 加壽天伊羅라고 표기하는데 포르투갈어를 한자로 표기하면서 통용된 말이다. 당시 포르투갈은 스페인 일부의 왕국이었다고 한다. 이러한 카스텔라는 텐쇼연간인 1573년에 폴란드 사람으로부터 지금의 나가사키에 전해졌다고 한다. 지금도 카스텔라를 말할 때 나가사키를 연상하는 이유가 여기에 있다. 교와시대(1716)까지는 좋은 제품이 되지 못했으나 분세이, 텐포에 들어서야 잘 구울 수 있는 방법과 만드는 법을 터득하였다. 메이지 시대에 이르러서는 원료가 풍부해지고 좋은 제품을 만들 수 있게 되었다. 카스텔라는 달걀 노른자, 설탕, 소맥분, 물엿 등을 풍부하게 섞은 것으로 불로 구워낸 해면 상태가 고와야 한다.

크렙 수제트(Crepe Suzett)

크렙 수제트는 옛날 영국의 황태자 에드워드가 이름을 붙였다는 설이 있다. 헨리 카팬터는 황태자 에드워드의 요리장인데 어느 날 황태자의 식사를 준비하던 중 크렙 소스를 만들 때 실수로 리큐어를 엎질렀는데 소스에 불이 붙음과 동시에 음식을 버리게 되었다. 헨리는 시간도 없고 해서 그냥 그 소스에 크렙을 집어넣어 황태자에게 제공하였더니 색다른 맛이 있어 에드워드 황태자는 그날의 파티에 동석한 수제트 부인의 마음을 사려고 그 부인의 이름을 따서 크렙 수제트라고 명명하였다고 한다. 또 다른 유래는 파리의 코미

디 프랑세즈에서 크렙 먹는 단역을 열연하던 수제트 양을 위하여 팬의 한 사람이었던 조리사가 특제 크렙을 만들어 매일 무대에 제공했는데, 나중에 유명한 역을 맡게 된 수제트는 조리사에 대한 답례로 자기의 이름을 붙여 크렙 수제트라 했다고 한다.

베이크트 알래스카(Baked Alaska)

발명은 미국 태생의 물리학자 벤자민 톰슨의 덕택이라고 할 수 있다. 그러나 1866년의 저술에서 바론 브리스는 프랑스의 주방장이 중국의 사절단과 함께 파리에 왔던 한 중국인 요리사로부터 냉동상태로 오븐에 굽는 비법을 전수받았다고 기술하고 있다.

봉봉(bonbon)

봉봉은 불어로 예쁘다, 귀엽다라는 뜻인데, 1588년 앙리도우규이즈공이 프랑스 왕실의 비극을 앙리 3세에게 알리려고 기다리던 중 봉봉 한 알을 입에 넣다가 반란군에게 들켜 아무 소리도 못하고 칼에 맞아 죽었다는 이야기가 있다.

비가라드(Bigarade)

비가라드는 프랑스 중부지방에서 재배되는데, 설탕에 절인 비가라드는 니스의 특산품이다. 비가라드란 큐사로를 만드는 오렌지이며, 큐사로는 오렌지 리큐어로 원칙적으로 오렌지 껍질만을 사용하여 만든다. 종류는 흰색이 주종인데 착색하여 블루, 레드, 그린 등이 있다.

셔벗(Sherbet)

옛날 알렉산더 대왕이 페르시아를 공격하고 있을 때의 일이다. 더위 때문에 일사병으로 병사들이 쓰러지는 경우가 많았는데, 그때 왕은 산에 가서 만년설을 가져오게 하여 과일즙을 섞어서 마시게 했다. 셔벗은 1550년에 포도주나 주스를 담은 그릇을 눈이나 얼음 속에 넣어 저어주면서 얼려 먹은 데서 비롯되었다. 또한 18세기 말 주스 대신 생크림을 이용하여 만든 것이 지금의 아이스크림이 된 것이다.

피치멜바(Peach Melba)

당대 최고의 요리장이자 근대 요리의 창시자인 에스코피에는 오스트리아 출신의 여가수 넬리 멜바의 열렬한 팬이었다. 그러나 수줍어서 그녀에게 꽃을 보내지 못하였다. 그러다 20세기 초 어느 날 멜바가 런던의 사보이 호텔에서 혼자 식사를 하고 있을 때 에스코피에는 특별히 만든 디저트를 제공했는데 멜바는 이 음식이 마음에 들어 이름을 물어보자 그가 피치멜바라고 하면 영광이겠다고 했다 한다. 그의 아이디어는 인기를 끌었고 세계적인 디저트가 되었다.

비스킷(Bisquit)

프랑스에서는, 비스킷을 두 번 굽는다는 뜻으로 해석하여 비스퀴라 부르고 독일에서는 거품형인 스펀지 케이크 계통을 가리킨다. 영어의 쿠키는 폴란드어의 코어키에 즉 작은 과자라는 말에서 유래되었다는 설이 있으며 비스킷은 프랑스의 비스퀴에서 유래되었다고 한다. 19세기 초 나폴레옹 시대에 프랑스와 스페인 사이에 있는 비스케라는 항구에 영국배가 풍랑을 만나 긴급 정박하게 되었다. 그런데 식량이 떨어져 남은 재료를 물에 반죽하여 잘게 떼어내 철판에 구워 먹었는데, 그것이 오늘날의 비스킷이 되었다는 설이 있다. 또한 프랑스말 중에 비스코트라는 말이 있는데 비스코트와 비스퀴가 같은 의미라고 생각되지만 전문가들에 의하면 비스코트는 식사용이라 한다.

제누와즈(Genoise)

달걀의 흰자와 노른자를 더해 거품을 내서 만드는 스펀지 케이크를 말한다.

아이스크림

우리가 흔히 'Ice cream(아이스크림)'이라고 부르는 빙과는 프랑스어로 'Glace(글라세)'라 하는데 이는 얼음이라는 의미를 지니고 있다. 빙과의 역사는 고대에 음식물을 냉장시키는 것에서 유래되었다. 기원전 4세기경 알렉산더 대왕이 팔레스타인 남동쪽에 30개의 웅덩이를 파고 눈을 넣어서 음식물을 냉장하여 먹기도 하고, 또한 이를 냉동용으로 사용했다는 기록이 남아 있는데 여기서 'Glace'의 첫 유래를 찾을 수 있다. 그 후 로마시대의 대표적 영웅인 줄리어스 시저(BC 100~44)가 알프스에서 운반해 온 빙설로 술과 우유를 차게 하여 마시기도 하고, 여기에 직접 혼합하여 마시기도 했다고 전해진다. 또한 그 당시 중국인과 아라비아인도 같은 방법으로 빙설을 이용했다고 한다. 따라서 현재 아이스크림을 좋아하는 미식가들은 그때의 권력자들에게 존경을 표해야 할 것이다.

뿐만 아니라 기원전 150년경, 로마시대의 사람들은 얼음과 눈에 질산칼륨 및 소금을 혼합할 경우 온도가 떨어진다는 사실을 발견하게 되면서 단지 차게 하는 데 그치지 않고 냉동시키는 것이 가능하다는 것을 알게 되었다. 1292년에 공식적인 냉동에 의한 제조법으로 그릇 외부 표면에 질산칼륨이 혼합된 물을 사용해 만들었다. 중세의 십자군 등에 의하여 아라비아와 페르시아로부터 이런 기술이 이탈리아에 전해지게 되었고, 피렌체의 명가 메디치가의 공주 카트린 드 메디치가 앙리 2세와 혼인하게 되면서 프랑스에 전해지게 되었다고 한다. 이것을 계기로 유럽 각지에 퍼져나가게 되면서 점차 정착되었다. 그러나 그때까지만 해도 아이스크림이라기보다는 오히려 셔벗이라 보아야 옳을 정도였다.

그 후 프랑스 왕 헨리 2세의 왕비 카트린은 아이스크림 요리사를 프랑스로 데려왔고, 헨리 4세의 딸이 1685년에 영국 찰스 1세와 결혼할 때 아이스크림은 도버 해협을 건너가 라즈베리, 오렌지, 레몬 등을 넣어 만들었다고 한다. 1789년 바스티유 감옥 습격 당시 혁명 지도자들은 프로코프 아이스크림 가게를 본거지로 삼았는데, 냉철한 이성을 유지하기 위해 아이스크림을 사용하였다고 한다. 그 후 아이스크림은 시민들에게 절대적인 인기를 끌었고 대중들에게 널리 확산되었다. 미국에서는 4대 대통령인 제임스 매디슨이 크고 빛나는 분홍빛 돔이라는 딸기 아이스크림을 백악관 국빈 만찬에까지 내놓을 정도였다. 아이스크림을 좋아했던 나폴레옹도 프로코프 가게의 아이스크림을 생각하면서 세인트 헬레나 유배 생활을 하였고 황제의 꿈을 간직했다고 한다.

이미 구약성서에 아브라함과 이삭이 frozen 또는 chilled water를 먹었다는 기록이 있고, 동양에서는 고대 중국인들이 기원전 3000년경부터 눈 또는 얼음에 꿀과 과일 주스를 혼합하여 먹었다고 하며, 중국의 공자시대에 석빙고를 사용하여 얼음이나 눈을 보관했다는 기록도 있다. 서양에서는 BC 4세기경 알렉산더 대왕 시절에 높은 산으로부터 운반한 눈에 꿀, 과일류, 우유 또는 양의 젖을 섞어 즐겨 먹었다고 한다. 또 히포크라테스는 그의 환자들에게 frozen food로 식욕을 돋우어주었으며, 로마시대에는 'Thermopia'라고 불리는 가게를 운영하여 여름에는 Iced drink를 팔았다고 한다. 마르코 폴로는 중국으로부터 북경지방에서 즐겨 먹던 현재의 셔벗 아이스의 기원이라 할 수 있는 frozen milk의 배합을 베니스로 가지고 왔고, 이것은 북부 이탈리아에 널리 퍼졌다. 16세기 초 초석과 얼음을 혼합하여 냉각 · 냉동시키는 새로운 기술이 생기면서 아이스크림 역사에 르네상스 시대가 열리게 되었다.

현재의 아이스크림은 1867년 독일에서 제빙기가 발명된 이후 냉동기술이 발달하면서 산업화에 의해 미국에 공장이 세워져 대량 생산이 시작되었고, 그 후 다양한 기구들의 발명으로 아이스크림의 산업화가 전 세계에 촉진되었다.

우리나라의 경우 신라시대부터 조선시대까지 얼음 저장고(氷庫)가 사용됐던 것을 보면 일찍부터 얼음식품이 만들어졌던 것으로 유추할 수 있는데 확실한 기록은 없다. 현대에 들어와서는 20세기 초반부터 빙과류 제품이 만들어졌던 것으로 전해지고 있다. 그러나 돈을 주고 사먹기 시작한 것은 1950년대부터로 알려져 있다. 그 당시는 물에 설탕과 사카린을 섞어서 만든 아이스(얼음과자)를 사먹었는데, 이때는 냉장고도 없던 시절이라 커다란 얼음덩이를 아이스박스 안에 넣고, 그 위에 스틱 형태로 만든 얼음과자인 아이스케키를 놓고 어깨에 둘러멘 행상이 "아이스 케키이~ 아이스 케키~"를 외치고 다니면, 동전을 손에 쥘 사이 없이 아이들이 아이스케키 행상 주변에 몰려들곤 하던 시절이었다. 한겨울 늦은 밤에는 찹쌀떡과 메밀묵 장수가 밤거리를 울리며 '메밀묵~ 찹쌀떡' 하고 외치고, 출출해진 배를 채우려는 이들이 소리쳐 야참장수를 부르곤 했다. 메밀묵, 찹쌀떡이 겨울의 야참이었다면 이 아이스케키 얼음과자는 여름 한철, 어린이들의 유일한 간식이었다. 이외에도 제과점 등에서 제조시설을 갖춰 놓고 보다 고급품을 만들기도 했으나 극소수에 불과했다. 60년대에 들어서면서부터 냉장고가 제과점에 많이 보급되면서 점포 판매가 시작됐으며 오늘날에 이르렀다. 산업화가 이루어지던 당시, 특히 미국인들이 아이스크림을 많이 즐겼는데, 이 맛에 너무 깊이 빠지는 것을 막기 위해 한때는 교회에서 일요일에 아이스크림을 먹는 것이 죄가 된다고 설교할 정도였다고 한다. 아이스크림은 그냥 아이스크림으로 불리기도 하지만, 성분인 유지방분 무지유고형분의 비율에 의해 아이스크림, 비유지방 아이스크림, 아이스밀크, 셔벗 등으로 나뉘기도 한다. 형태에 따라 죠스바, 스크류바, 아맛나, 돼지바 등과 같은 Bar, 20세기 초기에 한 아이스크림 장사꾼이 접시가 부족하자 옆자리에서 팔던 와플에 아이스크림을 말아서 팔면서부터 유래했다는 우리 아이스크림의 대명사 부라보콘의 Cone, 잊을 수 없었던 맛의 아이스크림 투게더와 같은 Cup(Carton), 아차차, 쮸쮸바, 까미로, 빠삐코, 맛땡겨 등의 펜슬바(Pencil Bar–일명 쭈쭈바), 과자 속에 아이스크림 등을 넣어 만든 모나카(Monaka) 등등 아주 다양하며, 요즘은 생일이나 행사에 아이스크림 케이크가 종종 등장하곤 한다.

치즈크림(Cheese cream)

치즈크림은 간단한 식사류나 디저트류에 이용한다. 가장 많이 이용되는 치즈는 크림치즈이지만 어떤 종류의 치즈라도 이용할 수 있다. 연질의 치즈는 그대로, 반경질의 치즈는 갈아서 사용하는 경우가 많다. 고르곤졸라 치즈 등과 같이 풍미가 독특한 치즈는 삐콜로 파스티체리아나 아삐리띠보 또는 안티파스티 등에 이용하면 좋다. 버터크림과 같이 버터, 달걀과 섞어서 휘핑하거나 우유와 달걀을 커스터드 크림과 같이 끓이는 중에 섞거나 하는 등 여러 가지 제법이 있다.

생크림(Fresh cream)

생크림을 휘핑한 휘핑크림은 바바루아 같은 디저트의 반죽으로 이용되는 것 외에도 스펀지 샌드용, 파이나 슈의 필름용, 또 케이크의 데커레이션용 등 매우 용도가 다양하다. 생크림을 휘핑하는 것은 여기에 들어있는 유지방의 기능을 이용하는 것이다. 따라서 유지방분이 어느 정도 높은 생크림이 아니면 휘핑했을 때 결이 잘 살아나지 않는다. 보통 제과용으로 사용되는 생크림은 유지방분 45%가 일반적이며 이는 휘핑에 적합한 비율이다. 생크림을 휘핑할 때에는 차가운 것이 기포가 곱고 안정성도 높은데 대개 4℃에서 7℃ 정도에 가장 좋은 기포를 형성할 수 있다. 생크림을 휘핑할 때에는 휘퍼를 사용하고 처음에는 될 수 있는 한 빠른 속도로 교반한다. 단, 교반 리듬을 일정하게 해야 균일한 기포를 얻을 수 있다. 어느 정도 휘핑되면 교반 속도를 늦추고 단단해질 때까지 휘핑을 계속한다. 생크림은 휘핑이 지나치면 푸석푸석해지며 수분이 유지방과 분리되어 버터가 되어버린다. 휘핑크림에도 버터크림과 같이 여러 가지 소재를 이용하여 다양한 풍미를 낼 수 있다.

무스(mousse)

무스는 현대 디저트에서 가장 기본이 되는 냉과류이다. 이것은 디저트의 꽃이라 해도 과언이 아니다. 다른 디저트도 마찬가지이지만 무스는 다양한 재료와 모든 양식요리에 접목이 가능한 디저트이다. 원래, 무스란 바바루아가 발전된 것으로 거품이라는 뜻인데, 거품과 같이 부드럽고 혀에 닿으면 녹는 성질을 가진 일종의 냉과라고 할 수 있다. 부드러운 상태로 만든 재료에 거품낸 생크림 또는 흰자를 더해 가볍게 부풀린 디저트인데, 완성된 무스는 표면이 마르기 때문에 표면에 투명 젤리를 입히기도 한다. 무스 만드는 법은 바바루아와 별 차이가 없지만 일반적으로 바바루아보다 더 가벼운 디저트라고 보면 된다. 본래 무스 글라스(Mousse Glace)로부터 출발하여 다양한 제품으로 개발되어 왔는데 다음의 3가지 종류로 대분할 수 있다. 하나는 노른자와 설탕을 기본 바탕으로 하는 무스로 우유, 과즙이 주요 수분 재료이며 양주도 많이 쓰인다. 다른 하나는 흰자와 크림의 거품을 기본 바탕으로 하고 과일을 필수적으로 사용하는 것이다. 또 다른 무스는 초콜릿을 기본 바탕으로 크림, 흰자, 노른자 등의 거품을 섞는 초콜릿 무스라 할 수 있다. 무스 종류는 재료에 따라 이름이 변한다고 이해하면 쉽다. 참고로 무스(Mousse)에서 파생된 무슬린(Mousseline)이란 말이 있는데 작게 만든 무스를 이렇게 부른다. 그리고 브리오슈 반죽에 버터가 많이 첨가된 것을 무슬린이라고도 한다. 백포도주 소스에 생크림을 올려서 첨가하면 소스 무슬린이 되어 생선요리에 많이 사용한다.

바바루아(Barbaroi)

바바루아는 독일 바이에른(Bayern) 지방의 부유한 귀족집에서 일하는 프랑스인 조리사가 원래 마시는 음료였던 것을 굳혀서 만든 것이 시초였다고 한다. 당시에는 노른자를 사용하지 않고 젤라틴으로 굳게 했으나 현재와 같은 형태가 된 것은 19세기 프랑스 조리사 카렘(Careme)이 고안해 낸 후부터이다.

디저트의 향신료(Spezie & Flavor)

바닐라(Vanilla)

바닐라는 열대성 난의 일종으로, 길이 15~20cm로 바닐라 빈(Vanilla bean)이라 불리고 가늘고 긴 콩깍지와 같은 모양이다. 이 깍지를 완숙 전에 수확하면 특유의 향을 갖지 않으므로 건조한 후 보존 숙성 또는 발효시켜 깍지가 다갈색이 되어야 비로소 바닐라 특유의 방향을 발휘한다. 발효에 의해 주요한 방향성분인 바닐린이 생성되기 때문이다. 일반적으로 바닐라는 18cm 정도의 길이로 색이 검고 촉촉한 기름기를 띤 것이 좋은 제품이다. 향을 보호하기 위해 밀봉용기에 넣어 판매된다. 중미가 원산지이며 아프리카 남동부에 위치하는 세계 최대의 섬 마다가스카르섬(마다가스카르 공화국)에서 전체 생산량의 80%가 생산된다. 제과에서는 무스, 빵, 소스를 만들 때 사용된다.

클로브(Chiodi di garafano)

클로브에 관한 가장 오래된 기록은 기원전 3세기경의 것으로, 궁정에서 사용되었다고 하며 입냄새를 없애는 데 쓰였다고 한다. 클로브는 복숭아과에 속하며 몰루카제도가 원산지이다. 통째 혹은 분말 모두 요리에 널리 쓰이고 수프, 케첩, 소스, 초절임 등에 향을 주기 위해 쓰이며 카레에는 빠질 수 없는 원료이다. 제과에서는 푸딩과 각종 빵, 초콜릿 케이크 등에 쓰인다. 못의 머리를 닮은 이 스파이스는 클로브 나무의 꽃봉오리를 개화 전에 건조시킨 것인데, 못의 머리에 해당되는 꽃잎이 철분을 포함하고 있어 과일색의 변색을 촉진하므로 그 부분을 잡아떼어 사용한다.

민트(Menta)

유럽과 지중해 지방이 원산지이고 현재는 유럽 전역, 아메리카에서 재배된다. 일본의 홋카이도 동북지방에서 재배된다. 일반적으로 박하라고 알려져 있고 향신료로 중요한 것은 페퍼민트와 스피어민트이다. 3월경 뿌리를 잘라 이식하고 7~8월에 개화되면, 뿌리 가까운 곳에서 잘라낸다. 그것을 건조시켜 잎을 갈아 보관한다. 수프, 스튜 등의 요리에 이용하고 추잉껌, 캔디, 슈거 봉봉 등 과자와 리큐어의 향으로 사용된다. 풍미 면에선 페퍼민트 쪽이 우수하고 스피어민트는 청량감이 떨어진다. 아이스크림, 소프트 드링크, 셔벗, 양과자에 주로 쓰인다.

너트맥(Noce moscata)

과일의 열매에서 채취한 것으로 너트맥은 육류요리, 육류가공, 소스 등에 쓰이고 도넛의 독특한 맛을 내기 위해서 쓴다. 또 담배 제조 시 향을 돋우기 위해서도 사용된다. 우리나라 사람들의 입맛에는 한약으로 오인되기 쉬우므로 적은 양을 사용한다.

캐러웨이 씨드(Caraway seed)

유럽과 시베리아, 소아시아 일대가 원산지이다. 내한성이 있으며 당근과 비슷한 외관으로 풍미도 비슷해서 채소로도 식용된다. 과실은 길이 5mm 정도로 끝이 가늘고 굽어 있으며 어느 정도 모가 나 있다. 초록에서 녹갈색으로 익는데 그것을 반으로 나눈 것을 씨드라 하고 이것을 건조 가공한 것이 캐러웨이 씨드이다. 이 캐러웨이 씨드는 통째로 혹은 굵게 빻아 제과 · 제빵에 이용된다. 호밀빵에 쓰이고 요리에는 수프와 피클에 쓰인다.

카다몬(Cadamono)

인도와 실론이 원산지인 생강과의 키가 큰 초목이다. 카다몬 열매는 완숙하기 전에 수확하여 자연 건조시킨다. 카다몬 소비의 대부분은 인도, 북구제국이다. 카레가루의 주원료가 되는데 그 밖의 소스, 육제품의 스파이스, 제과 · 제빵 등에 쓰인다. 인도, 스리랑카가 오래된 산지인데 지금은 열대지방에서 널리 재배되고 있다.

사프란(Zafferano)

향신료로서 사프란은 수술 끝의 화주, 주두를 말린 것이다. 100g의 사프란을 얻기 위해 1만 4천 개의 꽃이 필요하다고 하는데 값이 비싼 이유가 그 때문이다. 현재의 주산지는 에스파냐가 1위이며 프랑스, 이탈리아도 양질의 것을 산출한다. 오스트리아, 영국, 아메리카, 중국 등에서도 생산된다. 클로싱이라는 성분을 포함하고 있는데 이 클로싱은 20만 배의 수용액에 희석시켜도 산뜻한 황금색을 띤다. 사프란을 사용한 과자로는 영국의 사프란빵이 유명하다.

아니스(Anice)

아니스는 그리스, 이집트, 오리엔트가 원산지인 미나리과의 아름다운 식물이다. 봄에 흰꽃이 우산형으로 피며 8월쯤 되면 작은 열매가 갈색으로 변하면서 익는다. 생잎도 향이 좋아 샐러드 등에 섞어 쓴다. 고급 빵류나 비스킷, 케이크, 쿠키 등에 사용한다.

딜 씨드(Semi di aneto)

예로부터 지중해 지방과 남러시아에서 자생하는 미나리과의 식물이다. 3~5mm 정도의 납작하고 긴 타원형의 과실을 건조시켜 가공한다. '딜'이란 스칸디나비아어의 고어 'dilla'에서 유래된 '안정시키다'라는 뜻이다. 실제 고대에서 약물로도 이용되었으며 카레성분의 하나이기도 하다. 딜의 어린잎은 피클, 소스, 샐러드의 재료이며 육류, 빵, 파이껍질 등의 향미제로 사용되었다.

올스파이스(Allspice)

서인도제도와 라틴 아메리카 원산의 후토모모과에 속하는 열대성 상록고목의 과실을 익지 않았을 때 따서 햇볕에 말린 것이 올스파이스다. 올스파이스는 열매 그대로 쓰기도 하고 가루를 내어 사용하기도 하는데 보통 피멘토라 부른나. 올스파이스라는 명칭은 클로브, 시나몬, 너트맥의 향을 모두 합해 갖고 있다는 데서 유래한다. 중국에서 '삼향지'라 불리는 것도 같은 이유이다. 제과에서는 쿠키와 빵, 도넛 등과 캔디류에 쓰인다.

양귀비 씨(Semi di papavero)

그리스와 서아시아가 원산지이다. 양귀비의 미숙한 열매에 얇게 상처를 내면 액체가 나오는데 이것을 모아 말리면 아편이 된다. 열매에는 씨가 많은데 아편성분이나 모르핀 성분이 전혀 들어 있지 않아 안심하고 향신료로 쓸 수 있다.

계피(Cannella)

녹나무과의 열대성 상록수인 계수나무의 껍질을 말린 향신료로서 거의 다 자란 나무의 껍질을 벗겨서 둥글게 말아 발효시킨 다음 그늘에서 건조시킨다. 계피는 그냥 물에 삶아 우려낸 후, 그 물을 사용하거나 분말로 만들어 사용하기도 하는데 용도에 따라 선택한다. 계피는 제과 제빵에서 대체로 많이 쓰이는 향신료 중 하나이다.

디저트 술

과자나 케이크에 술을 첨가하는 것은 인류가 술을 만든 역사와 맞먹을 만큼 유구하다. 오늘날 제과용 양주는 세계 곳곳에서 생산되어 소비되고 있다. 근래 들어 제과에 양주를 첨가하는 제과점이 늘어나고 그 종류도 제과 제품의 종류만큼이나 다양하다. 양주의 적합한 사용법을 익히고 적당한 양주가 없을 때에는 가장 유사한 맛을 사용할 수 있도록 한다. 가격이 너무 비싸서 사용하기 어려울 때에는 좀 더 저렴한 술을 이용하여 유사한 효과를 내도록 한다. 최근 수입되는 양주 중에는 제과용보다는 마시는 칵테일용 양주가 대부분이다. 구입과 가격 면에서 손쉬운 칵테일용 양주를 많이 사용하나 자연향보다는 인공향이 많이 함유되어 있어 제과용으로는 적당하지 않다. 제과용 양주는 설탕과 사카린이 적게 들어 있고 천연의 과일향이 많이 함유된 것이 좋으며 엄격한 감독과 통제하에서 수확, 선별, 발효되는 양질의 제품을 선택한다. 양주를 제과에 이용하는 까닭은 천연과일향(Flavor)과 과당이 들어 있고 계절과 관계없이 사용이 용이하여 자연 과일 그대로의 향을 제품에 첨가할 수 있기 때문이다. 또한 알코올 성분이 세균의 번식을 막아 제품의 보전성이 높아지며, 지방분을 중화하여 제품의 풍미를 높여주기 때문이다. 어떤 양주와 제과가 서로 어울려 제값을 할 수 있을지, 제과에 적합한 양주와 리커(liguor)에 대해 알아본다.

바바오럼(babar ou Rumi)

과자에 술을 넣은 것은 고대 그리스 때였다. 중세에는 리큐어가 만들어졌고 루이 14세가 아이스크림 애호가였기 때문에 디저트가 많이 발전했다. 1704년경 프랑스 루이 15세의 장인 스타니슬라스 렉린스키는 스펀지 케이크에 럼을 넣은 시럽을 끼얹어 먹기를 좋아했다고 하는데 아라비안나이트 속의 알리바바와 사십인의 도적 이야기를 좋아하여 알리바바의 이름을 따서 바바오럼이라 이름짓게 되었다. 이것이 사바랭의 원조이다.

리큐어(Liqueur, Liquore)

고대 그리스의 역사가인 히포크라테스로부터 약용으로 만들어 사용하던 것이다. 이탈리아의 카트린 드 메디치 공주가 앙리 2세의 왕비가 되었을 때 프랑스 궁정에 처음으로 소개되었다. 리큐어는 과일이나 곡물을 증류하여 만든 주정을 기본으로 설탕이나 물로 단맛을 낸다. 그리고 과일, 씨, 뿌리 등을 첨가하여 향미, 색을 갖게 한 혼성주이다.

중세 프랑스 수도승들이 신에게 바치기로 한 포도주에 약 130가지의 약초를 이용하여 만들어진 리큐어는 라틴어 리큐오르에서 온 프랑스말로, 피로를 푸는 비약으로 여러 가지 병에 좋은 것으로 알려져 있다. 1789년 프랑스 혁명 후 수도원이 모두 파괴되었지만 약 70년 후 어느 수도원에서 리큐어를 만드는 법이 적혀 있는 양껍질이 발견되어 부활되었다. 리큐어 이름에는 수도원 이름이 많으며 베네딕틴, 샤르토즈가 쌍벽을 이룬다. 리큐어는 식사 후 향기와 맛을 즐기는 식후주이다.

마데이라(Madeira)

포르투갈령인 마데이라섬에서 만들어지는 주정 강화 와인으로, 15세기에 포르투갈 사람이 발견했을 때 섬 전체가 밀림에 덮여 있어 마데이라(포르투갈어로 산림이라는 뜻)로 붙여졌다고 전해진다. 마데이라는 그을린 연기 냄새와 은은한 캐러멜 맛과 델리케이트한 신맛이 특징이다.

바닐라 에센스(Vanilla Essence)

바닐라 빈스에서 만들어진 에센스이다. 바닐라 빈스를 사용하면 더 은은하고 부드러운 향을 낼 수 있으나 구하기 쉽지 않으므로, 집에서 조금씩 만드는 홈메이드의 경우는 보통 에센스를 많이 사용한다. 여름에는 오렌지나 레몬즙을 조금 넣어서 쓰면 상큼한 향이 더해져 더 좋다.

쿠앵트로(Cointreau)

오렌지 나무의 꽃과 껍질에서 추출한 오렌지향의 리큐어(Liqueur)로 부드럽고 달콤한 향이 좋은 무색 투명한 술이다. 시럽에 섞어서 스펀지 케이크에 바르거나 커스터드 크림, 생크림, 초콜릿 크림 등을 만들 때 조금씩 섞어서 사용한다.

럼(Rum)

제과용으로 널리 사용되는 럼은 사탕수수로 만드는 당밀을 발효시켜 증류한 증류주로, 향이 높고 열에 강한 성질 때문에 각종 과자를 만들 때 널리 사용된다. 색에 따라 화이트, 골드, 다크로 나누고 맛과 향의 강약에 따라 헤비 타입(Heavy Type), 미디엄 타입(Medium Type), 라이트 타입(Light Type)으로 나뉜다. 제과에서 사바랭, 버터크림, 프루츠 케이크, 시럽 등에 쓰이고 오래된 것과 최근의 것을 혼합하여 캐러멜의 색소로 미량 사용하기도 한다. 사용할 때는 '럼 사용'에 대해 특별한 표기가 없을 경우 미디엄 럼을 사용하면 무난하다. 쿠바, 자메이카, 서인도제도의 프랑스어권 나라에서 많이 생산된다.

그랑마니에(Grand marnier)

최고급 화주에 오렌지향을 넣은 리큐어로서 오렌지 껍질을 코냑(그랑, 샹파뉴)에 담근다는 점이 쿠앵트로와 다르다. 새콤달콤한 향이 초콜릿과 잘 어울려 폭넓게 사용된다. 가나슈, 사바랭, 시럽의 향과 타르트에 충전할 커스터드 크림, 초콜릿을 사용한 케이크, 커스터드 푸딩, 냉제 수플레, 크렙 소스 등에 널리 쓰인다.

코냑(Cognac)

정식명칭은 오드비 드 코냑(Eau-de-vie de Cognac)이고 프랑스의 코냐크 지방에서 생산되는 증류주이다. 프랑스 정부의 엄격한 지도와 감독하에 저장 생산된 코냑은 품질의 균일화를 이루어 일정한 품질의 제품을 국제시장에 내고 있다. 기라슈, 바바루아, 무스, 크림류 등에 향을 낼 때, 과실 플랑베, 프루츠 케이크의 시럽에 사용된다.

대표적인 포도 브랜디는 프랑스 코냐크시를 중심으로 하는 코냐크 지방산 코냑 브랜디와 남서부 지역에 위치한 아르마냑 브랜디가 가장 유명하다.

브랜디(Brandy)

17세기 프랑스 코냐크 지방의 와인을 폴란드로 운송하던 중 네덜란드 선박의 선장이 험한 항로에서 화물부피를 줄이고자 와인을 증류한 것이 네덜란드어로 Brandewijn 즉 Brunt Brandy가 되었다. 원료이름에 따라 포도 브랜디(Grape Brandy), 사과 브랜디(Apple Brandy), 체리 브랜디(Cherry Brandy) 등으로 불리고 제과에서는 크렙 소스, 수제트, 사바랭, 과일 플랑베 등에 쓰인다. 브랜디의 유명한 상표에는 Hennessy, Courvosisier Martell, Remy Martin 등이 있다.

트리플 섹(Triple Sec)

이름 그대로 '세 배(triple) 더 쓰다(sec)'의 뜻과 같이 버터와 오렌지 껍질을 사용하여 신맛과 쓴맛이 강한 것이 특징이다. 또한 천연 오렌지의 감미와 향취가 일품이다. 생크림, 무스, 시트 반죽에 널리 이용되고 있다.

오렌지 큐라소(Orange curacao)

주재료가 오렌지, 레몬으로 알코올 도수가 30도로 다른 제품보다 조금 낮다. 현재 우리나라에는 네덜란드의 카이퍼사(社) 제품이 수입 사용되고 있다. 크렙, 오믈렛, 사바랭, 수플레, 오렌지 소스용으로 사용되고 있다.

키르슈(Kirsch)

버찌(체리)의 독일어명으로 잘 익은 체리의 과즙을 발효, 증류시켜 만들며 독일이 원산지인 알코올 42도의 키르슈바서(Kirschwasser), 이탈리아 록사르도사(社)제의 알코올 32도인 마라스킨(Marasquin)이 있다. 제과 용도로 바바루아, 아이스크림 케이크, 시럽, 무스케이크, 셔벗 등에 쓰인다.

애드보카트(Advocaat)

달걀 노른자와 양질의 알코올에 네덜란드산 에그 브랜디를 섞어 만든 것이다. 사용 시에는 잘 흔들어 사용하고 애드보카트 케이크, 애드보카트 시럽, 생크림과의 혼합에 이용된다.

샴페인(Champagne)

좋은 포도만을 골라 발효시키고 당분을 첨가하여 병조림한 후 2~3년간 지하창고에 거꾸로 비스듬히 세워 저장한다. 발효되면 호르몬 잔재와 주석, 타닌산과 결합, 병마개 쪽으로 모여서 마개를 딸 때 '펑' 소리와 함께 술이 분산된다. 셔벗과 무스케이크에 이용된다.

쿰멜(Kummel)

주정에 캐러웨이 씨드를 첨가, 성분을 추출하고 코리앤더, 레몬, 아니스 등의 에센스를 첨가한 무색 투명한 술로서 향, 당분, 주정도에 따라 베를린 쿰멜, 러시안 쿰멜, 아이스 쿰멜 등으로 나뉜다. 제과용 또는 바바루아, 샤롯트, 앙글레즈 소스에 쓰인다.

마라스키노(Maraschino)

이탈리아 룩사르도(Luxardo) 회사가 원조이며 섬은 버찌가 수원료이고 씨에서 성분을 추출 제조한다. 보스니아헤르체고비나의 남서부에 위치한 달마티아 지방에서 재배된다. 시럽, 무스케이크, 버터크림에 사용된다.

진(Gin)

주니퍼의 약자이며 영국에서의 주니퍼(juniper)는 폴란드산을 말하고, 영국산은 런던 진이라 부르는데, 진의 특이한 향은 주니퍼 베리(Juniper berry) 때문이다. 제과 용도는 시럽, 레몬, 사바랭에 쓰인다.

크림 드 민트(Creme de menthe)

백색과 녹색이 있고 페퍼민트 리버스향을 넣었으며 셔벗, 무스, 소스에 이용된다.

스위스 초콜릿 아몬드(Swiss chocolate almond)

아몬드와 카카오 빈이 주원료이며 알코올 도수 27도이다. 초콜릿 무스, 페이스트리에 사용된다.

오 드 비 푸아르 윌리암(Eau de vie poires william)

포도가 아닌 다른 과일 브랜디를 말하며 배를 재료로 하고 독일, 프랑스, 스위스 등에서 생산된다. 통 속에서 숙성하지 않고 곧 출하한다. 제과에서는 페이스트리, 바바루아를 만들 때 사용된다.

리큐어 갈리아노(Liqueur galliano)

노란색의 긴 병에 든 것이 유명하고 알코올 도수 35도이다. 오렌지향과 박하가 들어 있고 제과에서는 마르퀴즈, 파르페(Parfait) 등에 사용된다.

포트 와인(Port wine)

백포도나 적포도를 콘크리트 탱크에 넣고 발로 비벼 죽을 만든 후 발효, 원하는 알코올 도수에 도달하면 발효를 중지시킨다. 천연적인 단맛을 발생시키며 빈티지 포트(Vintage Port), 크러스티드 포트(Crusted Port) 등이 있다. 제과에서 소스, 시럽, 젤리 등에 쓰인다.

위스키(Whisky)

영국 스코틀랜드 위스키의 총칭으로 아이리시 위스키(Irish Whisky), 버번 위스키(Bourbon Whisky), 콘 위스키(Corn Whisky), 산토리 위스키(Santory Whisky) 등이 있고 과일푸딩, 초콜릿, 시럽 등에 사용된다.

Awesome autumn scene of magnificent Santa Maddalena village in Dolomites

89 : 특선 티라미수 Tiramisu di specialita

이탈리아 치즈 케이크로 크림치즈 종류를 이용하여 만들 수 있다. 만든 치즈 케이크는 하룻밤 정도 숙성하면 케이크의 맛이 한층 부드럽고 좋아진다.

재료 Ingredienti **완성량: 10인분**

- 마스카르포네 치즈 500g
- 흰 설탕 200g
- 달걀 노른자 10개
- 달걀 흰자 5개
- 럼 또는 깔루아 50cc
- 쿠키 20개
- 에스프레소 커피 2컵
- 민트 2잎
- 딸기 소스 200ml
- 초코 파우더 10g
- 체리, 딸기 적당량

○ 조리방법 Procedimento

만들기

① 마스카르포네 치즈는 체에 내려 놓는다.

② 믹싱볼에 설탕과 달걀 노른자를 넣고 흰색이 될 때까지 휘핑한다.

③ ①+②를 섞고 럼이나 깔루아를 섞는다.

④ 달걀 흰자를 휘핑하여 1/2 먼저 섞은 후 나머지도 섞어준다.

담기

① 핑거쿠키는 컵에 넣기 바로 전에 커피와 깔루아 술 섞은 곳에 넣어 적셔준다.

② 컵에 치즈를 넣고 적신 핑거쿠키를 넣고 치즈, 쿠키, 치즈 순으로 넣어준다.

③ 초코 파우더로 마무리하고 민트와 딸기 소스로 장식한다.

***맛내기 포인트**

① 접시에 담거나 작은 컵 또는 볼에 담아 만들 수 있다. 소스는 기호에 따라 선택할 수도 있다.

② 하루 정도 숙성하면 깊은 맛을 낼 수 있다.

90 : 과일을 넣은 특선 크렙 Calzone croccante alla frutta fresca

이탈리아 전통과자의 한 종류로 레몬맛과 향이 일품이며 축제 때 만들어 먹는다.

재료 Ingredienti **완성량: 10인분**

- 버터 100g
- 키위 1개
- 딸기 3개
- 오렌지 1/2개
- 오렌지 리큐어 40cc
- 백설탕 30g
- 커스터드 크림 300g
- 생크림 100cc
- 달걀 흰자 2개
- 설탕 파우더 50g
- 오렌지 섹션 20개
- 밀가루 200g
- 우유 500ml

○ 조리방법 Procedimento

크렙 만들기

① 키위를 깨끗이 씻고 가로, 세로, 높이 5×5×5mm로 껍질을 벗긴 뒤 자른다.

② 딸기를 깨끗이 씻고 가로, 세로, 높이 5×5×5mm로 자른다.

③ 오렌지 껍질을 벗기고 가로, 세로, 높이 5×5×5mm로 자른다.

④ 오렌지 소스는 작은 믹싱볼에 붓는다. 그곳에 설탕을 넣고 잘 저어서 설탕을 녹인 후 딸기, 키위, 오렌지 자른 것을 넣고 잘 섞는다. 한 10분 정도 마리네이드(절임)한 후 수분은 체에 밭쳐 없앤다.

크렙 만들기 : 밀가루와 설탕을 혼합한 다음 달걀 노른자와 섞어주고 우유를 데워서 함께 반죽을 만든 다음 정제버터를 넣고 체에 걸러서 냉장고에 하루 정도 놔둔 다음 사용한다. 최소한 30분 이상 휴지시켜 준다.

⑤ 커스터드 크림은 믹싱볼에 담는다.

⑥ 생크림을 휘퍼로 저어 반 정도 엉기도록 한 후 커스터드 크림과 섞는다.

⑦ 파이팬에 정제버터를 바른 후 크렙에 커스터드와 생크림 섞은 것을 1스푼(Ts) 넣은 후 과일 마리네이드한 것 2Ts을 중심에 놓은 후 크렙 테두리에 달걀 노른자를 풀어서 바른 후 반을 접는다.

⑧ 버터 바른 파이팬에 크렙을 올린 후 250℃ 정도로 맞춘 오븐에 넣어 3~5분 정도 구운 후 슈거파우더를 위에 뿌리고 접시에 오렌지 소스를 깔아 데커레이션한 후 완성한다.

***맛내기 포인트**

오븐온도를 잘 맞추고 속을 너무 많이 넣지 않는다.

91 : 사바용과 아몬드 파르페 Semifreddo al mandorle con zabaglione

아마레또 향이 일품으로 부드럽고 담백한 디저트이다.
아이스크림 중간형태의 디저트로 얼려서 먹어도 된다.

재료 Ingredienti **완성량: 4인분**

- 달걀 노른자 8개
- 설탕 60g
- 휘핑크림 40ml
- 아마레또 술 20ml
- 민트 4줄기
- 개암 아몬드 50g
- 스펀지 케이크 100g

○ 조리방법 Procedimento

1. 세미프레도 만들기

① 달걀 노른자와 설탕을 섞고 흰색이 될 때까지 휘핑해 놓고 아마레또 술을 섞어 놓는다.
② 휘핑크림을 ①에 잘 섞는다.

2. 담기

스펀지 케이크를 슬라이스하여 컵에 넣고 1을 채운 다음 냉장고에 넣고 굳혀서 사용한다.

3. 장식

호두와 개암, 아몬드를 갈색 낸 후 아몬드 파르페에 곁들여준다. 민트로 데커레이션하여 마무리한다.

❖ 컵에 담아 얼리기도 하고, 케이스에 담아 얼린 후 작게 잘라 사용하기도 한다.

***맛내기 포인트**

둥근 케이스에 스펀지 케이크나 카스텔라를 얇게 슬라이스하여 깔고 그 속에 세미프레도를 채워서 만든다.
여기서는 그냥 컵에 담아 만들어보았다.

92 : 자발리오네를 곁들인 과일 구이

Composizione di frutta gratinata allo zabaglione

깊은 크림맛이 나는 소스로 중탕할 때 소스의 상태가 결정된다.
과일과 절대적으로 어울리며 오렌지 술향이 좋다.

재료 Ingredienti **완성량: 4인분**

- 달걀 노른자 4개
- 백포도주 200ml
- 오렌지술(그랑마니에) 5ml
- 설탕 120g
- 딸기 100g
- 키위 100g
- 오렌지 100g
- 멜론 100g
- 민트 10장
- 바나나 100g

○ 조리방법 Procedimento

1. 과일 자르기

① 과일을 웨지 형태로 잘라 놓는다.

② 그랑마니에와 약간의 설탕에 재워 놓는다.

2. 자발리오네 만들기

달걀 노른자에 설탕과 와인을 넣고 중탕하여 거품이 나고 끈기와 윤기가 날 때까지 익혀준다.

3. 담아 굽기

사바용을 접시에 넓게 깔고 위에 과일을 얹어 오븐에서 갈색으로 굽는다.

＊맛내기 포인트

달걀과 설탕, 와인을 섞어 만드는 소스로 윤기가 있고 풍미가 있도록 만들어야 한다.

93 : 초콜릿 무스 Torta di cioccolato

만인의 디저트 초콜릿과 바닐라 향, 커피, 오렌지 술향이 일품이다.

재료 Ingredienti **완성량: 8인분**

- 검은 초콜릿 200g
- 에스프레소 커피 50~100cc
- 설탕 100g
- 달걀 흰자 7개
- 달걀 노른자 7개
- 생크림 200g
- 젤라틴잎 8장
- 오렌지술 100cc
- 바닐라향 5cc
- 오렌지 껍질 1개
- 민트잎 8잎
- 휘핑크림 50ml

○ 조리방법 Procedimento

1. 재료 준비하기

초콜릿을 잘게 부순다. 오렌지 껍질도 잘게 다져 놓는다.

2. 만들기

① 초콜릿에 다진 오렌지, 바닐라, 커피, 오렌지술을 섞어서 중탕하여 녹인다.

② 젤라틴을 찬물에 불린 뒤 뜨거운 물에 녹여서 굳기 직전에 젤라틴을 섞는다.

③ 설탕 80g + 달걀 노른자 7개를 휘핑하여 재빨리 섞어준다.

④ 생크림 50%를 휘핑한다.

⑤ 달걀 흰자는 잘 휘핑한 후 설탕을 20g 넣고 섞은 후 모두 섞어 글라스에 담아 냉장고에 넣어 굳힌다.

3. 장식하기

위에 휘핑크림을 짜고 민트잎을 곁들인다.

＊맛내기 포인트

젤라틴을 사용하지 않고 만들 수도 있다. 젤라틴을 넣을 경우 섞는 타이밍이 중요하다.

94 : 삼부카향의 아이스크림 튀김 Gelato fitto alla fiamma

삼부카향과 아이스크림이 환상적이다.
아이스크림에 흰자나 반죽을 씌워서 굽거나 튀기는 것으로 베이크트 알래스카가 있다.
여기서는 기름에 아이스크림을 튀겨서 장식해 본다.

재료 Ingredienti **완성량: 10인분**

• 바닐라 아이스크림 600g	• 맥주 100ml	• 설탕 50g
• 달걀 노른자 4개	• 소금 5g	• 달걀 흰자 4개
• 밀가루 200g	• 스펀지 케이크 200g	

■ **소스**

• 달걀 노른자 6개	• 설탕 125g	• 우유 450cc
• 바닐라 에센스 1ml		

○ 조리방법 Procedimento

1. 재료 준비하기

① 스펀지 케이크를 차갑게 보관했다가 Blender에 조금씩 넣으면서 곱게 간다.
② 아이스크림은 한 스푼씩 떠서 케이크가루에 묻혀 냉동실에 다시 넣어 꽂이가 꽂힐 정도로 딱딱하게 만든다.

2. 튀김 반죽하기

① 밀가루, 소금, 설탕, 달걀 노른자를 섞다가 맥주를 넣어 잘 치댄다.
② 거품 낸 달걀 흰자를 두 번에 나누어 넣어서 반죽을 부풀린다.

3. 튀기기

딱딱해진 아이스크림을 꺼내 꽂이에 꽂은 다음 반죽을 묻혀 튀긴다.

4. 담기

접시에 초콜릿 시럽을 담고 소스로 문양을 만들어 튀긴 아이스크림을 올린 다음 Sambuka를 부으면서 Flambe하여 맛과 향을 더한다.

5. 소스 만들기

① 달걀 노른자에 설탕을 넣고 녹을 때까지 거품기로 섞는다.
② 우유를 더한 다음 중탕냄비에 올려 응고되면 소스 농도가 될 때까지 잘 젓는다.
③ 불에서 내려 찬물에 식힌 후 바닐라 에센스를 넣는다(뜨거운 상태에서 바닐라 에센스를 넣으면 향이 날아감).

***맛내기 포인트**

아이스크림을 미리 케이크가루에 묻혀 냉동고에 단단하게 얼려 놓아야 하고 반죽이 너무 묽으면 딱딱해질 수 있다.
흰자와 맥주, 설탕이 반죽을 부드럽게 해준다.

저자 소개

임성빈

· 고려대학교 식품공학 석사
· 세종대학교 조리학 박사
· 대한민국 조리 명인
· No. 1 조리기능장
· 경영기술지도사
· WACS "A"LEVEL 세계요리 올림픽, 월드컵 국제심사위원
· 음식평론가 회장
· 한국조리사협회 수석부회장
· 요리국가대표 단장, 감독
· 조리기능장회 회장
· 호텔신라 프렌치레스토랑 총주방장
· VIP, 국왕, 대통령, 수상 등 전담조리사
· 조리기능장 심사위원
· 한국기능대회 출제 검토 심사위원
· 외식산업학회 회장

표창

· 대통령, 국회의장, 문체부장관, 농림수산식품부장관
서울시장, 보건복지부장관, 서울경찰청장, 식약청장

· 현) 백석예술대학교 외식산업학부 교수

강성일

· WACS(세계조리사연맹) 심사위원, ACF(한국불란서 요리연구회) 회장
· 강원도 기능대회 조제분야 분과장, 강원도 기능대회 요리분야 심사장
· 특허: 실용신안 제20-0418836호(쇠고기 갈색 소스용 고압추출장치) 등록

· 현) 강릉영동대학교 호텔조리과 교수

김병일

· 경주호텔관광교육원 졸업
· 영산대학교 호텔관광학 석사
· 올림픽, 월드컵 급식전문위원
· 서울플라자호텔, 서울롯데호텔, 부산롯데호텔 조리장

· 현) 동원과학기술대학교 호텔외식조리과 교수(학과장)

배인호

· 경기대학교 대학원 외식산업경영전공 관광학 박사
· 대한민국 명인(서양조리부문)
· 밀레니엄서울힐튼호텔 불란서레스토랑 부주방장
· 농식품 파워브랜드대전 종합평가위원
· 조리기능장려협회 상임이사
· 향토식문화대전/서울국제푸드그랑프리 요리대회

수상

· 향토음식문화대전 중소벤처기업부장관상

· 현) 청운대학교 호텔조리식당경영학과 교수

박인수

· 조리기능장 심사위원
· 전국 기능경기대회 심사위원
· (주)래디슨서울 프라자호텔 조리장

· 현) 대전과학기술대학교 식품조리계열 교수

이광일

· 경희대학교 조리외식산업 석사
· 순천대학교 영양학과 박사
· 서울신라호텔 과장
· 존슨앤웰스대학교, CIA 요리학교, 코르동 블뢰 요리학교, 이탈리아 ICIF 요리학교, 오스트리아 요리학교, Kepzesben Reszt Vett 조리연수

수상

· 보건복지부장관, 한국음식관광협회 대상, 통일부장관 외 다수

· 현) 마산대학교 식품과학부 교수

이재상

· 대한민국 조리기능장, 롯데호텔 조리팀 총주방장(제주 · 시그니엘 · 서울)
· 한국산업인력공단 : 기능사 · 산업기사 · 기능장 출제 · 심사 · 검토위원, 기능경기대회 심사 · 검토 · 출제위원, 대한민국 요리경연대회 심사위원

수상

· 보건복지부, 행안부, 환경부장관, 국무총리

· 현) 경동대학교 호텔조리학과 교수

정수근

· 한성대학교 경영대학원 외식경영전공
· 대한민국 조리명인, 조리기능장
· 인터컨티넨탈호텔 조리팀장
· 신라호텔 조리팀
· 기능경기대회 심사위원 및 위원장

· 현) 서정대학교 호텔조리과 학부장

조성호

· 조선호텔 조리팀 근무, 롯데호텔 조리팀 조리과장
· 농림수산식품부 국책연구사업 평가위원, 한국직업능력개발원 평가위원
· 한국산업인력공단 조리기능장/기능사 심사위원, 중소기업기술혁신개발사업 평가위원

· 현) 김포대학교 호텔조리과 교수

최신 이탈리아 요리

2021년 8월 20일 초판 1쇄 발행
2022년 9월 1일 초판 3쇄 발행

지은이 임성빈·강성일·김병일·박인수·배인호
이광일·이재상·정수근·조성호
펴낸이 진욱상
펴낸곳 (주)백산출판사
교 정 성인숙
본문디자인 신화정
표지디자인 오정은

등 록 2017년 5월 29일 제406-2017-000058호
주 소 경기도 파주시 회동길 370(백산빌딩 3층)
전 화 02-914-1621(代)
팩 스 031-955-9911
이메일 edit@ibaeksan.kr
홈페이지 www.ibaeksan.kr

ISBN 979-11-6567-354-3 93590
값 29,000원